北京师范大学出版集团
BEIJING NORMAL UNIVERSITY PUBLISHING GROUP

城市绿色发展科技战略研究
北京市重点实验室系列成果

2014-2015城市绿色发展科技战略研究报告

Science and Technology Strategic Research Report for Urban Green Development 2014-2015

城市绿色发展科技战略研究
北京市重点实验室　著

北京师范大学出版集团
BEIJING NORMAL UNIVERSITY PUBLISHING GROUP
北京师范大学出版社

图书在版编目(CIP)数据

2014—2015城市绿色发展科技战略研究报告／城市绿色发展科技战略研究北京市重点实验室著.—北京：北京师范大学出版社，2015.5（2016.1重印）

ISBN 978-7-303-19075-1

Ⅰ. ① 2… Ⅱ. ①城… Ⅲ. ①城市环境－生态环境建设－研究报告－北京市－2014—2015 Ⅳ. ① X321.21

中国版本图书馆 CIP 数据核字（2015）第 093960 号

营　销　中　心　电　话　　010-58805072 58807651
北师大出版社学术著作与大众读物分社　　http://xueda.bnup.com

2014—2015CHENGSHI LÜSE FAZHAN KEJI ZHANLUE YANJIU BAOGAO

出版发行：北京师范大学出版社 www.bnup.com
　　　　　北京市海淀区新街口外大街 19 号
　　　　　邮政编码：100875

印　　刷：三河市兴达印务有限公司
经　　销：全国新华书店
开　　本：890mm×1240mm　1/16
印　　张：16.25
字　　数：350 千字
版　　次：2015 年 5 月第 1 版
印　　次：2016 年 1 月第 2 次印刷
定　　价：98.00 元

策划编辑：马洪立　　　　责任编辑：戴　轶
美术编辑：袁　麟　　　　装帧设计：袁　麟
责任校对：陈　民　　　　责任印制：马　洁

序　言

2009 年，北京师范大学委托我组建了学校"985"经济可持续发展研究基地。根据"985"项目要求，我组织了校内外相关研究机构，协调了经管片和与资源环境相关的理工科院系，共同设计和完成了《中国绿色发展指数报告——区域比较》。从 2010 年到 2014 年先后完成了 5 本年度报告。2011 年，北京市政府与北京师范大学共同组建了首都科技发展战略研究院，主持设计和组织了《首都科技创新发展报告》，先后完成了 3 本年度报告。在编纂这两类报告的过程中，课题组深切地感受到了中国经历着因传统粗放式发展导致的污染之痛，也感受到了科技创新对首都乃至对国家绿色发展的重大意义。正是在这样的背景下，我们申报并于 2013 年 6 月获批建立"城市绿色发展科技战略研究北京市重点实验室"。

绿色发展已成为国家的重大发展战略，北京市也早在 2008 年提出了"人文北京、科技北京、绿色北京"的发展战略。城市绿色发展已成为社会的亟须，科技的关注，政府的战略。为了深入破解北京市绿色发展面临的现实和亟须解决的问题，实验室成立了城市雾霾问题、城市垃圾处理、城市污水处理、城市绿色建筑、城市绿色能源、城市绿色产业 6 个研究小组。研究团队充分发挥北京师范大学经济与资源管理研究院、北京师范大学生命科学学院、北京市决策咨询中心 3 家共建单位各自的研究优势，围绕北京市绿色发展问题撰写子报告 22 篇，合编完成《2014—2015 城市绿色发展科技战略研究报告》。可以说，《2014—2015 城市绿色发展科技战略研究报告》是城市绿色发展科技战略研究北京市重点实验室推出的第一本报告，也是城市绿色发展科技战略系列报告的第一本著作。《2014—2015 城市绿色发展科技战略研究报告》分为 6 个部分，汇集了实验室研究人员对城市雾霾、垃圾处理、污水处理、绿色建筑、绿色能源和绿色产业 6 个方面的研究成果。

城市绿色发展科技战略研究北京市重点实验室是由国内外专家共同组建的，它的目标是力争向国内外成功的实验室学习和看齐。实验室学术委员会也是由国内相关领域资深专家组成的。专家们的真知灼见指导着实验室向正确的方向努力。城市绿色发展科技战略研究北京市重点实验室可能是北京高校中首个文理交叉的北京市重点实验室。理工学科在重点实验室建设中已经有多年的实践和丰富的经验，值得我们学习。目前，社会经济以及科学技术发展提出的各种问题，不仅仅是单一学科可以解决的，它要求多学科的协同研究，也需要文理学科的结合。正是在这个意义上，我们的实验室既生逢其时，也深感压力。我们现在所做的工作仅仅是一种探索，如何和理工科合作推出成果也是我们下一步努力的方向。《2014—2015 城市绿色发展科技战略研究报告》的完成，离不开学校及相关部门领导的指导关怀，专家学者的鼎力合作，师生们的辛勤劳动。在报告撰写过程中，我们既召开了全体成员讨论会，也分小组进行了多次研讨。

　　北京市科学技术委员会、北京市科学技术研究院、北京师范大学领导和相关处室、实验室、共建单位等对我们重点实验室的工作给予了很多的帮助和指导，在此一并表示感谢！

　　我们相信，在各方的支持下，在实验室师生的努力下，城市绿色发展科技战略研究北京市重点实验室会探索出一条文理合作、贡献社会的新路，为首都绿色发展和全面建设科技创新中心做出应有的贡献！

实验室主任
2015 年 1 月 10 日

2014—2015 实验室研究小组及研究子报告

分组	姓名	研究课题题目
城市雾霾问题研究小组	王 诺 朱 蕊 程 蒙	京津冀地区环境污染治理的经济学分析——PM2.5 治理的成本效果（CEA）分析
	林永生	北京市工业废气减排：分解效应与治理对策
	范丽娜	北京市人口规模对雾霾的影响及对策分析
	王 颖	跨域联防治理雾霾的研究——以北京市为例
	周晔馨	专题：斯德哥尔摩的空气污染治理及其对北京市的借鉴意义
城市垃圾处理研究小组	荣婷婷	北京城市垃圾处理的体制机制研究
	邵 晖	大都市生活垃圾处理的困境与对策——以北京市为例
	张江雪	北京市生活垃圾处理的初步探索
	赵 峥	北京市"地沟油"问题的成因及对策分析
城市污水处理研究小组	白瑞雪	北京市污水再生的生物技术处理研究初探
	郑艳婷 马金英	北京市污水资源化利用现状及对策分析
城市绿色建筑研究小组	张 琦 冯 涛 赵 伟	北京市绿色建筑发展的现状及对策建议
	宋 涛	北京市建筑垃圾回收处理的现状及国内外经验借鉴
城市绿色能源研究小组	刘一萌	北京市能源消费结构演变、问题及对策研究
	林卫斌 罗时超 谢丽娜	国际化大都市能源消费方式比较分析
	张生玲 郝泽林	北京市天然气发展与冷热电三联供利用模式初探
	董晓宇	绿色北京新支撑：电动汽车智能充换电服务网络的发展
城市绿色产业研究小组	王海芸	PPP 模式在环保治理行业的应用分析及发展建议
	章永洁 叶建东 李成龙	走节约、低碳、高效之路——北京市工业余热利用产业发展研究
	王 峥 武霏霏	首都民生科技的"全面起步"：科技促进城市可持续发展评价
	韩 晶	中国制造业环境效率、行业异质性与最优规制强度
	范世涛	从美国州际环境合作组织论京津冀跨行政区的环境合作机制

目 录

城市绿色产业研究

表　目

图 目

城市雾霾问题研究

京津冀地区环境污染治理的经济学分析——PM2.5治理的成本效果(CEA)分析

王 诺 朱 蕊 程 蒙

>>一、导论<<

雾霾的组成部分包括当量直径小于等于 10 微米的粗糙颗粒物(PM10)和当量直径小于等于 2.5 微米的颗粒物(PM2.5),PM10 被认为是一种基本的空气污染物,而 PM2.5 进入呼吸道后可以渗透到细支气管和肺泡,被认为比 PM10 对公众健康的影响更大、更有害。[①] 由于空气中 PM2.5 的产生主要是人为造成的,因此世界卫生组织将空气中 PM2.5 的浓度作为衡量空气质量的重要指标。[②]

英国是最早开始雾霾研究的国家。1952 年 12 月 5—9 日,英国伦敦发生的烟雾事件是一次严重的大气污染事件。这次事件造成多达 12 000 人因为空气污染而丧生,并推动了英国环境保护立法的进程[③],同时也引起了现代空气污染科学家的关注,研究发现雾霾会引起死亡率的上升。20 世纪 70 年代,美国以及欧洲一些国家开始了对雾霾的研究,主要是研究雾霾与健康之间

[①] Lippmann M. The US EPA standards for particulate matter and ozone. *Issues in Environmental Science and Technology*,1998(10):75-100;Schwartz J,Neas LM. Fine particulate are more strongly associated than coarse particles wit acute respiratory health effects in schoolchildren. *Epidemiology*,2000(11):6-10

[②] T. Mate,R. Guaita,M. Pichiule,C. Linares,and J.Daiz. Short-term effect of fine particulate matter (PM2.5)on daily mortality due to diseases of the circulatory system in Madrid(Spain). *Science of the Total Environment*,2010(408):5750-5757

[③] 1956 年英国颁布了空气污染防治法案《清洁空气法案》。该法案规定:城镇需使用无烟燃料,全面推广电和天然气,冬季采取集中供暖的方式,发电厂和重工业等高污染行业迁址到郊外。1974 年颁布的《控制公害法》列出了一系列从空气到土地和水域的保护条款,并添加了控制噪声的条款。1989 年英国政府宣布关闭被认为是工业时代象征的巴特西发电站。在一系列的措施得到严格执行之后,英国现在的绿色经济产业已成为其国内为数不多的经济增长领域之一。

的关系，以及经济周期对雾霾和健康的影响。

中国经济在过去 30 年经历了飞速发展，但由于其粗放型的经济增长方式，消耗了大量的化石燃料，其中主要是固体燃料，特别是煤炭占整个固体能源消耗量的 75％（见图 1）。由于我国工业化水平较低，煤炭的不完全燃烧和燃烧过程中产生的硫氧化物、氮氧化物、粉尘等悬浮颗粒物是我国空气中两大主要污染源之一。而另外一大污染源是机动车尾气排放，这主要是在城市化进程中，人口不断向城市迁移及城市中机动车保有量越来越高等原因造成的。

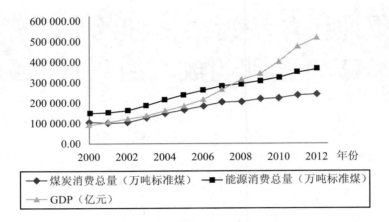

图 1　2000—2012 年中国 GDP 与能源消耗量

数据来源：中国国家统计局网站。

北京，作为中国的首都，其经济增长速度、城市化进程、人口密度和机动车的使用量都较其他城市的发展更为迅速，雾霾越来越成为频繁事件。世界卫生组织①（WHO）对空气中颗粒物含量的国际标准是每年不超过 7 天空气中颗粒物的平均浓度在 150～230 微克/立方米，空气中颗粒物的年平均浓度少于 60～90 微克/立方米。北京 2001—2004 年 PM2.5 的平均浓度在 96.5～106.7 微克/立方米，远高于世界卫生组织规定的标准（见图 2）。②

对流行病的研究表明，空气中的细颗粒物与住院率和死亡率有很大的关系。美国环保机构的数据表明，每年多达 60 000 例的死亡与空气污染有关。世界卫生组织已经确认城市的空气污染是引起全球死亡率增加的重要原因，每年约有 700 000 人的过早死亡是由空气污染物引起的。③ 处在空气污染物中的时间越长，心血管疾病的发病率和死亡率越高，特别是对于那些高危人群，即年龄大于等于 75 岁的老人、妇女和患有高血压和慢性阻塞性肺病的人群。④

① Kirk R. Smith. Fuel combustion, air pollution exposure, and health: The situation in developing countries. *Annu. Rev. Energy Environ*，1993(18)：529-566

② Haidong Kan, Renjie Chen, Shilu Tong. Ambeint air pollution, climate change, and population health in China. *Environment International*，2012(42)：10-19

③ Franchini M, Mannucci PM. Thrombogenicity and cardiovascular effects of ambient air pollution. *Blood*，2011(118)：2405-2412

④ Anna Koulova, MD and William H. Fishman, MD. Air pollution exposure as a risk factor for cardiovascular disease morbidity and mortality. *Cardiology in Review*，2014(22)：30-36

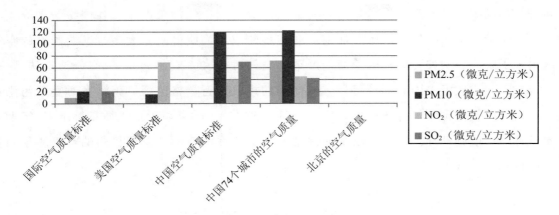

图 2　2013 年中国空气质量与空气质量标准的比较

数据来源：中国国家环保局网站；我国空气质量日报；WHO. Air quality guidelines and interim targets foe particulate matter：annual mean concentration；EPA. National Ambient Air Quality Standards（NAAQS）；美国 EPA 没有公布 2012 年 PM10 和 SO_2 的年均浓度标准，中国国家环保局没有公布 PM2.5 的年均浓度标准。

　　本文选取 PM2.5 的浓度作为衡量空气质量的指标。对 1979—2000 年的死亡率与 PM2.5 浓度的数据研究表明，空气中 PM2.5 的平均浓度每增加 10 微克/立方米，死亡率上升 6%，心血管疾病的死亡率上升 9%。[1] 空气中 PM2.5 浓度减少 1% 在国家层面上会使得婴儿的死亡率下降 0.35%。[2] PM2.5 的日均浓度每增加 10 微克/立方米，缺血性心脏病的相对危险度上升 1.002%，脑血管疾病的相对危险度上升 1.025%，急性心肌梗死的相对危险度上升 1.066%。当 PM2.5 的日均浓度增加 10 微克/立方米时，上述三种疾病的归因危险度分别上升 2.16%、2.47% 和 6.21%。[3]

　　中国目前许多城市都达不到世界卫生组织提出的空气质量标准。[4] 作为发展最快、人口密度最大的国家之一，中国的空气污染水平高于世界平均空气污染水平。[5] 中国 PM2.5 的风险水平、化学成分以及随之而来的毒性特征与发达国家的颗粒物有很大的不同，因此，不能简单地将发达国家的 PM2.5 的浓度与健康的关系应用到我们国家。[6]

---

　　[1]　Pope CA 3rd，Burnett RT，Thun MJ，et al. Lung cancer，cardiopulmonary mortality，and long-term exposure to fine particulate air pollution. *JAMA*，2002(287)：1132-1141；Stone PH，Godleski JJ. First steps toward understanding the pathophysiologic link between air pollution and cardiac mortality. *Am Heart J*，1999(138)：804-807

　　[2]　Chay K and Greenstone M. The impact of air pollution on infant mortality：Evidence from geographic variation in pollution shocks induced by a recession. *QJ Econ*，2003(118)：1121-1167

　　[3]　T. Mate，R Guaita，M. Pichiule，C. Linares，and J. Daiz. Short-term effect of fine particulate matter(PM2.5) on daily mortality due to diseases of the circulatory system in Madrid(Spain). *Science of the Total Environment*，2010 (408)：5750-5757

　　[4]　Kirk R. Smith. Fuel combustion，air pollution exposure，and health：The situation in developing countries. *Annu. Rev. Energy Environ*，1993(18)：529-566

　　[5]　Gao H，Chen J，Wang B，Tan S-C，Yao X，et al. A study of air pollution of city clusters. *Atmos Environ*，2011(45)：3069-3077

　　[6]　Health Effects Institute（HEI）. *Outdoor air pollution and health in the developing countries of Asia：A comprehensive review*. Special Report 18. Boston，USA：HEI，2010

西方发达国家在第二产业作为其国内支柱型产业时期空气污染严重，各国纷纷采取立法措施改善空气质量。立法措施的作用再加上产业转型的成功，使得西方大多数发达国家的空气污染问题得到了解决。例如美国，由于遭受严重的空气污染，1970 年颁布了《空气清洁法》，并依据《空气清洁法》成立了美国联邦环保署，对污染的排放进行严格监督。该法案对企业污染物的排放、机动车尾气的排放等有严格的规定。1971 年颁布了《国家环境空气质量标准》，定期审查空气质量标准，监测标准。同时，改变能源结构和新能源的使用。美国目前的空气质量与过去相比已经得到了非常大的改善。

>>二、文献综述<<

(一)雾霾对经济的影响

由于空气污染造成的各种疾病发病率的提高从而造成的经济损失相当于国内 GDP 的 1.2%。京津冀地区由于空气污染造成的经济损失达 1 259 亿元，占该地区 GDP 的 3.41%，其中燃煤、机动车、重工业是主要污染源。

1. 影响交通运输业，造成经济损失

2013 年因为雾霾被迫取消的飞机航班达上千次。除此之外，雾霾会导致交通事故的增加、高速公路的拥堵，故雾霾对经济的影响主要体现在运输行业上。

2. 经济周期通过雾霾对健康产生影响

Mary E. Davis(2012)[①]对加利福尼亚地区 1980—2000 年间失业率、COH(雾霾系数)、CO 浓度和 NO_2 浓度的统计数据进行了分析，认为周期性的经济活动(用就业率表示)通过改变空气污染的风险(air pollution exposure)来影响健康。强劲的经济形势与空气污染程度的提高呈正相关，较小的就业条件的变化对空气中 PM2.5 浓度的变化影响较小，但大的经济衰退在很大程度上会引起 PM2.5 浓度的下降。经济的周期性变化对人类健康的波动的不利影响通过影响空气质量来实现。

Chay K and Greenstone M(2003)[②]的研究表明，经济活动在空气污染和人类健康的风险修正(exposure-modifying)中有重要的作用。通过对心血管疾病和呼吸道疾病住院率的观测，煤炭使用量的减少可以直接提高人们的健康水平。空气中 PM2.5 浓度减少 1%，在国家层面上会使得婴儿的死亡率下降 0.35%。

---

① Mary E. Davis. Recession and health：The impact of economic trend on air pollution in California. *American Journal of Public Health*，2012(102)：1951-1956

② Chay K and Greenstone M. The impact of air pollution on infant mortality：Evidence from geographic variation in pollution shocks induced by a recession. *QJ Econ.*，2003(118)：1121-1167

Francine Laden 等人(2010)[①]通过对美国新泽西州 1970—2003 年的经济指标(运输行业的失业率)与雾霾系数(COH)的研究发现，经济衰退与健康正相关，人们在经济衰退的时期更健康。在短期，运输行业的失业率与雾霾系数正相关；在长期，运输行业的失业率与雾霾系数负相关。这是因为运输公司会通过减少劳动力成本对经济衰退迅速做出反应，运输行业较低的就业量与经济产出和雾霾系数高度相关。

(二)雾霾对健康的影响

大量的研究表明，置身于含有 PM2.5 的空气中，其短期影响是加重哮喘、肺功能障碍、肺癌、心脏病、中风和其他疾病。

Bert Brunekreef and Stephen T. Holgate(2002)[②]采取了短期研究和长期研究相结合的方式。其中，短期研究采用空气污染和健康之间每日的变化，而健康指标用住院率和死亡率来表示；长期研究则通过对时间序列数据的处理来观测空气污染和健康之间的关系。研究发现，细颗粒物(PM2.5)对非恶性的呼吸道死亡率以及男人患肺癌的死亡率有很大的影响。空气中 PM2.5 的浓度过高，会减少人们 1~2 年的寿命，而对劣势群体的寿命影响更大。研究还发现，PM2.5 可以渗透到肺的气体交换区，从而影响肺功能，空气中 PM2.5 的浓度与肺功能呈负相关。

T. Mate 等人(2010)[③]研究了马德里 2003—2005 年三年的数据，认为受雾霾影响最大的人群是小孩、老人、有慢性呼吸道疾病和心血管疾病的人。在一年中最冷的月份(11 月至次年 1 月)有着最低的循环系统疾病死亡率，最热的月份(6 月至 9 月)有着最高的循环系统疾病死亡率。研究表明，PM2.5 的浓度与循环系统疾病有正相关的线性关系；缺血性心脏病和脑血管疾病与 PM2.5 的日均浓度相关关系的回归模型建立在 2~6 个滞后变量上，PM2.5 的日均浓度每增加 10 微克/立方米，缺血性心脏病的相对危险度上升 1.002%，脑血管疾病的相对危险度上升 1.025%；急性心肌梗死的死亡率与 PM2.5 的日均浓度相关关系的回归模型建立在 6 个滞后变量上，PM2.5 的日均浓度每增加 10 微克/立方米，急性心肌梗死的相对危险度上升 1.066%。当 PM2.5 的日均浓度增加 10 微克/立方米时，上述三种疾病的归因危险度分别上升 2.16%、2.47%和 6.21%。

N. A. H. Janssen 等人(2013)[④]对整个荷兰地区空气中 PM2.5、PM10 和 PM2.5-10 的浓度对死亡率的短期影响的研究发现，PM2.5 浓度的增加对心血管疾病的死亡率的影响是即时的，而

① Mary E. Davis, Francine Laden, Jaime E. Hart, Eric Garshick and Thomas J. Smith. Economic activity and trends in ambient air pollution. *Environmental Health Perspective*，2010(118)：614-619

② Bert Brunekreef and Stephen T. Holgate. Air pollution and health. *The Lancet*，2002(360)：1233-1242

③ T. Mate，R Guaita，M. Pichiule，C. Linares，and J. Daiz. Short-term effect of fine particulate matter(PM2.5) on daily mortality due to diseases of the circulatory system in Madrid(Spain). *Science of the Total Environment*，2010 (408)：5750-5757

④ N. A. H. Janssen，P. Fischer，M. Marra，C, Ameling，and F. R Cassee. Short-term effects of PM2.5, PM10 and PM2.5-10 on daily mortality in the Netherlands. *Science of the Total Environment*，2013(463-464)：20-26

对呼吸道系统疾病的死亡率的影响则具有一定的滞后性。空气中，PM2.5的浓度每增加10微克/立方米，将使所有原因或由特殊原因引起的疾病的死亡率增加0.8%。

Kirk R. Smith(1993)[①]研究了发展中国家燃烧能源、吸烟与空气污染和健康的关系，认为空气中的颗粒物对健康的影响主要体现在四个方面：第一是对孩子呼吸道的影响；第二是妇女在怀孕期间过多地暴露在PM2.5浓度过高的环境中，对腹中胎儿的健康有很大的不利影响；第三是对成人患慢性肺部疾病和心脏病的影响；第四是会增加患癌症的概率。

N. Kunzli等人(2000)[②]研究了欧洲地区的空气污染和公共健康之间的关系，发现空气污染会引起死亡率和发病率的增加。在欧洲，每年全部的死亡人口中有6%、超过40 000例死亡是由空气污染引起的。其中，空气污染引起的死亡人口中超过50%的死亡原因是机动车尾气排放造成的空气污染。机动车作为主要交通工具的广泛使用，导致超过25 000成人患上慢性支气管炎，超过290 000小孩支气管炎发作；超过5 000 000人受到哮喘的折磨，并且由于空气污染导致人们限制活动的天数总共达16 000 000天。

（三）雾霾与健康的中国研究

随着空气中颗粒物的浓度越来越高，空气污染越来越严重，国内已有相当多的文献研究空气污染与健康的关系。置身于含有PM2.5的空气中，其短期影响是加重哮喘、肺功能障碍、肺癌、心脏病、中风和其他疾病。[③] Yang等人(2011)[④]的研究表明PM2.5的平均浓度在北京（2005—2006年）、重庆（2005—2006年）、上海（1999—2000年）和广州（2008—2009年）分别是118.5微克/立方米、129.0微克/立方米、67.6微克/立方米和81.7微克/立方米，这一水平远高于环境空气质量标准（NAAQS）规定的最高可以接受的PM2.5浓度35微克/立方米。2007年，尽管我国的人均碳排放量仍处于世界平均水平，但中国已经超过美国成为世界上碳排放量最大的国家。[⑤] 北京在2001—2004年PM2.5的平均浓度为96.5～106.7微克/立方米，这一水平是

① Kirk R. Smith. Fuel combustion, air pollution exposure, and health: The situation in developing countries. *Annu. Rev. Energy Environ.*, 1993(18): 529-566

② N. Kunzli, R. Kaiser, S. Medina, M. Studnicka, O. Chanel, P. Filliger, M. Herry, F. Horak Jr, V. Puybonnieux-Texier, P. Quenel, J. Schneider, R. Seethaler, J.-C. Vergnaud, H. Sommer. Public-health impact of outdoor and traffic-related air pollution: A European assessment. *The Lancet*, 2000(356): 795-801

③ Gavett SH, Koren HS. The role of particulate matter in exacerbation of atopic asthma. *International Archives of Allergy and Immunology*, 2001(124): 109-112; Haley VB, Talbot TO, Felton HD. Surveillance of the short-term impact of fine particle air pollution on cardiovascular disease hospitalizations in New York State. *Environmental Health*, 2009(8): 42; Vallejo M, Ruiz S, Hermosillo AG, Borja-Aburto VH, Cardenas M. Ambient fine particles modify heart rate variability in young healthy adults. *Journal of Exposure Science and Environment Epidemiology*, 2005(16): 125-130

④ Yang F, Tan J, Zhao Q, Du Z, He K, Ma Y, et al. Characteristics of PM2.5 speciation in representative megacities and across China. *Atoms Chem Phys.*, 2011(11): 5207-5219

⑤ International Energy Agency (IEA). *CO₂ Emissions from Fuel Combustion 2009-Highlights*. France: IEA, 2009

美国环境保护机构规定的空气质量标准15微克/立方米的7倍，是世界卫生组织规定的空气质量标准10微克/立方米的10倍。[①] 空气中PM2.5的浓度每上升10微克/立方米，整体的死亡率上升0.38%，呼吸道疾病的死亡率上升0.51%，心血管疾病的死亡率上升0.44%（见图3）。[②] 根据有毒气体对健康影响的评估，已经建立了世界范围内的空气质量标准，以此来限制空气污染的程度，从而保护公众的健康。在中国，关于空气污染对死亡率的影响所做的定量分析非常少，在这方面的研究还有很多需要填补的空白。[③]

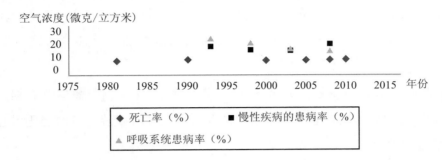

图3　1980—2010年死亡率、慢性疾病患病率、呼吸系统患病率与空气浓度之间的关系

数据来源：《2011中国卫生统计年鉴》。

Haidong Kan等人（2012）[④]研究了中国空气污染与气候变化和健康的关系，认为在中国空气污染造成的健康水平的下降比北美国家更严重，不仅仅是因为中国的空气污染水平比北美的高，而是中国的人口占据了世界人口的1/4，因此中国的空气污染对健康的影响比其他地区都要大。

Yu Shang等人（2013）[⑤]对33个时间序列数据进行分析，交叉研究了中国PM2.5的浓度在短期内对死亡率的影响。在中国的特大城市中，如果PM2.5的浓度能够下降到世界卫生组织空气质量方针中规定的10微克/立方米，短期内由PM2.5引起的死亡率在北京、上海、广州和西安将分别下降2.7%、1.7%、2.3%和6.2%。研究发现，空气中PM2.5的减少会带来死亡率的持续下降。在同一项研究中，PM2.5对死亡率的影响要大于PM10，对心血管疾病和呼吸道疾病的死亡率的影响则要大于所有疾病的死亡率的加权平均值。

① Duan FK, He KB, Ma YL, Yang FM, Yu XC, Cadle SH, et al. Concentration and chemical characteristics of PM2.5 in Beijing, China: 2001—2002. *Sci. Total Environ.*, 2006(355): 264-275

② Yu Shang, Zhiwei Sun, Junji Cao, Xinming Wang, Liuju Zhong, Xinhui Bi, Hong Li, Wenxin Liu, Tong Zhu, Wei Huang. Systematic review of Chinese studies of short-term exposure to air pollution and daily mortality. *Environment International*, 2013(54): 100-111

③ Atkinson RW, Cohen A, Metha S, Anderson HR. Systematic review and meta-analysis of epidemiological time-series studies on outdoor air pollution and health in Asia. *Air Quality Atomsphere & Health*, 2011(5): 1-9

④ Haidong Kan, Renjie Chen, Shilu Tong. Ambient air pollution, climate change, and health population health in China. *Environment International*, 2012(42): 10-19

⑤ Yu Shang, Zhiwei Sun, Junji Cao, Xinming Wang, Liuju Zhong, Xinhui Bi, Hong Li, Wenxin Liu, Tong Zhu, Wei Huang. Systematic review of Chinese studies of short-term exposure to air pollution and daily mortality. *Environment International*, 2013(54): 100-111

杨春雪(2012)[①]通过分析广州市 PM2.5 污染对居民每日死亡影响的急性效应发现，PM2.5 与总死亡率和心肺疾病死亡率相关，且对 65 岁及以上的老人、女性和受教育程度较低的人影响更大。孙宪民(2003)[②]通过调查沈阳市空气污染现状、小学生的肺功能状况发现，PM2.5 危害人体健康，很有可能与沈阳市的肺癌、心血管疾病患病率上升密切相关，而且也会影响小学生的肺功能。戴海夏等人(2004)[③]采用 Poisson 广义相加模型对上海市 A 城区大气 PM10、PM2.5 的日均污染浓度与居民日死亡数进行了相关回归分析，并控制了时间长期趋势、气象、季节、一周日效应混杂因素的影响，发现 PM2.5 上升时，死亡人数也随之上升。窦晨彬(2012)[④]研究发现，空气污染指数增加时，将导致呼吸道疾病患病人数增加，而且与肺结核发病率有显著关系。

An Zhang 等人(2013)[⑤]研究了北京地区 2012 年秋季的 37 天的气象监测数据，表明北京的 PM2.5 污染与地形有关，与北京地区的气象条件以及由于城市旅游法规的变化引起的交通尾气排放量的变化有很大的关联。

(四)雾霾治理与经济学评价方法

如果仅仅从预期寿命的指标看，可能会低估空气污染对健康的作用。因此，需要考虑 PM2.5 的减少对患病率的影响，从而能够更加客观地评价空气污染政策。

因此，基于 QALYs 即 quality-adjusted life years(质量调整生命年)的分析文献近几年逐渐增多，CBA(cost benefit analysis)和 CUA(cost utility analysis)在相关文献中常与 CEA(cost effectiveness analysis)方法结合使用。

1. 将大气污染作为测度疾病负担的因素之一

世界卫生组织(WHO)采用伤残调整生命年(DALYs，disability adjusted life years)，作为 QALYs 的一个变体和补充，用来测度全球的疾病负担以及造成疾病的负担的因素，其中包括大气污染。

不少学者开始利用 1990—2010 年全球疾病负担研究的数据研究本国或者一些地区的疾病负担，其中多次提到大气污染物是主要影响因素之一。Lim 等人(2012)[⑥]通过 2010 年的全球疾病

① 杨春雪. 细颗粒物和臭氧对我国居民死亡影响的急性效应研究. [学位论文]. 上海：复旦大学，2012
② 孙宪民. 沈阳市大气颗粒物污染现状及对儿童肺功能的影响研究. [学位论文]. 沈阳：中国医科大学，2003
③ 戴海夏，陈立民，胡敏，宋伟民，高翔. 上海市 A 城区大气 PM10、PM2.5 污染与居民日死亡数的相关分析. 卫生研究，2004(3)：293-296
④ 窦晨彬. 空气污染健康效应的经济学分析. [学位论文]. 成都：西南财经大学，2012
⑤ An Zhang，Qingwen Qi，Lili Jiang，Fang Zhou，Jinfeng Wang. Population exposure to PM2.5 in the urban area of Beijing. *Plos One.*，2013(8)：1-9
⑥ Lim SS，V. T.-R.-C. A comparative risk assessment of burden of disease and injury attributable to 67 risk factors and risk factor clusters in 21 regions，1990—2010：A systematic analysis for the Global Burden of Disease Study 2010. *The Lancet*，2012(380)：2224-2260

负担研究数据研究调查了 21 个地区的疾病负担和可能的 67 个危险因素，其中很重要的危险因素就包括由于吸烟导致的室内空气污染和室外微粒物（particulate matter）造成的大气污染。Yang 等人（2013）[1]通过这一研究数据分析了中国 1990—2010 年健康状况的迅速转变及其原因，从而为中国采取相应措施来减少这些疾病患者数量提供方向，其中有一点是通过减少室外室内的大气污染降低 DALYs 即伤残调整生命年。利用 DALYs 研究室内空气质量（indoor air quality）的文章也不少，其中学者 Logue 等人（2012）[2]通过比较自然疾病下伤残质量调整年减少（DALYs lost）和由于室内气体污染物（indoor air pollution）导致的伤残质量调整年减少，来测算地区和国家室内空气污染对健康的影响，以更新出新的标准来提高室内空气质量，这篇文章以美国当地居民为样本估算每 100 000 人中就有 400～1 100 人的伤残质量调整年减少。Oberg 等人（2011）[3]以 2004 年来自 192 个国家的数据为样本，研究二手烟导致的世界范围内的疾病负担。经测算，由于二手烟导致的伤残调整生命年减少高达 1 090 万人，约是 2004 年世界疾病负担导致的伤残调整生命年减少的 0.7%，其中 61% 是儿童，这表明应在世界范围内推广减少被动吸二手烟的举措。

2. 效果指标：质量调整生命年

WHO 认为，health is stale of complete phsical，mental and social well-being and not merely the absence of disease or infirmity.（健康就是个人身体、精神和社会能力的整体良好状况，而不是单纯的指没有疾病。）

QALYs 标准，在欧洲，特别是英国被广泛使用。例如，根据常规，每单位 QALYs 的成本是 0～5 万美元，这个范围内的医疗干预被认为是有价值的；如果每单位 QALYs 的成本是 10 万美元，则认为该医疗干预手段太昂贵了。成本—效果分析方法的评估结果为，如果采用质量调整生命年标准，即每单位 QALYs 的成本标准，也可以作为医疗保险偿付决策的依据和医疗服务可及性的标准。

对于每单位 QALYs 的成本，其使用的变量有时很难测度，因此也很难估计治疗的真正效果。特别是对认知损伤的人来说，QALYs 的测度和估计可能就更加困难了。因为相对于其他疾病来说，认知损伤和治疗成本（比如住院费用）之间缺乏直接的联系性。在中国，自付方式是主要的医疗支付方式，对认知损伤的治疗决策，更多地取决于病人或家属。如果通过治疗成本来估计有认知损伤的患者 QALYs 的成本，就有很大的困难。

3. 质量调整生命年的测度

QALYs 是以单位来表示的，是通过健康医疗干预后，所得到的生存质量的提高和从健康角

---

① Yang G，W. Y. Rapid health transition in China，1990—2010：Findings from the Global Burden of Disease Study 2010. *The Lancet*，2013(381)：1987-2015

② Logue JM，P. P. A method to estimate the chronic health impact of air pollutants in U. S. residences. *Environment Health Perspectives*，2012(120)：216-222

③ Oberg M，J. M. -U. Worldwide burden of disease from exposure to second-hand smoke：A retrospective analysis of data from 192 countries. *The Lancet*，2011(377)：139-146

度衡量的生命质量的提高。这一指标综合考虑了医疗方案能够延长的生命的数量和质量，基本原理如下：若医疗方案延长了完全健康的 1 个生命年，则认为获得了 1 个 QALYs；若死亡，则获得 QALYs 数为 0；若延长的 1 个生命年并不处于完全健康的状态，则根据具体疾病或不适等情况，为其获得的 QALYs 赋予 0～1 的一个数值。

为不同健康状况赋予 QALYs 值的方法有客观的、主观的两种。客观赋值法指使用医学上的健康指标为 QALYs 赋值；主观赋值法指通过发放调查问卷，让被调查者为自己的健康状况做出评价，具体的方法有量表法、标准赌博法（standard gamble approach）、时间交易法（time trade-off approach）、等价技术（equivalence technique）等。主观赋值法能够反映被调查者的偏好，因而被卫生经济学研究所广泛采用。

为了简便地测算 QALYs 值，学者们建立了许多种不同的方法。1993 年 Ware 等人设计了生活质量评定简表（SF-36）。在这种量表中，受试者需要从各个维度为自己的健康状况打分。举例来说，在运动机能这一维度中，共包含 10 个问题；每个问题都要求受试者在"能力非常有限""能力稍有欠缺"和"完好"三个答案中进行选择。每个答案分别被赋予了 1～3 的数值，10 个问题加总，得到 10～30 的总数。这一总数再被转换为 0～100 的一个分数。

在描述不同人群的健康状况差异、甄别医疗干预方案的效果等方面，SF-36 的作用已得到了多方面的验证。但不足的是，SF-36 为健康状况的赋值中，并未考虑被调查者的偏好。每个问题中，"能力非常有限"与"能力稍有欠缺"之间的分值差距和"能力稍有欠缺"与"完好"之间的分值差距完全相等；但被调查者很可能认为瘫痪在床与能够行走之间的差别远大于能够行走与能够踢足球之间的差别。另外，SF-36 的各个问题、各个维度之间也不可比较，无法认为每个维度对于每个被调查者都具有相同的重要性。学者们意识到，开发包含被调查者偏好在内的新的调查方法非常重要。

近年来，欧洲五维生活质量量表（EuroQol-5D，EQ-5D）成为一种应用较广的调查问卷。它包括行动能力、疼痛/不适、日常自我护理、心理状态、日常活动 5 个维度。每个维度的答案分为 3 个不同的水平。例如，行动能力这一维度，包括 3 个水平的答案：能够正常行走、行走有一些困难、卧床。对这 5 个维度的回答共有 243 种组合方式。每种组合方式都根据主观赋值方法，被赋予了相应的 QALYs 值。EQ-5D 已被欧洲的研究者广泛采用，并基于欧洲人群建立了数据库，通过统计方法得出了 EQ-5D 结果组合与 QALYs 值之间的关系。实际研究中，只需要让被调查者回答 EQ-5D 问卷，判定该被调查者的回答属于 243 种组合中的哪一种，再在数据库中查找这种组合方式所对应的 QALYs 值即可。然而这种方法也受到了一些批评，如接受调查的人群不同，给予问卷中各维度权重的倾向也不同。一般来说，比起患病的人，健康的人会夸大疾病的痛苦程度，从而给患病状态评定过低的分数。

Brazier 等人（2002）在 SF-36 的基础上，设计了包含 6 个维度的问卷 SF-6D。它包括运动能力、角色限制（指健康情况是否影响了工作或其他日常活动）、社会交往功能、疼痛、心理健康、活力 6 个方面的问题，每个问题有 4～6 种不同水平的回答。与 EQ-5D 相比，SF-6D 的优点表现在两个方面：首先，SF-6D 大大扩充了可评价的健康状况数目；对这一问卷不同的回答，一共可能构成 18 000 个结果组合。其次，SF-6D 能够直接应用已建立的 SF-36 数据库中的数据。但由于 SF-6D 的结果组合数量过于庞大，无法直接用抽样调查的方法对所有结果组合都进行 QALYs 赋值。因此，同一研究小组从 SF-6D 所有的结果组合中挑选出有代表性的 249 个，在英国人群中进行了主观赋值调查；随后再建立了计量模型，为 SF-6D 能够反映的全部结果赋值。但 Barton 等人（2008）通过对 EQ-5D 和 SF-6D 的比较研究发现，在问卷调查过程中，SF-6D 的完成率较低。并且，在健康程度较好的人群中，通过 SF-6D 进行的赋值显著低于通过 EQ-5D 进行的赋值；在健康程度较差的人群中，通过 SF-6D 进行的赋值显著高于通过 EQ-5D 进行的赋值。这表明使用 SF-6D 进行 QALYs 测算时，与 EQ-5D 相比，可能会低估医疗干预方案的效果。

（1）生命质量（QOL，quality of life）

QOL 是一个很难衡量的概念，不论是对社会或社区健康的评估，还是对个人或社区的具体情况进行衡量测算，得到的 QOL 都是有差异的。[1]

在第二次世界大战后，QOL 的概念得到了广泛应用。[2] 特别是在医学领域，关于 QOL 的理论和实证论文大量增加，超过 2 万份的出版物中讨论了这一概念[3]，但在这些出版的文献中关于 QOL 的定义却不尽相同。Liu（1976）[4]认为关于 QOL 的定义和人口一样多，强调作者发现的公理之间差异的重要性。Baker and Intagliata（1982）[5]指出，QOL 的定义和人们研究的现象一样多，这些具有操作可行性的概念并没有达成一致。大量的社会指标被做成量表来衡量人们身体健康的总体指标。[6] 社会学和心理学的指标已经发展到能反映个人的福利。[7]

（2）对 QOL 的测度：健康相关的生命质量（HRQOL，health-related quality of life）

对 QOL 的测度工具很多，但更合适的方法，还是将 QOL 与健康建立直接联系，建立 HRQOL 概念，来全面评价疾病及治疗对患者造成的生理、心理和社会生活等方面的影响。HRQOL 不仅仅关心病人的存活，更关心病人存活的质量。

HRQOL 被认为是一种心理结构，描述的是从患者角度观察的健康的身体、精神、社交、

---

① David Felce，Jonathan Perry. Quality of life：Its definition and measurement. *Research in Development Disabilities*，1995，16：51-74；Morag Farquhar. Elderly peoples definitions of quality of life. *Soc. Sci. Med.*，1995（41）：1349-1446

② Morag Farquhar. Elderly peoples definitions of quality of life. *Soc. Sci. Med.*，1995（41）：1349-1446

③ U. Ravens-Sieberer，M. Bullinger. Assessing health-related quality of life in chronically ill children with the German KINDL：First psychometric and content analytical results. *Quality of Life Research*，1998（7）：399-407

④ Liu BC. *Quality of life indicators in U. S. metropolitan areas：A statistical analysis*. New York：Praeger Publishers，1976

⑤ Baker F，Intagliata J. Quality of life in the evaluation of community support systems. *Evaluation and Program Planning*，1982（5）：69-79

⑥ Flax MJ. *A study in comparative urban indicators：Condition in 18 large metropolitan areas*. Washington DC：The Urban Institute，1972

⑦ Bigelow DA，McFarland BH，Olson MM. Quality life of community mental health program clients：Validating a measure. *Community Mental Health Journal*，1991（27）：43-55

心理和健康方面的功能。[1] HRQOL 概念被提出来后，越来越多地用于临床试验和卫生服务研究中。[2] 在临床试验和卫生服务的研究中，同时使用的还有健康状态和功能状态这两个术语。[3] 在健康相关的生命质量、健康状态和功能状态这三个术语中，健康状态指的是个人是否能够不受疾病和伤残的影响，能够执行一些功能，这些功能是在日常生活中开展日常活动所必需的。[4]

作为 HRQOL 的最终结果，很多研究采用质量调整生命年（QALYs）作为具体测算单位和标准，也是成本—效果分析中的最终效果指标。

Ware(1987)[5]认为健康状态是生命质量中的健康组成部分，这也是 HRQOL 得以大量使用的原因。在现有的研究中，大多数的 HRQOL 模型都包括了生理功能、精神状况和社会功能，通常都是个人行为角色在这些功能中的表现。另外，还有些模型包括了另外一个潜在的重要部分——健康机会或者健康潜力（opportunity for health or health potential），指的是个人抗压力和生理机能恢复的能力。HRQOL 是一种正面健康生命质量的描述。[6] 对与健康相关的 QOL 的测量，有研究者对最广泛使用的量表和需要解决的测量问题，特别是问题的可靠性和有效性做了详细的评述。[7] 最常用的量表有 MOS SF-36[8]，SIP[9]，达特茅斯的 COOP 量表[10]，NHP[11] 和生命质量指数[12]。

① Bullinger M. Quality of life-definition, conceptualization and implications—a methodologists view. *Theoretical Surgery*，1991(6)：143-149；Friedman L, Furberg C, Demets D, eds. *Fundamentals of clinical trials*. Littletown：PSG Publishing，1995；Wenger N, Mattson M, Furberg C, Ellison J, eds. *Assessment of quality of life in clinical trials of cardiovascular therapies*. New York：Le Jacq，1984：44-46

② Stephen Walters. A review of quality of life：Assessment, analysis and interpretation. by P. M. Fayers and D. Machin. *The Royal Statistical Society. Series D*，2001(50)：345-346

③ Guyatt GH, Feeny DH, Donald PL. Measuring health related quality of life. *Ann. Intern. Med.*，1993(118)：622；National Institutes of Health. *Quality of life assessment：Practice, problems and promise*. Bethesda, MD：National Institutes of Health，1990

④ Bergenr M. Measurement of health status. *Med Care*，1985(23)：696；Crane S. *Patient outcomes research：Examining the effectiveness of nursing practice*. Bethesda, MD：National Institutes of Health National Center for Nursing Research，1992；Johnson RJ, Wolinsky FD. The structure of health status among older adults：Disease, disability, functional limitation, and perceives health. *J Health Soc Behav.*，1993(34)：105

⑤ Ware JE. Standards for validating health measures：Definition and content. *J. Chronic Dis.*，1987(40)：473

⑥ Hanestad B. Errors of measurement affecting the reliability and validity of data acquired from self-assessed quality of life. Scand. *J. Caring Sci.*，1990(4)：9

⑦ Jenkins CD, Jono RT, Stanton B, Stroup-Benham CA. The measurement of health-related quality of life：Major dimensions identified by factor analysis. *Soc Sci Med.*，1990(31)：925；Gill TM, Feinstein AR. A critical appraisal of the quality of life measurements. *JAMA*，1994(272)：619；McSweeny AJ, Creer TL. Health-related quality of life assessment in media care. *Dis Mon*，1995(40)：3

⑧ Ware JE, Sherbourne CD. The MOS 36-item short form health survey(SF-36). *Med Care*，1992(30)：473

⑨ Bergner M, Bobbitt RA, Carter WB, Gilson BS. The sickness impact profile：Development and final revision of a health status measure. *Med Care*，1981(19)：787

⑩ Nelson E, Wasson J, Kirk J. Assessment of function in routine clinical practice. *J Chronic Dis*，1987(40)：55

⑪ Hunt SM, McKenna SP, McEwan J, Backett EM, Wliiians J, Papp E. A quantitative approach to perceived health status：A validation study. *J Epidemiol Community Health*，1980(34)：281

⑫ Ferrans CE, Powers MJ. Psychometric assessment of the quality of life index. *Res Nurs Health*，1992(15)：29

但是，HRQOL 是一个主观性概念，需要患者完全主观的评价，因此，HRQOL 可能会根据个体的观点和态度发生变化[①]，即 HRQOL 不具有可比性。质量调整生命年的提出，使得对个体 QOL、HRQOL 的比较成为可能。

对 HRQOL 的评价，通过主观自我报告的方法是最有效的。同时，也可以辅助访谈者的报告，以及一般的或者疾病方面状况评价。一般评价方法，在健康经济学中使用较为广泛。对疾病的专门考虑，本身存在一些弊端，比如，病人对疾病状况会特别敏感，不同疾病情况缺乏可比性。我们前面提到的 EQ-5D 和 SF-36 这些方法，都属于一般评价方法。

（3）QALYs 的概念

质量调整生命年（QALYs）是考虑获得的生命年和患病率影响的综合指标。QALYs 最早被用于参与医疗干预决策研究，是卫生经济学家提出的概念，主要是衡量患者在经过医疗治疗后调整了生活质量的预期寿命，通常是对残疾或者是悲痛的调整。[②] 1968 年，Klarman（1982）和他的同事在一项研究中发现肾移植患者的 QOL 要高于透析患者，他们估计肾移植患者的 QOL 要比透析患者的生命质量高 25％。在研究的过程中他们将不同治疗方案的成本进行了生命质量调整，首次提出了生命质量的概念。[③]

QALYs 是一个权重系统，将健康生命年作为质量调整的生命年，赋值为 1，死亡为 0，而非健康的生命年其值在 0～1 之间。健康状况越差，其生活质量越低，因而 QALYs 的值越低。原则上说，QALYs 的值是非负的，但是如果一个人的 QOL 被界定为比死亡更差，则其 QALYs 的值会小于零。[④]

Johnson（2004）[⑤]指出这是考虑到 QALYs 是一个权重系统，且其权重源于个人对不同健康状况的偏好，是从不同类别人群中总结出来的数值，存在理论值与个人偏好之间的偏差。Bala 等人（2000）[⑥]则是考虑到 QALYs 无法综合衡量政策对健康的短期和长期影响。Freeman 等人（2002）[⑦]则认为使用 QALYs 时，还要综合测度政策对寿命和 QOL 的影响。

————————

① Madhav A. Namjoshi, Don P. Buesching. A review of the health-related quality of life literature in bipolar disorder. *Quality of Life Research*，2001(10)：105-115

② Rosser R，Kind P. A scale of valuations of states of illness. *International Journal of Epidemiology*，1978 (7)：347-358；Rosser R，Kind P. Valuation of quality of life：Some psychometric evidence. In：Jones-Lee M，ed. *The value of life and safety*. Amsterdam：Elsevier Science Ltd.，1982：159-170；Williams A. Economics of coronary artery bypass grafting. *British Medical Journal*，1985(291)：326-328；Gafni A，Birch S. Economics，health and health Economics：HYEs versus QALYs. *Journal of Health Economics*，1993(11)：325-339

③ Herbert E. Klarman. The road to cost-effectiveness analyis. The Milbank Memorial Fund Quarterly. *Health and Society*，1982(60)：585-603

④ Williams A. The value of QALYs. *Health and Social Service Journal*，1985

⑤ Johnson F. When QALYs don't work：Measuring and using general time equivalents. *RTI Health Solutions*，2004

⑥ Bala M. Are QALYs an appropriate measure for valuing morbidity in acute diseases? *Health Economics*，2000 (9)：177-180

⑦ Freeman AJ. On quality adjusted life years and environmental/consumer safety valuation. *AERE Newsletter*，2002(22)：7-12

（4）QALYs 的计算及其赋值

国际上对 QALYs 的计算主要有两类：第一类是使用医学上的健康指标为 QALYs 赋值。第二类是通过发放调查问卷，让被调查者为自己的健康状况做出评价，具体的方法有量表法、标准赌博法（standard gamble approach）、时间交易法（time trade-off approach）、等价技术（equivalence technique）等。主观赋值法能够反映被调查者的偏好，因而在卫生经济学研究中被广泛采用。

QALYs 的计算用公式可以表示为：

$$QALYs = \sum_{i=1}^{m} \frac{F_i q_i}{(1+d)^i}$$

其中，F_i 为一个人在岁数 i 时仍然存活的概率；q_i 为生命质量的权重，其值在 0～1 之间；d 为时间贴现因子；m 为一个人的寿命。[①]

在关于生命价值的文献中，有大量的实际研究已经估计了 QALYs 的价值，用来衡量一个 QALYs 价值的方法可以分为四类，分别是人力资本方法（HK）、根据工作风险计算的显示性偏好方法（RP-JR）、根据非职业安全风险计算的显示性偏好方法（RP-S）和根据对风险减少的意愿支付和愿意接受风险的意愿支付计算的或有估价方法（CV）。

- 对每一 QALYs 的支付意愿

成本—效果分析（CEA，cost-effectiveness analysis）方法的目的是告诉决策者，在给定资源的支出下，可以预期多少健康状况的改善。[②] 该分析方法中，成本是指不做任何干预，或者与最有效的非支配性策略相比，每增加一个 QALYs 所花费的成本。[③]

在美国，对干预措施的 CEA 分析中普遍接受的每个 QALYs 的成本—收益比例是 40 000～80 000 美元。美国的大多数研究中，最常用的一个 QALYs 的值为 50 000 美元，是采用透析病人一年的医疗费用作为基准定义一个 QALYs 的社会支付意愿。之所以采用"透析标准"是因为享有联邦医疗保险津贴的患有慢性肾功能衰竭的病人意味着其成本等于收益。[④] 用透析标准对 QALYs 的一个更接近现实的估计是每一个 QALYs 的值折算成 1997 年的美元是在 74 000～

① Garber Alan. Advances in cost-effectiveness analysis of health intervention. In Handbook of Health Economics，volume 1，A. J. Culyer and Joseph P. Newhouse(eds)(Elsevier Science B. V. 2000)

② Siegel JE，Clancy CM. Using economic evaluations in decision making. In Haddix AC，Teutsh SM，Corso PS(Eds). *Prevention effectiveness：A guide to decision analysis and economic evaluation.* London，UK：Oxford University Press，2003：178-198；Garber AM. *Cost-effectiveness and evidence evaluation as criteria for coverage policy.* Millwood：Health Aff，2004：W4，284-296；Neumann PJ. *Using cost-effectiveness analysis to improve health care.* NY，USA：Oxford University Press，2005

③ Expert Rev. Pharmacoeconomics Outcomes Res. Assessing cost-effectiveness in healthcare：History of the $50，000 per QALYs threshold. *Expert Review*，2008(8)：165-178

④ Chang RW，Pellisser JM，Hazen GB. A cost-effectiveness analysis of total hip arthroplasty for osteoarthritis of the hip. *JAMA*，1996（275）：858-865；Mark DB，Hlatky MA，Califf CD，et al. Cost-effevtiveness of thrombolytic therapy with tissue plasminogen activator as compared with streptokinase for acute myocardial infraction. *N Engl J Med*，1995(332)：1418-1424

95 000美元之间。①

使用 50 000 美元作为评价一项干预的成本—收益的标准首先出现在 1992 年，并在 1996 年后得到广泛的使用。② Freedberg(1992)和他的同事在一篇关于艾滋病的医疗干预中首次公开使用每一个 QALYs 值 50 000 美元。③ 但是每一个 QALYs 值 50 000 美元是一个非常专制的决策 (arbitrary rule)，并没有经济学的理论支持。这种估值的方法有其自身的局限性，它只考虑了单一的疾病，还有许多疾病在美国同样是享受联邦政府津贴的。肾功能衰竭患者的公共支出和私人支出对于 QALYs 价值的衡量是否具有广泛的代表性这一点尚不明确。④

学术界对于采用"透析标准"衡量一个 QALYs 的价值存在很多的质疑，采用这一标准衡量成本—收益也存在一定的缺陷，因此 Joannwsson and Meltzer(1999)⑤认为应该给 CEA 分析建立一个有效的决策规则，在计算 QALYs 的价值的时候收集更多的信息，对于一个 QALYs 的支付意愿取决于财富、剩余的预期寿命、健康状态、和跨期消费替代的可能性。同时也有观点认为⑥，消费者对一个 QALYs 的支付意愿是固定的这一观点缺乏证据，消费者对一个 QALYs 的支付意愿是独立于数量、持续时间或收益的类型。决策者们并没有在不同类型的决策背景下，对一个 QALYs 的支付意愿维持一个固定的值。⑦ 决策者对于一个 QALYs 的支付意愿取决于其决策环

---

① U. S. Renal Data System. *USRDS 1998 annual data report*. National Institutes of Health, National Institute of Diabetes and Digestive and Kidney Disease. Bethesda, MD: USRDS, 1998; Hornberger JC, Redelmeyer RA, Petersen J. Variability among methods to assess patients' well-being and consequent effect on a cost-effectiveness analysis. *J Clin Epidemiol*, 1992(45): 505-512

② Expert Rev. Pharmacoeconomics Outcomes Res. Assessing cost-effectiveness in healthcare: History of the ＄50, 000 per QALYs threshold. *Expert Review*, 2008(8): 165-178

③ Freedberg KA, Tosteson AN, Cottton DJ, Goldman L. Optimal management strategies for HIV-infected patients who present with cough or dyspnea: A cost-effective analysis. *J. Gen. Intern. Med.*, 1992(7): 261-272

④ Richard A. Hirth, Michael E. Chernew, Edward Miller, A. Mark Fendrick and William G. Weissert. Willingness to pay for a quality adjusted life year: In search of a standard. *Health Economics*, 2000(20): 332-342

⑤ Bleichrodt H, Quiggin J. Life-cycle preferences over consumption and health: When is cost-effectiveness analysis equivalent to cost-benefit analysis? *J Health Econ*. 1999(18): 61-708

⑥ Dolan R, Edlin R. Is it really possible to build a bridge between cost-benefit analysis and cost-effectiveness analysis? *J. Health Econ.*, 2002(21): 827-843; Hammitt JK. QALYs versus WTP. *Risk Anal*. 2002(22): 985-1001; Klose T. A utility-theoretic model for QALYs and willingness to pay. *Health Econ*, 2003(12): 17-31; Dyrd-Hansen D. Willingness to pay for a QALYs: Theoretical and methodological issues. *Pharmacoeconomics*, 2005(23): 423-432; Smith RD, Richardson J. Can we estimate the "social" value of a QALYs? Four core issues to resolve. *Health Policy*, 2005(74): 77-84; Miller W, Robinson LA, Lawrence RS (Eds). *Valuing health for regulatory cost-effectiveness analysis*. Washington DC, USA: National Academies Press, 2006; O'Brien BJ, Gertsen K, Willan AR, Faulkner LA. Is there a kink in consumers' threshold value for cost-effectiveness in health care? *Health Econ*, 2002(11): 175-180

⑦ Corso PS, Hammitt JK, Graham JD, Dicker RC, Goldies SJ. Assessing preferences for prevention versus treatment using willingness to pay Med. *Decis. Making*, 2002(22): S92-S101; Franic DM, Pathak DS, Gafni A. Quality-adjusted life years was a poor predictor of women's willingness to pay in acute and chronic conditions: Results of a survey. *J. Clin. Epidemiol*, 2005(58): 291-303; Van Houtven G, Powers J, Jessup A, Yang JC. Valuing avoided morbidity using meta-regression analysis: What can health status measures and QALYs tell us about WTP? *Health Econ.*, 2006(15): 775-795

境，因此不存在唯一的临界值来决定一项干预是否存在成本—收益。Joseph 等人（2005）[1]关于偏好研究的 CEA 分析比例中，对每个 QALYs 成本的临界值、生命价值文献中的生命价值的临界值和每个 QALYs 的支付意愿比例做比较，认为每个 QALYs 的平均支付意愿在 12 500～32 200 美元，这一值低于所有已经出版的成本—收益比例中的临界值，低于由有医疗保险覆盖的原型药物治疗比例（肾透析）并且低于生命价值文献中的生命价值的比例。Kaplan and Bush（1982）[2]认为，干预的成本—收益比例低于每个 QALYs 值 20 000 美元时，认为这项干预是值得的，但是干预的成本—收益比例高于每个 QALYs 值 100 000 美元时，这项干预在经济上是值得怀疑的。

1992 年以后，加拿大的决策分析中大部分使用 20 000～100 000 加拿大元作为每个 QALYs 的临界值[3]，但是也有一部分用 60 000 加拿大元作为每个 QALYs 的临界值。[4]

（5）QALYs 在环境经济学中的应用

卫生经济学家对 QALYs 的测量，目的是为了将 CEA 方法与 QALYs 相结合，评估某项医疗干预或者经济决策。CEA 方法旨在告诉决策者对于给定资源的支出，可以预期多少健康状况的改善。这种 CEA 方法中的成本是指与不做任何干预或最有效的非支配性策略相比，每增加一个 QALYs 所花费的成本。[5] 在 CEA 方法中，成本指的就是每个质量调整生命年的价值。近年来以 QALYs 为基础的 CEA 方法也开始应用于环境经济学领域中。如果有合适的模型和数据可用的话，那么 CEA 方法就可以运用于环境政策的经济学评价。同时，使用这一方法时，也要考虑很多因素。

QALYs 虽然还没有被广泛运用于评价环境健康政策，但越来越多的文献开始使用这一指标来评价影响大量人口并带来健康和非健康收益的环境项目。这一指标的使用一直在发展，关于科学和伦理方面的测度还需要进一步研究探讨，但在 CEA 方法中还是很恰当的，并且可以提供不少信息。

4. 效果指标：伤残调整生命年

世界卫生组织将 DALYs（disability adjusted life years），即伤残调整生命年纳入分析体系中来，作为 QALYs 的一个变体和补充，用来测度全球的疾病负担以及造成疾病的负担的因素，其

---

[1] Joseph T，King Jr，Joel Tsevat，Judith R. Lave and Mark S. Roberts. Willingness to pay for a quality-adjusted life year：Implication for societal health care resource allocation. *Medical Decision Making*，2005（11-12）：667-677

[2] Kaplan RM，Bush JW. Health-related quality of life measurement for evaluation research and policy analysis. *Health Psych.*，1982（1）：61-80

[3] Laupacis A，Feeny D，Detsky AS，Tugwell PX. How attractive does a new technology have to be to warrant adoption and utilization? *CMAJ*，1992（146）：473-481；Krahn MD，Mahoney JE，Eckman MH，Trachtenberg J，Pauker SG，Detsky AS. Screening for prostate cancer：A decision analytic view. *JAMA*，1994（272）：773-780

[4] Nichol G，Laupacis A，Stiell IG et al. Cost-effectiveness analysis of potential improvements to emergency medical services for victims of out-of-hospital cardiac arrest. *Ann. Emerg. Med.*，1996（27）：711-720

[5] Expert Rev. Pharmacoeconomics Outcomes Res. Assessing cost-effectiveness in healthcare：History of the $ 50，000 per QALYs threshold. *Expert Review*，2008（8）：165-178

中包括大气污染。不少学者开始利用 1990—2010 年全球疾病负担研究的数据研究本国或者一些地区的疾病负担，其中多次提到大气污染物是主要影响因素之一。Yang 等人（2013）[①]通过这一研究数据分析了中国 1990—2010 年健康状况的迅速转变及其原因，为采取相应措施来减少这些疾病患者数量提供方向，其中有一点是通过减少室外室内的大气污染，以降低 DALYs。Lim 等人（2012）[②]通过 2010 年的全球疾病负担研究数据研究调查了 21 个地区的疾病负担和可能的 67 个危险因素，其中很重要的危险因素就包括由于吸烟导致的室内空气污染和室外微粒物（particulate matter）造成的大气污染。

利用 DALYs 研究室内空气质量（indoor air quality）的文章也不少，其中学者 Logue 等人（2012）[③]通过比较自然疾病下伤残质量调整年减少（DALYs lost）和由于室内气体污染物（indoor air pollution）导致的伤残质量调整年减少，来测算地区和国家室内空气污染对健康的影响，以更新出新的标准来提高室内空气质量，这篇文章以美国当地居民为样本估算每 100 000 人中就有 400~1 100 人的伤残质量调整年减少。Oberg 等人（2011）[④]以 2004 年来自 192 个国家的数据为样本，研究二手烟导致的世界范围内的疾病负担，经测算，由于二手烟导致的伤残调整生命年减少高达 1 090 万人，约是 2004 年世界疾病负担导致的伤残调整生命年减少的 0.7%，其中 61% 是儿童，这表明应在世界范围内推广减少被动吸二手烟的举措。

5. CEA 的经济评价方法来研究空气污染

（1）对空气污染定量分析的三大方法：CBA、CEA 和 CUA

成本—效益分析方法（CBA，cost benefit analysis）多用于健康卫生领域和环境治理政策方面，基于 QALYs 的分析文献逐渐增多，CBA 和 CUA（cost utility analysis）在相关文献中常与 CEA 方法结合使用。以健康作为基础的 CEA 和 CUA 的评价方法经常被广泛用于分析医疗干预与健康的领域，作为分析环境政策的工具不是特别常用。近年来，一些学术分析开始用 CEA 或者 CBA 的方法来分析空气污染的治理问题。

CBA 方法也用于对环境政策分析，用来测度环境治理政策对社会福利的影响。该分析方法通过提供一个比较的框架体系，用来综合比较该环境政策对人类死亡率、患病率以及其他非健康效益如空气能见度提高等的影响。该分析方法的优势在于可以定量分析成本与效益，并对环境政策进行经济学评价。

① Yang G，W. Y. Rapid health transition in China，1990—2010：Findings from the Global Burden of Disease Study 2010. *The Lancet*，2013(381)：1987-2015

② Lim SS，V. T. -R. -C. A comparative risk assessment of burden of disease and injury attributable to 67 risk factors and risk factor clusters in 21 regions，1990—2010：A systematic analysis for the Global Burden of Disease Study 2010. *The Lancet*，2012(380)：2224-2260

③ Logue JM，P. P. A method to estimate the chronic health impact of air pollutants in U. S. residences. *Environment Health Perspectives*，2012(120)：216-222

④ Oberg M，J. M. -U. Worldwide burden of disease from exposure to second-hand smoke：A retrospective analysis of data from 192 countries. *The Lancet*，2011(377)：139-146

(2)CEA 方法用于空气污染研究

近年来，一些学者开始使用以 QALYs 为基础的成本—效益分析(CBA)方法和成本—效果分析(CEA)方法来分析空气污染政策。

将 CEA 方法用于空气污染研究的文献逐年增多，国外学者更加关注空气污染物的定量影响，以对政府政策制定提供参考。Gary 等人(2009)[①]通过研究室内氡导致的肺癌数目，以 CEA 方法分析控制室内氡的政策以及政策减少肺癌死亡率的可能性，通过质量调整生命年获得(QALYs gain)要付出的成本来衡量政策是否是有成本—效益的，研究表明当前的政策不是有成本—效益的，更有成本—效益的措施是采取预防性措施来控制室内氡的含量。Ruger 等人(2008)[②]系统回顾了经济学评价怀孕妇女戒烟与预防复发计划的文献，发现 1/3 采用了 CBA 方法，没有新增的使用 CUA 和 CEA 方法分析的文献，因此根据 CBA 方法建议了有成本—效益的投入比，并且论证了这个计划是有成本—效益的。Coskeran 等人(2006)[③]首次引入初级医疗体系(primary care trusts)来分析英国国内氡补救计划的成本—效益，通过估算四个初级医疗体系(the four primary care trusts)内每一个质量调整生命年获得所需要的花费来评估这个计划，花费范围据估算是 6 143～10 323 英镑，表明这个计划是有成本—效益的。依据这个分析结果，作者又向初级医疗体系和英国国家卫生署提出了相应的建议。Cohen 等人(2003)[④]通过 CEA 方法分析比较使用排放控制柴油机和压缩天然气的两种巴士，发现前者带来更多健康方面的益处，因为每 1 000 辆巴士会带来更多的质量调整生命年，而后者则更有成本—效果，因为每质量调整生命年成本前者是 170 万～240 万美元，而后者是 27 万美元。Carrothers 等人(2002)[⑤]分析了提高的大气质量对人体健康的提升，也使用了生命年的指标。

用成本—效益分析方法分析控制室外空气质量的政策计划。Coyle 等人(2003)[⑥]用 CEA 方法分析了空气污染物对加拿大质量调整生命预期的影响，表明空气污染治理使得低教育水平的人和女性获益更大。Pinder 等人(2007)通过 CEA 方法探讨了降低 PM2.5 的两种方法，经测算，

①　Gray A，R. S. Lung cancer deaths from indoor radon and the cost effectiveness and potential of policies to reduce them. *BMJ.*，2009(338)：a3110

②　Ruger JP，E. K. Economic evaluations of smoking cessation and relapse prevention programs for pregnant women：A systematic review. *Value Health*，2008(11)：180-190

③　Coskeran T，D. A. A new methodology for cost-effectiveness studies of domestic radon remediation programmes：Quality-adjusted life-years gained within primary care trusts in central England. *Science of the Total Environment*，2006(366)：32-46

④　Cohen，J. J. Fuels for urban transit buses：A cost-effectiveness analysis. *Environmental Science and Technology*，2003(37)：1477-1484

⑤　Carrothers T J. The lifesaving benefits of enhanced air quality. *Harvard Center for Risk Analysis Working Paper*，2002

⑥　Coyle D D. Impact of particulate air pollution on quality adjusted life expectancy in Canada. *Journal of Toxicology and Environmental Health*，Part A，2003(66)：1847-1863

控制氨气排放的方法比控制 SO_2 和 NO_x 的方法更加有成本—收益。[①] Rabl[②] 研究了空气污染导致的预期寿命损失（loss of life expectancy），主要是 PM10，即大颗粒大气污染物对健康的影响。Van Grinsven 等人（2013）[③]利用 CBA 方法分析欧洲的氮污染，经测算，治理的成本少于收益，因此建议接着治理，并依据测算结果给出减缓氮污染的建议。Escobedo 等人（2008）[④]利用 CEA 方法分析了智利城市圣地亚哥通过城市森林提高空气质量的方法，由于圣地亚哥的主要目标是减少城市中的可吸入颗粒物（PM10），文章主要通过模型测算了这一指标的成本—收益，表明这个政策是有成本—效益的，且与其他政策（如替代燃料油）有类似的提高空气质量的作用。Chestnut 等人（2006）[⑤]利用 CBA 方法分析了空气治理的各种策略，为政策制定者们进一步选择有效的治理策略提供了一个概念框架（conceptual framework），包括各种方法在减少空气污染物排放的成本和收益。

关于环境治理政策的经济学讨论国内的研究多数只是停留在定性分析上，王慧、范存换（2013）[⑥]以北京地区为例分析了为减少 PM2.5 制定的环境管制政策，并进行了成本—效益分析，但是仍停留在模型的简单设计说明上，缺乏数据的支持。Chen C 等人（2007）[⑦]分析了中国上海的低碳能源政策对室外空气污染物的影响，经估算这项政策的经济收益将于 2020 年达到 26 亿～62 亿美元，这一政策不仅可以减少温室气体的排放，而且可以减少空气污染物的排放，从而提高空气质量，有利于公众的健康。这篇文献只是粗略估算，还需更进一步研究，从而为政策制定提供指导。

综上所述，虽然国外文献里对于空气污染物的定量分析较多，但是对于 PM2.5 减少的成本—效益分析不多，国内的研究更是多数止于定性分析，缺乏更加细致精准的分析。

6. 空气污染治理的政策选取方法（国外政策借鉴）

美国预算管理办公室颁布的（The OMB Circular A-4）指导方案中，对主要政策建议采用

---

① Oberg M，J. M. -U. Worldwide burden of disease from exposure to second-hand smoke：A retrospective analysis of data from 192 countries. *The Lancet*，2011(377)：139-146；Pinder RW，A. P. Ammonia emission controls as a cost-effective strategy for reducing atmospheric particulate matter in the Eastern United States. *Environmental Science and Technology*，2007(41)：380-386

② Rable，A. Interpretation of air pollution mortality：Number of deaths or years of life lost? *Journal of the Air and Waste Management Association*，2003(53)：41-50

③ Van Grinsven HJ，H. M. Costs and benefits of nitrogen for Europe and implications for mitigation. *Environmental Science and Technology*，2013(47)：3571-3579

④ Escobedo FJ，W. J. Analyzing the cost effectiveness of Santiago, Chile's policy of using urban forests to improve air quality. *Journal of Environmental Management*，2008(86)：148-157

⑤ Chestnut LG，M. D. Cost-benefit analysis in the selection of efficient multipollutant strategies. *Journal of the Air and Waste Management Association*，2006(56)：530-536

⑥ 王慧，范存换. 基于 PM2.5 下的环境管制政策设计及成本收益分析——以北京地区为例. 经济视角，2013(8)：122-123

⑦ Chen C，C. B. Low-carbon energy policy and ambient air pollution in Shanghai, China：A health-based economic assessment. *Science of the Total Environment*，2007(373)：13-21

CEA 和 CBA 方法。[①] 建议用 CEA 方法分析如何减少周围细小颗粒物(对直径等于或小于 2.5 微米的细小颗粒物,定义为 PM2.5),主要通过对提高可预期寿命的测度、减少和肺相关的两种疾病的发病率(这两种疾病影响生命质量,主要指慢性支气管炎和非致死性急性心肌梗死)指标,作为判断污染治理政策实施后取得的效果。如果治理的成本超过了效果,那么该治理措施就应该进一步加以改善。对 PM2.5 治理方案评价方法,在 CEA 和 CUA 方法下,借鉴标准的 QALYs 文献和关于空气质量和健康的 CBA 方法,提供了以健康为基础的效果分析原则。

>>三、解决方法<<

(一)效果的测度

成本—效果分析中,首先要分析 PM2.5 的减少对健康影响的可量化和可测度的效果。关于空气污染治理对健康的收益,主要从三个方面考虑:Mortality(死亡率)、Morbidity(发病率)和 Non-health (Welfare)(非健康福利收益)。过去与收益相关的分析中,通过直接计算可避免过早死亡率,或者是预期寿命、寿命的增加而得出结论。但空气污染可能更直接地影响发病率,而不是死亡率。而对死亡率的考虑,在医学干预研究中,已经转化为 QALYs,这个概念是同时考虑发病率和预期寿命的指标。

效果主要关注的是如何计算因为空气污染减少而延长的生命效益,以及如何考虑发病率影响后的 QALYs。同时使用考虑发病率的生命年(MILYs,morbidity inclusive life years),该指标结合了对生命延长和生命质量提高的多重伦理考虑。

· QALYs 的计算

QALYs 在卫生经济学中,是同时考虑了发病率和预期寿命,用来评价医疗干预措施中成本与效果的指标。[②] QALYs 的评分体系将健康质量分为 0~1,完全健康是 1,死亡是 0。该指标测度发病率,将其作为生命中质量的减分;并且将生命的质量和生存的时间作为同等重要的考虑因素,例如,完全健康的 1 个生存年,等于半个完全健康的 2 个生存年。

QALYs 开始用于环境治理项目对人群的健康和其他方面的效益,根据消费者的支付意愿计算每个 QALYs 的价值,只是生命价值文献中计算 QALYs 的方法之一。在关于生命价值的文献中,有大量的实际研究已经估计了 QALYs 的价值。用来衡量一个 QALYs 价值的方法可以分为四类,分别是人力资本方法(HK)、根据工作风险计算的显示性偏好方法(RP-JR)、根据非职业

---

① TO THE HEADS OF EXECUTIVE AGENCIES AND ESTABLISHMENTS. 白宫网站. http://www. whitehouse. gov/sites/default/files/omb/assets/omb/circulars/a004/a-4. pdf,2003-09-17

② MC Weinstein,JE Siegel,MR Gold,editors. *Cost-effectiveness in health and medicine*. New York:Oxford University Press,1996

安全风险计算的显示性偏好方法(RP-S)和根据对风险减少的意愿支付和愿意接受风险的意愿支付计算的或有估价方法(CV)。以上四种方法加上"透析标准"方法都有其各自的优势和局限。在卫生经济学中，衡量一项决策通常是采用成本—效益分析方法或者是成本—效果分析方法，在这两项分析方法中，对于一个质量调整生命年的成本多采用一个质量调整生命年值50 000美元，因此，本文采用"透析标准"方法计算中国一个QALYs的价值。

(二)考虑发病率的生命年(MILYs)

考虑发病率的生命年MILYs是考虑了残障人士的寿命延长和生命质量变化等伦理因素，综合其对生命延长和生命质量的影响的指标。这个指标包括死亡率降低带来的寿命延长和慢性发病率降低带来的质量调整生命年的获得。该指标与QALYs指标相比，其优势在于将因患病而降低生命质量的因素考虑在内。MILYs的测度方法仍旧以生命年为基础，因此会给可减少年轻人死亡率和患病率的干预方法更大的权重，因为这部分人群预期寿命更长。

(三)方法

成本—效果分析(CEA)方法一般用来分析某一非货币目标政策，不仅涉及经济指标，而且注重效果，主要在于提升健康和福利水平等方面。成本—效益分析(CBA)方法是通过比较各种备选方案的全部预期收益和全部预期成本的现值，来评价这些备选方案，作为决策者进行选择和决策的一种方法。CEA方法一般适用于相同目标、同类指标的比较；与CBA的区别是不仅使用货币值作为效果指标，而且使用那些能够反映人民健康状况变化的指标，如减少的死亡人数、发病率、患病率的降低，休工休学率的降低，人体器官功能的恢复与提高，人均期望寿命的增长等。本文主要评价大气污染治理政策，是效果目标，而非简单的货币收益；不是针对某一具体政策的，而是要估算出成本临界值，供决策者参考。因此选用CEA方法更为适合。

从另一角度考虑，收益评价的困难，尤其是对生命的价值和提高的生命质量的评价，限制了CBA方法的应用以及它对政策制定者的有用性。因而，应用质量调整生命年的CEA方法已经逐步成为项目评价的主要工具。在确定具体方案以后，可以再使用CBA方法。一般来说，进展顺利的CEA方法通常可以确定是否可以进行下一阶段的分析，以及能否将CEA扩展为CBA。

本文将以北京地区为例，用成本—效果分析(CEA)方法分析PM2.5降低政策，通过测算考虑患病率的生命年(MILYs)以及降低患病率带来的治疗费用的减少，算出成本—效果比率，以得出治理成本的临界值。

思路：

运用CEA方法，分别计算成本和效果，根据50 000美元/生命质量年的限值计算，每降低1毫克PM2.5的直接花费应在130亿美元以下。

1. E：total MILYs

即考虑了发病率的生命年，由死亡率降低延长的生命年与发病率(慢性支气管炎、非致命性心脑血管堵塞)降低提高的生命质量年加总得到。

公式一：$\Delta y = y_0 (e^{\beta \cdot \Delta x} - 1)$，用以计算 PM2.5 降低，死亡率降低，所减少的死亡人数；PM2.5 降低，发病率降低，所减少的患病人数。

y_0：基础发病/死亡人数＝基础发病/死亡率×受影响人数。

β：从病理学研究得出的结果估计系数。

Δx：PM2.5 的减少量。

公式二：$Total\ Life\ Years = \sum_{i=1}^{N} LE_i \cdot M_i$，用以计算死亡率降低延长的生命年。

LE_i：年龄段 i 中的人的预期剩余寿命。

M_i：年龄段 i 中减少的死亡人数。

由第一个公式计算得到，$\beta = 0.058$。

N：各个年龄段的数量。

未来生存年限的折现率为 3%：经验数据，根据社会时间偏好率。

公式三：$QALYs\ GAINED = \sum_i \Delta CB_i \times D_i \times (w_i - w_i^{CB})$，用以计算支气管炎发病率降低所提高的生命质量年。

ΔCB_i：年龄段 i 中，减少的慢性支气管炎患病人数，由第一个公式计算得到 $\beta = 0.013\ 7$。

D_i：年龄段 i 中的人，从患上此病开始，这个病的持续时间。因为是慢性的，所以持续终身，但据文献说此病平均会造成 4.26 年的寿命损失(对 75 岁以下)，所以此病的持续时间即剩余寿命减去 4.26 年。75 岁以上，这个数值按 4.26÷(65～74 岁人群的预期剩余寿命)×(75～84 岁人群的预期剩余寿命)进行估算，然后从预期剩余寿命中减去。85 岁以上人群的处理与此相同。

w_i：未患慢性支气管炎的人的生命质量所占的权重，假定为 0.95，或以此为众数，下限为 0.9、上限为 1 的三角分布。

w_i^{CB}：患慢性支气管炎的人的生命质量所占的权重，根据众多文献归纳整理，假定为众数为 0.7，下限为 0.5、上限为 0.9 的三角分布。

公式四：$AMI\ QALYs\ GAINED = \sum_i \Delta AMI_i \times D_i^{AMI} \times (w_i - w_i^{AMI}) + \sum_i \sum_{j=1}^{4} \Delta AMI_i \times p_j D_{ij}^{PostAMI} \times (w_i - w_{ij}^{PostAMI})$，用以计算 AMI 发病率降低所提高的生命质量年。

第一部分的计算同公式三。

ΔAMI_i：年龄段 i 中，减少的 AMI 患病人数，由第一个公式计算得到 $\beta = 0.024\ 1$。

D_i^{AMI}：AMI 的急性发病期，根据参考文献综合归纳，假定为 5.5～22 天的标准分布。

w_i^{AMI}：AMI 的急性发病期生命质量的权重，假定为 0.605。

第二部分的计算，是因为 AMI 后可能会产生 CHF 和 Angina 两种后遗病症，分为四种情况。

$j=1$，CHF and Angina，可能性 p 为 0.102，生命质量的权重为中值 0.81，下限为 0.76、

上限为 0.85 的标准分布。

$j=2$，CHF but no Angina，可能性 p 为 0.098，生命质量的权重为中值 0.85，下限为 0.801、上限为 0.89 的标准分布。

在以上两种情况下，剩余寿命较短，疾病持续时间也较短。

$j=3$，Angina but no CHF，可能性 p 为 0.408，生命质量的权重为中值 0.80，下限为 0.7、上限为 0.89 的标准分布。

$j=4$，no CHF no Angina，可能性 p 为 0.392，生命质量的权重为 0.93，固定值。

这两种情况下，疾病持续时间＝(1−1.52×总人口各个年龄段的死亡率)×总人口各个年龄段的预期寿命。

公式三与公式四的结果加起来，即为减少 1 毫克 PM2.5，降低慢性支气管炎和 AMI 发病率而延长的生命质量年。再加上公式二因死亡率降低而增加的生命年，即为减少 1 毫克 PM2.5 的效果。

2. C

包含两部分：一部分是减少 1 毫克 PM2.5 所需要花费的直接成本 X；另一部分是由 PM2.5 减少造成发病率降低，从而节省的医疗费用和病人的误工费。两部分相减，即减少 1 毫克 PM2.5 所需的成本。

对于慢性支气管炎，估计出不同年龄段的人患病后需要花费的全部医疗费用和误工费（折换成 2000 年美元，折现率是 3％，下同）。PM2.5 减少，可根据各个年龄段减少的发病人数乘以各个年龄段的医疗费用和误工费，即慢性支气管炎发病率降低节省的费用。

对于 AMI，文献中两个 AMI 在五年中的医疗成本差距较大，为 109 000 和 23 000，作者简单地平均了一下，用 66 000 作为 AMI 患病五年间的医疗成本，加上不同年龄段人的误工费，作为 AMI 发病率降低节省的费用。

我们把慢性支气管炎发病率降低节省的费用和 AMI 发病率降低节省的费用记为 s，则：

$$\frac{x-s}{MILYs} \leqslant 50\,000，$$

低于 50 000 美元/生命质量年被认为是有效率的，否则是无效率的。

当治疗每毫克 PM2.5 的直接成本低于 130 亿美元，是有效率的，否则是无效率的。由于现在减少每毫克的直接成本在 40 亿～50 亿美元，因此一般认为是有效率的。

3. 我们需要用到的数据

(1)北京市各个年龄段的人口数目；

(2)北京市各个年龄段的死亡率；

(3)北京市各个年龄段人口的预期剩余寿命；

(4)北京市各个年龄段中，慢性支气管炎的患病比例；

(5)北京市各个年龄段中，急性心脑血管梗死(AMI)的患病比例；

(6)死亡、慢性支气管炎、AMI 三个结果的估计系数；

（7）慢性支气管炎对北京市各个年龄段患者造成的平均寿命损失；

（8）各类健康状况下的生命质量权重；

（9）北京市各个年龄段患者 AMI 的急性发病期持续时间；

（10）AMI 后两种后遗症的四种组合情况发生的概率；

（11）不同年龄段中，在 AMI 后患 CHF 的人的预期剩余寿命；

（12）不同年龄段中，在 AMI 后未患 CHF 的人的预期剩余寿命；

（13）北京市不同年龄段患者每年花在慢性支气管炎上的医疗费用；

（14）慢性支气管炎使北京市不同年龄段患者每年平均损失的收入；

（15）北京市不同年龄段患者在五年内花在 AMI 上的医疗费用；

（16）AMI 对北京市不同年龄段患者在五年内损失的收入。

北京市工业废气减排：分解效应与治理对策

林永生

　　2013 年伊始，雾霾天气首现京城，随后在全国大面积、长时间、反复地出现，引发社会各界高度关注。2014 年春节前后，北京再次陷入十面"霾"伏，PM2.5 屡屡爆表。关于雾霾的形成原因，经过 1 年半左右的研究，2014 年 4 月中旬，北京市正式发布官方版的 PM2.5 来源解析，北京市全年 PM2.5 来源中区域传输贡献占 28％～36％，本地污染排放贡献占 64％～72％。在本地污染贡献中，机动车、燃煤、工业生产、扬尘为主要来源，分别占 31.1％、22.4％、18.1％和 14.3％，餐饮、汽车修理、畜禽养殖、建筑涂装等其他排放约占 14.1％。[①] 也就是说，燃煤加上工业生产至少能够解释北京雾霾的 40％。工业废气是大气污染的重要组成部分，对于北京这样的都市来说可能远非主要环境污染源，但社会各界对于环境治理的争论大多始于工业领域，反对加大环境治理力度的人们通常认为绿色意味着成本，进而会造成工人失业、企业生产积极性受挫、产品价格上升，等等，所以，有必要从理论上厘清在经济增长的情况下是否也能同时实现工业废气减排。

　　那么，对于北京这样一个基本完成工业化过程（很多重化工业已向外搬迁）、进入后工业化时代的都市而言，工业废气排放在大气污染物排放总量中还占多大比重？21 世纪以来，工业废气排放份额变化情况如何？是否明显降低？如果有变化，是什么原因造成的？怎样进一步加强北京市的工业废气治理？本文将重点回答这些问题，共分三个部分，结构安排如下：第一部分是北京市工业废气排放现状：指标与数据选取；第二部分是北京市工业废气减排的分解效应：模型构建与实证研究；第三部分是加强北京市工业废气治理的对策建议。

---

　　① 北京市正式发布 PM2.5 来源解析研究成果. 北京市环境保护局网站. http://www.bjepb.gov.cn/bjepb/323265/340674/396253/index.html，2014-04-16

>>一、北京市工业废气排放现状：指标与数据选取<<

选取什么样的指标和数据表示工业废气排放量？依据 2012 年和 2013 年《北京统计年鉴》中的最新官方统计口径，工业废气通常包括二氧化硫、氮氧化物、烟（粉）尘三大类，但在此前年份的统计数据中存在三个问题：一是没有氮氧化物排放量的统计数据；二是烟、粉尘排放量是分开统计的；三是烟尘排放包括工业排放和生活排放两类口径数据，粉尘排放却只有工业粉尘排放量的统计数据。基于此，本文在对北京市 2000 年至 2012 年 13 年的数据分析过程中，选取工业二氧化硫排放量和工业烟（粉）尘排放量的总和代表北京市工业废气排放总量，且 2000 年至 2009 年的北京市烟粉尘排放总量数据由烟尘排放总量与工业粉尘排放总量加总而成，2010 年、2011 年、2012 年近 3 年的数据则依据相应年份的统计口径直接从年鉴中获得。需要强调的是，不同国家或地区关于工业废气的统计数据有所不同，自 20 世纪 70 年代以来，美国国家排放物清单（National Emission Inventory，NEI）每年定期公开发布 4 种主要大气污染物的排放量，即二氧化硫（SO_2）、二氧化氮（NO_2）、一氧化碳（CO）、挥发性有机化合物（volatile organic compounds，VOCs）。

表 1 给出了 2000 年至 2012 年北京市工业废气排放量、GDP 以及工业结构份额的数据。

表 1　　2000—2012 年北京市工业废气排放量、GDP 及工业结构份额

年份	二氧化硫（万吨）	烟粉尘（万吨）	工业废气排放总量（万吨）	GDP（亿元）	工业占 GDP 份额（%）
2000	14.64	14.55	29.19	3 161.7	26.7
2001	12.63	10.65	23.28	3 708.0	25.3
2002	12.06	7.96	20.02	4 315.0	23.7
2003	11.40	6.13	17.53	5 007.2	24.5
2004	12.54	6.44	18.98	6 033.2	25.8
2005	10.55	5.02	15.57	6 969.5	24.5
2006	9.38	4.48	13.85	8 117.8	22.4
2007	8.29	3.98	12.28	9 846.8	21.2
2008	5.78	3.52	9.30	11 115.0	19.2
2009	5.99	3.64	9.63	12 153.0	19.0
2010	5.70	4.27	9.97	14 113.6	19.6
2011	6.13	2.94	9.07	16 251.9	18.8
2012	5.93	3.08	9.02	17 879.4	18.4

数据来源：2000—2012 年《北京统计年鉴》，其中 GDP 以当期价格计算，为名义值。

从表 1 中可以发现，2000 年至 2012 年，北京市地区 GDP 从 2000 年的 3 161.7 亿元增加到 2012 年的 17 879.4 亿元，增长了 14 717.7 亿元，13 年间北京市的经济规模增长了 4.6 倍，与此同时，北京市的工业废气排放量却持续下降，二氧化硫、烟粉尘两大类工业废气的排放总量由

2000 年的 29.19 万吨下降到 2012 年的 9.02 万吨，下降了 20.17 万吨，降幅为 69%，因此，可以说一定程度上北京初步实现了经济增长与工业污染物排放的脱钩，产业结构调整和优化升级是这种"脱钩"得以实现的重要因素之一，表现为北京市工业创造的 GDP 份额逐年降低，2000 年，北京市工业创造了 26.7% 的 GDP，2012 年年底，这一数字降至 18.4%。图 4 刻画了过去 13 年间北京市工业废气排放量占废气排放总量份额的变化趋势。

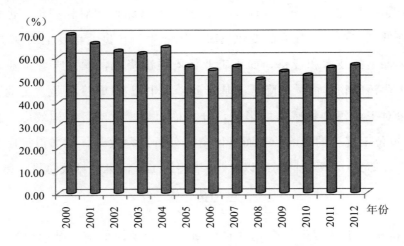

图 4   2000—2012 年北京市工业废气排放份额变化趋势

数据来源：2000—2012 年《北京统计年鉴》。

如图 4 所示，过去 13 年间，北京市工业废气排放占废气排放总量的年均份额为 58.11%，由于北京市承办 2008 年奥运会，很多大型工业企业搬迁，工业废气在北京市废气排放总量中的占比逐渐下降，从 2000 年的 69.83% 降至 2012 年的 56.12%，平均每年下降 1 个百分点，即便如此，在北京市的废气排放总量中，源自工业的份额仍超过 1 半以上，仅在 2008 年略低于 50%，为 49.85%。自 2010 年，工业污染源造成的废气排放份额不降反升，2010 年、2011 年、2012 年北京市工业废气排放份额分别为 51.79%、55.4%、56.12%。

>>二、北京市工业废气减排的分解效应：模型构建与实证研究<<

工业污染等于工业增加值乘以工业污染强度，见式(1)：

$$P = V \cdot \phi \tag{1}$$

其中，P、V、ϕ 分别表示工业污染物排放量、工业增加值、工业污染强度。为了进一步把经济中的产业结构因素纳入模型之中，本文将工业增加值 V 进行分解，如式(2)所示：

$$V = GDP \cdot V/GDP = GDP \cdot \lambda \tag{2}$$

式(2)中，λ 为工业增加值占 GDP 的份额，把式(2)代入式(1)，得到式(3)：

$$P = GDP \cdot \lambda \cdot \phi \tag{3}$$

若要分解出污染排放量变化的具体影响因素，需要对式(3)进行全微分，如式(4)所示：

$$\mathrm{d}P = \phi \cdot \lambda \cdot \mathrm{d}GDP + GDP \cdot \phi \cdot \mathrm{d}\lambda + GDP \cdot \lambda \cdot \mathrm{d}\phi \tag{4}$$

　　式（4）中，dP、$dGDP$、$d\lambda$、$d\phi$ 分别表示工业污染物排放量的变化量、GDP 变化量、工业份额变化量、工业污染强度变化量。也就是说，工业污染物减排程度受到经济总量、工业占 GDP 份额和工业污染强度三个变量的变化幅度影响。在其他条件不变的情况下：GDP 的增减反映整个经济规模的变化情况，经济衰退往往意味着大量企业倒闭，工业生产萧条，减少能源消耗，进而工业污染物排放量会相应降低；工业份额的变化反映经济结构的调整情况，如果工业增加值占 GDP 比重降低，通常意味着第三产业较为发达，经济结构相对轻型化，也会使得能源消耗及污染物排放量降低；工业污染强度的变化反映了工业生产在多大程度上实现了清洁高效生产，是否采用了节能环保型的技术和设备，如果工业污染强度降低，就意味着工业领域的节能环保技术进步，进而工业污染物排放量会降低。基于此，文中把 GDP 变化量、工业份额变化量、工业污染强度变化量对工业污染物减排的影响，分别称为规模效应、结构效应、技术效应。为了消除式（4）中变量单位不统一的影响，进而具体量化分析三种效应，本文拟采用变量变化率的数据，反映在模型中，即式（4）两边同时除以式（3）描述的工业污染物排放总量，得到式（5）：

$$\frac{\mathrm{d}P}{P}=\frac{\mathrm{d}GDP}{GDP}+\frac{\mathrm{d}\lambda}{\lambda}+\frac{\mathrm{d}\phi}{\phi} \tag{5}$$

　　从式（5）可以得出，工业污染物变化率在数量上等于规模效应、结构效应、技术效应三者之和。

　　本文采用规模效应、结构效应、技术效应来解释工业废气排放量的变化。测度技术效应是经济学中颇富争议的研究领域之一，学界对此大致持两类观点：一类是把技术作为内生变量，运用内生增长理论研究其影响和决定因素；另一类是把技术作为外生变量，用可以观察到的人均产量增长率减去人均占有资本变化率与产出中的资本份额乘积的差，即所谓的"索洛剩余"，这也是过去几十年理论界关于增长和生产力研究的核心。这里尝试采用索洛测度技术进步贡献率的方法，将技术效应视为剩余变量，用工业废气排放总量的变化率减去 GDP 变化率和工业份额变化率，从而得到工业污染强度的变化率，并将其视作北京市工业废气减排过程中的技术效应。依据表 1 中北京市工业废气排放总量、工业份额数据，可计算得出 2001 年至 2012 年间北京市工业废气排放量变化率（废气减排）、工业份额变化率（结构效应），依据《2013 北京统计年鉴》可以获得北京市相应年份的实际 GDP 变化率数据（规模效应），结合式（5），又可得到工业污染强度的变化率（技术效应），详见表 2。

表 2　　　　　　　　　　2001—2012 年北京市工业废气排放量变化率及其分解效应　　　　　　　　　　单位：%

年份	废气排放量变化率	规模效应	结构效应	技术效应
2001	−20.25	11.70	−5.24	−26.70
2002	−14.00	11.50	−6.32	−19.18
2003	−12.44	11.10	3.38	−26.91
2004	8.27	14.10	5.31	−11.13
2005	−17.97	12.10	−5.04	−25.03

年份	废气排放量变化率	规模效应	结构效应	技术效应
2006	−11.02	13.00	−8.57	−15.45
2007	−11.39	14.50	−5.36	−20.54
2008	−24.22	9.10	−9.43	−23.89
2009	3.55	10.20	−1.04	−5.61
2010	3.47	10.30	3.16	−9.99
2011	−8.98	8.10	−4.08	−13.00
2012	−0.58	7.70	−2.13	−6.16

注：规模效应数据来自《2013北京统计年鉴》。技术效应等于废气排放量变化率减去规模效应和结构效应，三大效应的符号为"＋"说明使工业废气排放量增加，符号为"－"说明使工业废气排放量下降。以2012年数据为例，2012年北京市工业废气排放量较2011年下降0.58％，其中规模效应为7.70％，结构效应为−2.13％，技术效应为−6.16％，说明2012年北京市工业废气排放之所以较2011年有所下降，并不是由缩减经济规模或牺牲GDP造成的，而是得益于产业结构调整（第三产业比重上升），尤其是北京市工业企业采用更为节能环保的技术设备。

从表2可知，2001年至2012年的12年中，北京市有9年的工业废气排放量较上一年明显下降，仅在2004年和北京奥运会之后的两年里，工业废气排放出现反弹，同比增加，其中，2004年北京市工业废气排放量为18.98万吨，比2003年增加了8.27％，2009年和2010年，北京市工业废气排放分别同比增加3.55％和3.47％。但在过去的12年中，北京市地区实际GDP以年均11.2％的速度持续增长，经济规模迅速扩大，因此，工业废气减排过程中的规模效应始终为正，说明在其他条件不变的情况下经济总量变化使得工业废气排放量显著增加；有9年的工业份额同比下降，说明北京市的产业结构已经明显具备后工业化时代的典型特征，工业在GDP中的份额大幅下降，第三产业成为主导产业，这种产业结构调整有助于降低北京市的工业废气排放，即结构效应对北京市工业废气减排有所贡献；工业废气减排过程中的技术效应始终为负，说明北京市工业企业在制造过程中采用了节能环保型的技术设备和生产流程，从而使得工业废气排放总量显著下降。因此，在过去12年中，北京市的工业废气减排主要归功于技术效应，结构效应次之，规模效应对废气减排的贡献为负。

此外，为了进一步验证本文沿用"索洛剩余"方法计算得出的北京市工业废气减排技术效应的模拟效果，这里采用了两个步骤：一是基于北京市工业增加值和表1中的工业废气排放量数据，计算得出2000年至2012年北京市单位工业增加值污染强度，近似代表北京市工业领域的节能环保水平；二是计算2001年至2012年北京市单位工业增加值污染强度变化率数据，并与表2中得到的技术效应数据对比分析，看二者趋势和水平是否接近，若接近就说明本文模型推算出的表2中的技术效应对现实状况模拟效果良好。图5给出了两种数据的拟合状况。

如图5所示，北京市工业废气减排过程技术效应的推算数据与单位工业增加值污染强度变化率，无论是在趋势还是在水平上都基本一致，说明基于本文模型推算出的技术效应模拟效果良好。

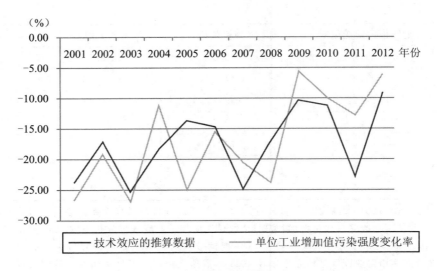

（%）

图5　2001—2012 年北京市工业废气减排过程中的技术效应

注：技术效应的推算数据来源于表 2。单位工业增加值污染强度数据根据表 1 和 2000—2012 年《北京统计年鉴》相关数据计算整理。具体方法是，用表 1 中工业废气排放总量除以北京市相应年份的工业增加值，从而得到对应年份的污染强度数据，然后计算其变化率。

>>三、加强北京市工业废气治理的对策建议<<

　　若以二氧化硫和烟粉尘排放水平衡量大气污染程度，工业废气才是北京市大气污染物排放的"罪魁祸首"。2000 年至 2012 年，北京市工业废气排放在全市废气排放总量中的年均份额为 58.11%，截至 2012 年年底，这一指标仍超过 50%，达到 56.12%。因此，除了已经引起社会各界广为关注的机动车尾气排放治理、区域联防联控、厨房油烟机整顿治理等措施以外，持续推进工业废气减排仍是未来相当长时间内北京市大气污染治理领域的重要任务。依据本文分析结果，北京市过去 12 年中的工业废气减排，技术效应贡献最大，结构效应次之，规模效应最低。基于此，针对北京市的工业废气治理，本文提出四点对策建议。

（一）推进北京市现存工业企业的环保技改

　　从过去 12 年间北京市工业废气排放量的变化及其分解效应来看，技术效应对工业废气减排的贡献最大，因此，北京市的工业废气治理需要政府、企业和社会各个层面，群策群力，创新体制机制，共同推进北京市现存工业企业的环保技改，开展末端深化污染治理。截至 2014 年 6 月，北京市已经完成了曲美家具水性漆替代工程、福田戴姆勒汽车公司二工厂水性漆替代工程、燕化公司顺丁橡胶尾气处理一期工程等重点环保技改项目。今后还会陆续开展四大领域的重点环保技改工程：一是推进工业园区和工业企业燃煤设施清洁能源改造，采用清洁燃料替代燃煤，减少烟尘和二氧化硫排放；二是在汽车制造、汽车修理、家具制造、包装印刷、工业涂装等重点行业开展挥发性有机物治理工程，通过水性漆替代油性漆、改进喷涂工艺、建设废气处理设施等措施，减少挥发性有机物排放；三是燕化公司、金隅集团等重点企业实施综合性污染防治工程，减少挥发性有机物、烟粉尘、二氧化硫、氮氧化物排放；四是开展工业燃气设施的低氮燃烧技术改造和烟气脱硝工程，减少氮氧化物排放。总之，2014年北京计划实施百余项大气污染防治环保技改项目，涉及挥发性有机物治理、脱硫、脱硝、除尘等多个方面，通过技术革新，减少污染物排放。[①] 需要强调的是，推进现存工业企业环保技改，政府不能越俎代庖，企业是科技创新和应用的主体，政府需要做的并不是代替企业去创新，而是通过倾斜性的政策信号鼓励企业自愿自主创新并采用节能环保型的技术设备。

(二)把"单位工业增加值污染强度"指标纳入地方政绩考核体系

单位工业增加值污染强度，与表5中模型推算出的技术效应拟合效果良好，说明这个指标可大致反映出某个国家或地区工业的节能环保水平。无论是政府主导，还是市场驱动，若能引导企业致力于增加对节能环保类技术设备的研发投资，生产制造方式变得更为清洁，从而大幅降低单位工业增加值的污染强度，这是未来加强工业废气治理的根本。考虑到很难在短期实现技术进步，当前更为急迫的是，在对地方政府领导人的政绩考核体系中纳入"单位工业增加值污染强度"指标。新一届政府上任以来，明确提出要改革政绩考核体系，"不再唯GDP论英雄"，但对于究竟要采用哪些可量化的指标去考核绩效，仍无定论。"十一五"期间，中国首次提出并落实单位GDP能耗指标，并纳入地方政绩考核体系，实行"一票否决制"，效果较为理想。因此，本文建议与单位GDP能耗指标类似，把单位工业增加值污染强度指标也纳入地方政绩考核体系，引导地方政府、企业和居民的最优决策，推进节能减排。

(三)继续降低工业份额

文中研究表明，在工业份额同比增加的2003年和2010年，北京市工业废气排放显著增加，而在工业份额持续降低的绝大部分年份里，北京市的工业废气排放通常会迅速下降，因此，继续降低工业份额，发挥北京市工业废气减排中的结构效应，是未来推进工业废气治理的根本性举措，即便这听起来似乎是个悖论，加强工业废气减排，要努力"消灭"工业。2011年和2012年，工业在北京市地区GDP中所占的份额分别为18.8%和18.4%，但却排放了55.4%和56.12%的废气，这就意味着，北京亟待进行经济结构调整，发展工业或许得不偿失。需要强调的是，这与建议(一)中的技术效应并不矛盾，因为任何国家或地区不可能完全没有工业，建议(一)是说，只要发展工业，就要注重节能环保技术装备的研发和推广应用，实行清洁生产。

(四)城市发展更多强调功能定位

北京，作为一个拥有超过2 100万常住人口的现代化国际大都市，已经完成工业化过程、进

---

① 北京启动环保技改 百项工程助力降低PM2.5. 新华网. http://news.xinhuanet.com/energy/2014-06/29/c_126685539.htm，2014-06-29

入后工业化时代，市民的环境意识和环境权利诉求通常远高于国内其他城市，政府调控从经济增长转向环境治理符合历史趋势和居民需求，已经刻不容缓。此外，长期以来，北京市的经济发展潜力、就业机会、医疗教育资源、国际视野等因素为这座城市增色不少，使得这里汇聚大量全国乃至全球的优秀人才，但近年的交通拥堵，尤其是雾霾弥漫，已经造成了人才、资金和技术的外流，亟待引起各方重视。一场大雾就会引起十面"霾"伏，一次暴雨就能造成积水漫延，这些城市发展过程中暴露出来的基础设施建设缺乏规划和城市功能缺陷需要引起各方反思，首都的城市发展需要更多强调城市功能定位，以系统规划城市基础设施建设、完善城市服务功能为宗旨，不能过分强调经济增长。依据本文研究，由于存在规模效应，即便在工业结构状况和节能环保技术水平不变的情况下，经济增速如果适度放缓反而能促进工业废气减排。2008年以来，北京市地区实际GDP增速于2010年创下新高，达到10.3%，此后已经开始稳中有降，2011年、2012年、2013年的地区实际GDP增速分别为8.1%、7.7%、7.7%，未来或需适度放缓经济增速，发挥规模效应在工业废气减排中的作用。

>>参考文献<<

1. 陈诗一. 边际减排成本与中国环境税改革. 中国社会科学，2011(3)

2. 陈六君，王大辉，方康福. 中国污染变化的主要因素——分解模型与实证分析. 北京师范大学学报(自然科学版)，2004(4)

3. 李小平，卢现祥. 国际贸易、污染产业转移和中国工业 CO_2 排放. 经济研究，2010(1)

4. 李永友，沈坤荣. 我国污染控制政策的减排效果——基于省际工业污染数据的实证分析. 管理世界，2008(7)

5. 林伯强，刘希颖. 中国城市化阶段的碳排放：影响因素和减排策略. 经济研究，2010(8)

6. 林永生. 大气污染治理中的规模效应、结构效应与技术效应. 北京师范大学大学学报(社会科学版)，2013(3)

7. 刘胜强，毛显强，等. 中国钢铁行业大气污染与温室气体协同控制路径研究. 环境科学与技术，2012(7)

8. 刘西明. 中国绿色财政：框架与实践浅述. 中国行政管理，2013(1)

9. 马玲，蒋大和. 上海市能耗与GDP大气污染的协整关系研究. 环境科学与技术，2006(9)

10. 袁野，张静，等. 工业废气与经济发展的过程分解模型研究. 安徽农业大学学报，2011(5)

11. 张红凤，周峰，杨慧，郭庆. 环境保护与经济发展双赢的规制绩效实证分析. 经济研究，2009(3)

12. 周静，杨桂山. 江苏省工业污染排放特征及其成因分析. 中国环境科学，2007(2)

北京市人口规模对雾霾的影响及对策分析

范丽娜

>>一、引言<<

雾霾天气是一种重要的城市气象灾害。按气象学的定义，雾是水汽凝结的产物，主要由水汽组成；按中华人民共和国气象行业标准《霾的观测和预报等级》的定义，霾则由包含PM2.5在内的大量颗粒物飘浮在空气中形成(PM2.5是指大气中直径小于或等于2.5微米的颗粒物，也称为可入肺颗粒物)。通常将相对湿度大于90％时的低能见度天气称为雾，而湿度小于80％时称为霾，相对湿度介于80％～90％时则是霾和雾的混合物共同形成的，称为雾霾。雾霾天气形成的主要原因是空气中PM2.5值含量过高。虽然PM2.5只是地球大气成分中含量很少的组分，但它对空气质量和能见度等有重要的影响。虽然PM2.5粒径小，但它却含有大量的有毒、有害物质，并且在大气中的停留时间长，输送距离远，因而对人体健康和大气环境质量的影响更大。

近年来，北京雾霾天气频繁发生，对城市大气环境、群众健康、交通安全和人们的生产生活等都带来日益显著的负面影响，严重时甚至会诱发灾害。2011年，雾霾天气第一次入选中国十大天气气候事件，反映出社会公众对雾霾天气关注程度和认知意识进一步提高，也使政府更加意识到对雾霾问题治理的紧迫性。

研究表明，悬浮颗粒物主要来自汽车尾气排放、燃煤、工业污染和建筑扬尘，这些都是人类活动的产物。北京市严重的雾霾状况，也主要是由于生产生活过程中不合理的能源结构以及快速增长的机动车数量导致的尾气排放所致，而这也与日益扩大的人口规模关系密切。北京作为世界著名的超特大城市，由于人口规模过于庞大，其本身污染物排放量和大气自我净化能力的落差也是北京极易形成雾霾的原因之一。本文将就北京市人口规模对雾霾的影响进行分析。

>>二、北京市人口规模的特点及变化特征<<

北京市作为中国的首都，经济迅猛发展，城市快速扩张，同时人口规模也一直呈迅速增长态势。北京市的人口增长速度和增长量十分惊人，根据北京市统计局、国家统计局北京调查总队的统计：截至 2012 年年底，北京常住人口已突破 2 000 万人，达到了 2 069.3 万人，与 1990 年的 1 086 万人相比，22 年的时间，全市常住人口几乎增加了一倍。

人口数量的急剧扩张，伴随而来的是能源的巨大消耗和大规模的人类活动所带来的污染副产品。过多的人口集聚在一个有限的空间内，不仅给城市的运转带来沉重负担，也给环境污染特别是当前严重的雾霾污染的治理带来巨大困难，更对像北京这样的巨型城市的空气自我净化、自我消化能力和污染的自我修复能力形成了巨大的挑战。因此，研究人口规模对环境，特别是对北京地区雾霾污染的影响，有重要的意义。

从已有的数据来看，北京市人口规模呈现出的以下几个特点与城市能源消耗和污染物排放关系密切：一是常住人口规模不断增加，外来常住人口迅猛增长；二是人口城镇化水平逐步提高；三是家庭户规模不断缩小。

（一）人口总量上升，外来人口增长迅猛

《2013 北京统计年鉴》的数据显示（见表 3），2012 年北京市常住人口为 2 069.3 万人，与 1990 年的数据相比，22 年共增加 983.3 万人，平均每年增加 44.7 万人，年均增长率为 2.97%，常住人口总量持续增长，其中常住外来人口不断增加。2012 年，北京外来人口 773.8 万人，占常住人口的 37.4%，人口的快速膨胀亟须大量的物质与能源输入。

表 3　　　　　　　　　　　　1990—2012 年北京市常住人口变动情况

年份	常住人口（万人）	常住外来人口（万人）	常住人口自然增长率（%）	年份	常住人口（万人）	常住外来人口（万人）	常住人口自然增长率（%）
1990	1 086.0	53.8	7.23	2002	1 423.2	286.9	0.87
1991	1 094.0	54.5	2.21	2003	1 456.4	307.6	−0.09
1992	1 102.0	57.1	3.11	2004	1 492.7	329.8	0.74
1993	1 112.0	60.8	3.19	2005	1 538.0	357.3	1.09
1994	1 125.0	63.2	3.20	2006	1 601.0	403.4	1.28
1995	1 251.1	180.8	2.80	2007	1 676.0	462.7	3.33
1996	1 259.4	181.7	2.68	2008	1 771.0	541.1	3.30
1997	1 240.0	154.5	1.89	2009	1 860.0	614.2	3.33
1998	1 245.6	154.1	0.70	2010	1 961.9	704.7	2.98
1999	1 257.2	157.4	0.90	2011	2 018.6	742.2	4.02
2000	1 363.6	256.1	0.90	2012	2 069.3	773.8	4.74
2001	1 385.1	262.8	0.80				

数据来源：1990—2012 年《北京统计年鉴》。

从表3北京市人口变动情况看，1990年至2012年，北京市常住人口的增长以1995年为分界线。1995年以前，人口的增加主要以自然变动的周期性增长为主；1995年至2012年，人口总量增长较快，几乎成线性增长的趋势，这一阶段人口发展主要以外来人口大量增加为主，北京常住人口中外来人口由21.8万人增加到742.2万人，增加了720.4万人，平均每年增加21.83万人，年均增速达到15.8%，远远高于常住人口的增长速度。

由此可见，近几年北京人口不论是从绝对量还是从相对量看，增长势头都较为强劲。对于每年大量的新增人口，需要与之配套的设施也非常多，比如基础设施、公共事业、住房等。在地域面积不变、自然资源不变的条件下，如此大的人口规模对资源匮乏的北京而言，形成的人口压力也越来越大。实际上，根据统计，1990—2012年间，北京市常住人口年均增长2.97%，而能源消费年均增长4.66%，能源消费增长速度高于人口增长速度。由于外来人口增势异常迅猛，这对于容量有限的北京无疑形成巨大压力，对于北京经济发展、资源环境的保护等均会产生不同程度的影响。

(二)人口城镇化水平逐步提高

人口的城镇化水平指的是城镇人口占总人口的比例，它的实质是人类进入工业社会时代，社会经济发展中的农业活动比重越来越低，非农业活动比重逐步上升的过程。改革开放以后，伴随着社会经济的发展，农村人口向城镇迁移的步伐不断加快。北京市也表现出同样的特点（见表4），人口的城镇化进程明显加快，从1990年的73.48%上升至2012年的86.20%。上升了12.72个百分点。城镇人口总数由1990年的798万人上升到了2012年的1 783.7万人，增长了123.5%。城市的大规模扩张和人口的膨胀，对北京的城市发展和资源环境承载能力提出了挑战。

表4　　　　　　　　1990—2012年北京市城乡人口数及城镇化率变动情况

年份	城镇人口（万人）	乡村人口（万人）	城镇化率（%）	年份	城镇人口（万人）	乡村人口（万人）	城镇化率（%）
1990	798.0	288.00	73.48	2002	1 118.0	305.20	78.56
1991	808.0	286.00	73.86	2003	1 151.3	305.10	79.05
1992	819.0	283.00	74.32	2004	1 187.2	305.50	79.53
1993	831.0	281.00	74.73	2005	1 286.1	251.90	83.62
1994	846.0	279.00	75.20	2006	1 350.2	250.80	84.33
1995	946.2	304.90	75.63	2007	1 416.2	259.80	84.50
1996	957.9	301.50	76.06	2008	1 503.6	267.40	84.90
1997	948.3	291.70	76.48	2009	1 581.1	278.90	85.01
1998	957.7	287.90	76.89	2010	1 686.4	275.50	85.96
1999	971.7	285.50	77.29	2011	1 740.7	277.90	86.23
2000	1 057.4	306.20	77.54	2012	1 783.7	285.60	86.20
2001	1 081.2	303.90	78.06				

数据来源：1990—2012年《北京统计年鉴》。

（三）家庭户规模不断缩小

北京市 2010 年 1‰人口抽样调查的数据显示（见表5），北京市家庭户规模呈现明显的下降趋势，家庭化人口数由 1982 年的 3.7 减少至 2010 年的 2.5，降幅达 32.4％，家庭规模的减小趋势十分明显。居民家庭户规模缩小是生育率下降的必然结果。家庭规模的缩小也与北京市经济社会发展的进程联系在一起。

表5　　　　　　　　　　　北京市历年家庭户规模情况　　　　　　　　　　　单位：人/户

项目	1982	1990	2000	2005	2010
家庭户规模	3.7	3.2	2.9	2.7	2.5

数据来源：《2012北京统计年鉴》。

此外，家庭户规模的减少还表现为家庭户结构的多元化（见表6）。二代户、三代户及以上家庭所占比重呈下降趋势，小规模少人口的家庭比重越来越大，2人户和3人户所占比重最大，达到 59.4％，这表明北京市的家庭层次正朝着简单化的方向发展。这对能源消耗和空气污染排放也起着主要的影响。

表6　　　　　　　　　　　北京市历年家庭户规模所占比重　　　　　　　　　　　单位：％

年份	1人户	2人户	3人户	4人户	5人户及以上
1990	8.1	16.2	36.3	22.7	16.8
1995	8.3	19.1	40.7	19.5	12.4
2001	11.4	24.0	40.3	14.0	10.3
2006	16.5	30.5	35.0	11.2	6.8
2010	24.8	30.3	29.1	9.3	6.5

数据来源：1990—2010 年《北京统计年鉴》。

>>三、人口规模对雾霾的影响<<

随着居民生活直接消费和间接消费能源的增长，人口因素早已成为解释空气污染的重要组成部分，是影响空气质量的重要因素之一。大部分研究表明，人口规模的增加，将增加总的能源消费量，进而增加空气中 PM2.5 的含量，所以两者是正向的相关关系。特别是近年来，居民生活直接和间接消费的能源不断增长，成为空气污染构成的重要组成部分。因此，人口因素对空气质量的影响研究开始成为近年来学术界研究的热点。

人口对雾霾的影响并不只与人口数量有关，人口增长速度、家庭规模、家庭结构、年龄构成、人口城市化率以及人均收入等人口因素也与雾霾存在内在联系，从而对气候变化具有长远的影响。人口城镇化和家庭小型化等被认为是导致未来气候变化的主要人口变化趋势。

（一）北京市雾霾的主要来源

从雾霾污染成分来看（见图 6），北京市雾霾污染中，PM2.5 所占比例最大，占污染物的 77.8％，已成为雾霾中的首要污染物。但还有 PM10、NO_x 等大气污染物在起作用。据环保部统计，PM2.5 的来源还包括一次源和二次源，一次源是指直接来自污染源的直接排放，而二次源则是经过十分复杂的物理和化学过程形成的。

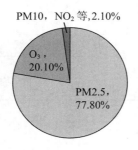

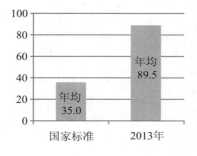

图 6　北京市 2013 年超标日首要污染物比例①　　　　图 7　PM2.5 浓度平均值②

经多方分析，近年来北京市雾霾产生的主要原因有两个方面：一是气候条件，冷空气较弱，空气湿度大，无风或微风；二是主要污染物排放量大，主要污染物包括 PM2.5、PM10、二氧化硫、氮氧化物（NO_x）等，尤其是 PM2.5，已经是空气质量恶化的重要因子。图 7 中北京市 2013 年污染物比例和 PM2.5 浓度的平均值显示，在 2013 年的雾霾天气中，PM2.5 的浓度超标了近 2 倍，北京市空气中硫氧化物、NO_x 等污染物质浓度增加了 10～20 倍。随着经济社会的快速发展，以煤炭为主的能源消耗大幅攀升，机动车保有量急剧增加，氮氧化物和挥发性有机物排放量显著增长。

（二）北京市人口总量变化对雾霾的影响

大部分学者认为，在其他条件不变的情况下，人口增长必然会导致空气污染物、液体污染物及固体污染物增加。只是相对于人口的增长，有些污染物增长的速度快，有些增长的较慢。美国学者 Tarr 等人（1990）③对纽约市的人口与污染物的变化进行了分析和检验，1880 年该市人口为 300 万，1980 年该市人口增加到 1 420 万，增长了近 4 倍多。伴随着人口的增加，人类固体废弃物的水体中的氮磷化合物排放量持明显增加的态势。他们也指出，随着城市人口的增长，诸如有机碳、氮、磷等环境污染物的数量与人口也成正比例增长。由此可见，不断增长的人口总量是城市雾霾污染形成的影响因素之一。

---

① 北京 PM2.5 年均浓度超国标 1.5 倍. 领导决策信息，2014(1)：27
② 北京 PM2.5 年均浓度超国标 1.5 倍. 领导决策信息，2014(1)：27
③ Tarr J.，R. Ayres. The Hudson-Raritan basin. *The earth as transformed by human action*，New York：Cambridge University Press，1990

表 7　　　　　　　　　　　　2000—2012 年北京市能源消费情况

年份	能源消费总量 （万吨标准煤）	人均生活用能源 （千克标准煤）	主要能源日均消费量 （万吨标准煤）
2000	4 144.0	407.1	11.3
2001	4 229.2	408.2	11.6
2002	4 436.1	415.8	12.2
2003	4 648.2	472.7	12.7
2004	5 139.6	509.8	14.0
2005	5 521.9	537.4	15.1
2006	5 904.1	579.4	16.2
2007	6 285.0	613.5	17.2
2008	6 327.1	620.4	17.3
2009	6 570.3	642.7	18.0
2010	6 954.1	643.5	19.1
2011	6 995.4	656.1	19.2
2012	7 177.7	684.3	19.6

数据来源：《2013 北京统计年鉴》。

表 7 显示了北京市 2000 年到 2012 年历年的人均生活用能源和能源消费总量的变化情况。从表中可以看出，伴随着人口规模的扩大，北京市能源消费一直呈递增态势。同时，随着人们生活水平的提高，人均生活用能源也呈增加的趋势。可见，人口规模的扩大，导致对能源消费的增加，而能源消费的增加大量消耗燃料、汽车尾气和城市建设等使大气颗粒物浓度迅速增加，对北京市的空气质量有着明显的负面作用。

（三）北京市人口城镇化对雾霾的影响

在工业化过程中，城市是工业化的主战场，人口向城市集聚也是一个必然的趋势。发达国家的城镇化水平正在放缓，而发展中国家的城镇化伴随着工业化水平的提高而不断加深。由于工业化过程中大量的能源消费，因此工业化过程中的人口城市化伴随着空气污染物增加是必然的，可见人口城镇化对大气雾霾的加重有着直接的贡献。而大部分研究也表明，城镇化水平的提高将增加总的能源消费量，进而增加大气中污染物的排放量，所以二者呈明显的正相关关系。

城镇化对雾霾的影响主要体现在三个方面：一是产业由以第一产业为主转为以第二产业为主，从而工作过程中产生的能耗和雾霾更多。二是城镇化带来的就业结构变化、收入水平增加导致能耗增加。收入水平的提高和生活方式的改变使人们的各种行为变得更加耗能；人口城市化不仅仅是人口身份由农村人口转为城镇居民，还包括人口的生产、生活方式发生变化，已有研究表明，城市人口的能源消费是农村人口的 3.5～4 倍[1]，由此带来更多的空气污染物的排放，

---

① 林伯强．中国城市化进程的能源刚性需求．第一财经日报，2009-08-18

导致雾霾污染的增加。三是人口聚集会促进城市建设，城镇化进程推动了大规模城市基础设施和住房建设，大规模城市建设、城市土地利用方式的变更等，导致大量的建筑需求，从而导致燃料和水泥使用的增长，进而导致空气污染物排放的增加。

北京市已经完成大规模的工业搬迁和产业升级，因此，城镇化对雾霾的影响主要体现在后两个方面。从北京市空气污染原因的构成来看，燃煤和机动车污染是北京大气污染主要的来源[1]，机动车占 22.2%，燃煤占 16.7%。目前，北京市每百户城镇居民家用汽车拥有量由 2001 年的 3 辆增加到 2012 年的 42 辆，每百户农民家用汽车拥有量由 2001 年的 5 辆增加到 2012 年的 21 辆，从而带动汽油的人均生活用量迅速提升，由 2001 年的 31.4 升提高到 2012 年的 174.4 升。据统计，本地机动车排放导致的 PM2.5 也超过了工业污染排放，北京市目前的污染物排放更多来自生活而非生产。[2]

北京市的能源消费总量仍将经历一段刚性的高增长阶段，这些都会对北京城市雾霾产生重要的影响。

（四）北京市家庭户规模减小对雾霾的影响

家庭作为能源消费单位，其特征的变化会影响家庭的能源消费，也由此对空气质量产生重要影响。目前，家庭小型化是许多国家家庭的一个重要变化趋势，这一趋势将导致空气污染的增加，并因此对雾霾天气产生影响。研究表明，当前家庭户规模减小的趋势，将带来能源消费的增加，从而对 PM2.5 产生影响。其中的原因主要有：一是家庭采暖、制冷和交通出行等主要的家庭耗能活动存在显著的规模经济，家庭小型化导致这一规模经济丧失，家庭人均能源消费增加，从而导致空气污染物排放增加。二是在人口总量继续增长的情况下，家庭小型化导致家庭这一能耗单位数量的快速增加，这一特征已经成为过去几十年全球各地区，特别是发达地区空气污染增加的重要原因之一。

北京市家庭户规模变动特点表现为单个家庭户的人口数量不断减少，它产生的原因主要是劳动力流动、社会观念更新、时代进步导致年轻人口成立单独的家庭户。家庭户规模的减少将刺激生产、提高产量，比如家庭所需要的家用电器、住房等产品以及相关附属品的需求数量都将有所提高，进而将导致污染物总的排放量升高，对雾霾的产生有明显的正向作用。许多研究把不同地区的能源使用量与消费活动相联系，得出约一半的能源使用量受家庭交通出行和其他各种耗能行为的影响。因此，由于家庭户数的增长速度快于总人口的增长速度，加上家庭小型化与家庭总户数的增加对碳排放有同向的叠加效应，所以以家庭户数而非人口数量作为人口变量单位时，人口变化对碳排放增长的贡献度扩大了，更能体现以上人口变化的特点。研究表明，家庭小型化趋势可能抵消人口增长速度放缓带来的减排压力的减少，使总的能源消费量仍呈现

① 王尔德，平亦凡. 《北京市清洁空气行动计划》能否落实 求解北京雾霾. 21 世纪经济报道，2013-01-15
② 尹德挺，闫萍，杜鹃. 北京人口发展研究报告（2013）. 新视野，2013（6）

较大的增长。

因此，在分析人口因素对碳雾霾天气的影响时，过多地单一关注人口总量的影响会形成一定程度的政策误导，特别是对于以家庭为单位的商品消费，家庭户的数量和增长速度要比人口规模和增长更值得关注。在分析人口与碳排放量的关系时，家庭户因素应当获得更多的重视与关注。在治理雾霾污染的政策建议中，应当倡导推广有利于可持续发展的家庭户模式，从而更有效地控制人口因素对雾霾污染增长的影响。

>>四、治理雾霾污染的政策建议<<

雾霾天气的形成，属于多种污染物、多重污染类型叠加的结果。北京目前大气污染物排放的特点是总量仍然很大，PM2.5、PM10、SO_2、NO_2浓度高，因此首先须全面削减与大气复合污染有关的一次污染源的排放，其次要加强对二次污染源的控制。从人口研究的角度来看，需要加强以下措施。

（一）合理调控人口规模，优化人口空间布局

人口问题是关系北京全面协调可持续发展的重大问题，是北京经济社会发展中的基础性、根本性问题。因此，结合当前的客观形势，需要统筹解决北京市人口布局与人居环境自然适宜性制约存在的矛盾，需要对北京市人口规模进行合理调控，优化人口的空间布局，以达到最优的治理效果，实现人口、资源、环境的可持续发展目标。

在制订发展规划时，必须充分考虑北京的现有人口状况，把人口问题作为编制规划的重要因素统筹考虑，坚持"以人为本"的理念，根据北京市的功能定位，设计好分阶段的首都人口调控政策，合理引导人口地区分布，优化人口空间布局。

要加强中心区人口的疏解。合理编制北京人口发展功能区规划，疏解中心城区的人口压力，规划引导人口向中心城区以外地区特别是新城转移，鼓励部分行政办公、教育、科研、医疗等现有和新增功能向新城等外围地区进行疏解，以此引导中心城区人口疏解，实现人口的合理空间布局。

（二）大力发展公共交通，鼓励个人绿色出行

汽车尾气排放，已经成为北京市PM2.5排放源中占比最大的一个因素，因此，减少私家车和公车出行、发展公共交通成为解决这一问题的关键因素。城市公交设施的大力发展，其目的主要是提供便民服务，缓解城市拥堵局面。车辆限行是当下比较普遍的做法，但不是根本的解决之道。

　　大力发展城市公共交通体系和交通设施是世界各国大城市的普遍做法。以德国柏林为例[1]，该市 2004 年通过的城市交通管理规划，明确提出要将城市核心区的小汽车通行量减少 80％，非核心区的小汽车通行量减少 60％。为此，该市将公共交通设施的建设与住宅区的建设纳入统一规划，一方面，优先在公交地铁沿线新建住宅；另一方面，大力建设地铁和快速公交系统，提高公交路网的密度。此外，柏林市还大力推动自行车道的规划建设，自行车出行已经占到交通总量的 12％。

　　因此，今后需要政府继续推动公共交通基础设施的建设，减少居民出行对机动车的依赖。在城市交通规划过程中，也要充分考虑居民出行这一因素，始终把发展公共交通摆在首要位置。公共交通设施的便捷，将在很大程度上改变人们的出行方式，由以个人机动车为主要出行方式改为个人绿色出行，使用公共交通方式，从而降低燃油消耗和汽车尾气排放。大力发展公共交通体系，减少机动车使用即减少成品油消费，相当于国家将补贴石化企业的费用补贴给了免费公交，同样的钱却赢得了社会与经济双重效益。

（三）调整能源结构，提高能源使用效率

　　近几年，北京市在调整产业结构、推动产业升级换代方面采取了很多措施，一些能耗大的企业如首钢、首化等已搬出了北京市区。居民冬季取暖设备也大多从燃煤改为燃气。尽管如此，北京地区的雾霾还频繁发生，可见还有很多不足的方面亟待完善。治理雾霾首先要从源头开始，做到源头控制。进一步加快能源结构的调整，其关键就是加快产业转型，大力发展服务业和高科技产业。

　　能源结构变化是一个长期的过程，因此，应在当前能源结构的情况下，尽可能地提高能源的使用效率，提高可再生能源在能源消费中的比例。在提高能效方面，应充分借鉴国外技术，推动技术在国际的转让，最终实现减排效率和成本的优化。

　　在这方面还可以借鉴国际上一些有经验的国家的做法。以英国为例[2]，英国政府 1956 年颁布的《清洁空气法案》对集中供暖、发电厂和重工业都做出了限制要求，城镇生活推广电力和天然气的使用。英国政府制订了推广太阳能的计划，还充分利用海上风能。英国政府还对所有房屋节能程度推行"绿色评级"，要求从 2016 年开始，通过免缴印花税的政策优惠，鼓励所有新建住宅"零排放"。英国政府公布的《能源法案》旨在调整国内能源消费结构，预计到 2020 年，可再生能源在能源结构中所占比例将提高到 30％，包括电力、供热和运输行业，以降低导致气候变暖的温室气体排放。伦敦则调整能源的供给与配送布局，推广分布式能源供给模式，利用热电联供系统、小型可再生能源装置（风能和太阳能）等，代替部分由国家电网供应的电力，降低因长距离输电导致的损耗。

---

　　① 张燕. 治理 PM2.5 国际经验及对北京的启示. 城市管理与科技，2013(3)
　　② 张燕. 治理 PM2.5 国际经验及对北京的启示. 城市管理与科技，2013(3)

(四)提高全社会的环境保护意识

治理 PM2.5 更需要社会广大民众的积极参与,所以在全社会倡导建立低碳的生活方式和消费模式,是减少雾霾发生的重要途径和出路。

第一,通过各种媒体宣传,鼓励市民从日常生活做起,主动采取行动参与 PM2.5 减排。比如,可以参考东京的做法,将宣传"生态驾驶"作为鼓励市民参与的一个切入点①,倡导驾驶时缓慢提速,提前减速,尽量避免猛踩油门和急刹车,以及在后备厢里少放物品。据日本有关部门测算,实施"生态驾驶"后,大部分人能将燃油消耗和尾气排放减少 20% 左右,最多甚至可以减少 40%。

第二,参考国际经验来提高效率。世界各国城市普遍与环保组织和社会团体展开合作,采取加大公共广告投放、建立警示标示系统、开设绿色环保网站等手段,提高公众对 PM2.5 污染危害的认识,促使其从日常生活做起。

第三,支持和鼓励民众参与社会监督。在制定环境保护法规、政策、规划,引进重大工程项目,以及采取重大污染治理行动时充分听取民众的意见和建议,定时向社会公布环境质量状况和 PM2.5 污染治理工作的进展信息。尽快改变信息零散,重数字、轻解读,重宣传、轻互动的现状,赢得民众对政府治理大气污染的意愿和能力的信心。

2008 年北京奥运会的成功举办,证明了我们有能力控制空气污染问题,今后的关键问题在于,我们需要持久的努力来完成治理雾霾这个系统工程,让社会的进步和自然环境和谐发展。

>>参考文献<<

1. 张燕. 治理 PM2.5 国际经验及对北京的启示. 城市管理与科技,2013(3)

2. 周涛,汝小龙. 北京市雾霾天气成因及治理措施研究. 华北电力大学学报(社会科学版),2012(2)

3. 刘杰,耿艳君. 对国外雾霾天气治理经验的借鉴. 中国高新技术企业,2014(5)

4. 李希宏,廖健. 雾霾形成原因分析及对策. 当代石油石化,2013(3)

5. 彭应登. 北京近期雾霾污染的成因及控制对策分析. 工程研究——跨学科视野中的工程,2013(3)

6. 陈婧. 人口因素对碳排放的影响. 西北人口,2011(2)

7. 吴春. 北京雾霾天气形成原因及治理对策. 教师博览,2013(6)

8. 李国平. 北京人口长期均衡发展水平评价及其提升举措研究. 前线,2014(3)

9. 王尔德,平亦凡.《北京市清洁空气行动计划》能否落实 求解北京雾霾. 21 世纪经济报道,2013-01-15

10. 周敏. 资源约束下北京人口承载力研究. [学位论文]. 北京:北京工业大学,2013

---

① 张燕. 治理 PM2.5 国际经验及对北京的启示. 城市管理与科技,2013(3)

跨域联防治理雾霾的研究
——以北京市为例

王　颖

空气污染早已成为全球性问题，而高速发展的中国更是世界上空气污染最严重的地区之一。北京地区的空气污染日益严重，对居民健康、城市形象、经济发展都造成了相当大的负面影响。在全球环境持续恶化的大背景下，跨域联防治理雾霾，全力改善京津冀地区环境质量，从而带动整个中国发展方式和环境质量的根本改善，对于十八大提出的生态文明建设有着十分重要的意义，也是关乎全球可持续发展的重要任务。

>>一、北京市雾霾污染的基本情况<<

2013年以来，我国中东部地区相继出现了长时间和大范围的雾霾天气，整个华北、黄淮甚至江南地区都出现了不同程度的污染，严重影响了人民群众的身体健康和日常生活。京津冀地区作为中国版图的心脏区域和近两年雾霾肆虐的重灾区，污染情况尤为严重，有高达1点多亿、占全国1/13、占全球1/60的人口在此生产生活。雾霾天气的形成既有客观上的自然因素，也有人为主观的社会经济原因，雾霾的复杂成因决定了问题的解决离不开综合治理的手段。

(一)北京市雾霾污染现状与危害

2013年，全市空气中细颗粒物(PM2.5)年平均浓度值为89.5微克/立方米，超过国家标准156％；二氧化硫(SO_2)年平均浓度值为26.5微克/立方米，达到国家标准；二氧化氮(NO_2)年平均浓度值为56.0微克/立方米，超过国家标准40％；可吸入颗粒物(PM10)年平均浓度值为

108.1 微克/立方米，超过国家标准54％。[①] 具体以北京市2013年1月为例，全市普遍长时间达到极重的最高污染级别。1月12日，北京空气质量监测实时浓度数据显示，大部分站点的PM2.5浓度都在400微克/立方米以上，在总共35个站点中，其中有11个超过了500微克/立方米，比标准75微克/立方米多出近6倍。个别监测点PM2.5实时浓度突破900微克/立方米，最高近1 000微克/立方米。1月北京的第一次雾霾天气是从1月10日开始，直到1月16日以后才得以缓解。1月18日北京空气质量再现六级严重污染。23日，雾霾天气再袭北京，城区监测数据显示均在350微克/立方米以上，达到六级严重污染。27日，1月的最后一次雾霾天气再袭京城。除北京外，河北、天津、山东等地部分城市也是空气重度污染，PM2.5监测指数接近或达到顶峰数值。环境保护部4月19日发布的城市空气质量状况显示，在中国首批开展PM2.5监测的74个城市中，石家庄、邢台、保定、邯郸、唐山、济南、西安、衡水、廊坊和乌鲁木齐的空气污染较重，这10个城市中有7个城市在京津冀地区。

世界卫生组织下属国际癌症研究机构发布报告，首次确认大气污染对人类致癌，并视其为普遍和主要的环境致癌物。PM2.5是指每立方米空气中含有的直径小于或等于2.5微米的颗粒物的含量，通常用这个量来表示雾霾天气的严重程度。PM2.5粒径小，含大量的有毒、有害物质，因而对人体健康和大气环境质量的影响深、危害大。专家认为，粒径在2.5微米以下的细颗粒物被吸入人体后会直接进入支气管和肺，干扰肺部的气体交换，引发支气管炎和哮喘。由于每个人每天平均要吸入约1万升的空气，进入肺泡的微尘可迅速被吸收直接进入血液循环分布到全身，其中的有害气体、重金属等溶解在血液中，会造成心血管等方面的疾病，对人体伤害很大。因此雾霾天气对人体健康的危害比沙尘暴要大。1952年12月，在"雾都"英国伦敦，由于大量粉尘颗粒聚集在伦敦上空，使市中心连续48小时能见度不足50米。5天内因吸入污染物而死亡4 000多人，事件总共造成12 000多人丧生。美国洛杉矶光化学事件也证明了这一点，据《洛杉矶时报》近年报道，洛杉矶地区有10多万成年人和30多万儿童患上哮喘病。[②] 2010年，北京、上海因PM2.5污染致死人数接近交通意外死亡人数的3倍。世界卫生组织也指出，当PM2.5年均浓度达到每立方米35微克时，人的死亡风险比每立方米10微克的情形约增加15％。

（二）雾霾形成原因分析

雾霾天气的形成既有客观上的自然因素，也有人为主观的社会经济原因。从客观原因来看，在空气湿度较高，又适值气流变化不大，导致大气水平流动变弱的情况下，极易出现雾霾天气，2013年伊始的雾霾天气就是在这样的气候环境下促成的。从主观原因来看，引发雾霾天气的直接诱因是大气中细微颗粒物含量严重超标。PM2.5主要来自化石燃料的燃烧，如机动车尾气、燃煤发电、工业生产、挥发性有机物等。相关研究显示，北京地区雾霾的"中坚"成分PM2.5主

---

① 北京市环境保护局. 2013年北京市环境状况公报，2014
② 国外四大"毒城"治污之路. 参考消息，2013-04-03

要来自机动车（24％）、燃煤（20％）、周边地区的外来输送（19％）、餐饮（13％），四部分合计达76％；京津冀地区的PM2.5则主要来自燃煤（34％）、机动车（16％）、工业（15％）、其他（13％），周边地区的外来输送占比较小（9％）。① 可见，雾霾的治理，北京很难独善其身，必须将京津冀作为一个整体进行统筹。综合分析京津冀雾霾的来源主要包括以下几个方面。

1. 能源消耗总量大，结构不合理

从全球饱受雾霾天气影响的国家来看，雾霾污染主要集中在工业化阶段的中后期，而我国目前正处于这个时期，规模工业发展与高耗能产业密不可分，污染严重。近年来随着节能减排力度的大幅加强，发电单耗和钢铁单耗有了一定的下降，但单耗的下降无法抵消总量的增长，能源消耗持续增长，能源消耗带来较为严重的污染。而在能源消耗中，以煤为主的能源结构近30年来没有根本改变，占比仅下降20个百分点，仍然超过70％。2012年全世界使用的70万亿吨标准煤中，中国就占了36.2万亿吨，占比近51％。煤炭从开采、加工直至使用过程都会造成严重的大气污染。2012年，京津冀地区燃煤总量约3.75亿吨，占中国总燃煤量的10％还多，北京燃煤总量约2 500万吨，天津约5 000万吨，河北燃煤总量接近3亿吨，河北在京津冀地区占比高达80％。② 京津冀地区集聚着大量的水泥、钢铁、炼油石化等高污产业，二氧化硫排放强度为8.5吨/平方千米，是全国平均水平的3.7倍，工业污染源问题突出。

2. 机动车保有量不断提高，汽车尾气加重空气污染

尾气污染已逐渐成为部分城市雾霾的主要推手，对人体健康和城市环境造成极大的破坏。2013年年底北京机动车保有量为537.1万辆，天津的机动车保有量为258.9万辆，河北的机动车保有量每年新增100万辆以上，且呈加速增长态势，2011年年底达到1 450万辆，排全国第5位。这些机动车排放的二氧化硫、氮氧化物等PM2.5细颗粒物成为雾霾的主要来源。

3. 粗放式城镇化和大城市病加速空气污染

大城市是全国能耗和碳排放的大户，以北京为例，2012年常住人口为2 069.3万人，全市能源消费量为7 177.7万吨标准煤，万元地区生产总值能耗为0.436吨标准煤。在城镇化进程中，大量建筑扬尘也加速了雾霾形成。中科院大气物理所研究结果表明，土壤尘对北京地区PM2.5的贡献率为15％，秋冬季节来自建设工地的浮沉和街道的再悬浮沉是土壤尘的主要来源。

>>二、国外跨域联防治理的理论研究<<

跨域联防治理，是指两个或两个以上的不同辖区的公共部门，由于它们彼此之间行政边界相邻和功能重叠，在治理区域性公共事务时，需要公共部门、私营部门、非营利组织及其公民的联合行动，来解决难以处理的公共问题。跨域联防治理作为一种对区域性公共事务有效管理

---

① 中科院大气物理所"大气灰霾追因与控制"专项课题组

② 梁嘉琳. 京津冀燃煤总量零增长有望明确. 经济参考报，2013-06-03

的制度安排，正逐步发展成为解决区域公共问题的重要工具。学术界对跨域联防治理理论探讨呈三个研究方向：以行政权威为手段的"传统区域主义"，主张以分权化的市场机制来解决问题的"公共选择理论"，倡导建立综合性网络合作体系的"新区域主义"。传统区域主义强调整合过程中的"溢出效应"，即外溢过程是一个使各国或地区的共同利益升级的过程，借此也就促进了区域一体化的发展；此外，传统区域主义主张建立"巨型政府"，认为过于破碎、分散的行政单位是导致区域隔离与分裂的主要根源，因此通过行政区划调整、组建统一的区域政府可以促进区域协作，优化区域性公共物品供给。公共选择理论在方法论上强调个人主义，把个人的选择作为公共（或集体）选择的基础，同时把个人看作理性的、自私的个人主义行为；公共选择学派特别强调通过市场机制来供给公共产品与服务的制度安排，提出了公共产品与服务的多抉择制度安排，包括竞争、市场化、联合生产等各种形式。新区域主义被认为能够全面体现理论复杂的政府间主义一体化理论，展现出一种崭新的区域公共事务治理安排；新区域主义认为区域统一是一种包括经济、政治、文化等多维度的过程，强调公民社会的参与。

由于空气的流动性，使得城市间大气污染相互影响明显，相邻城市间污染传输影响极为突出。针对空气污染的跨域治理问题，国内外学者纷纷提出了不同的解决思路。与上述理论相对应的空气污染跨域联防治理有府际合作、市场调节和网络治理三种模式（汪伟全，2013）。

（一）府际合作模式

府际合作模式主要是以行政权威为背景，以各级政府为主体，综合运用行政手段与措施为特征。各级政府之间的环境共治是 20 世纪末环境保护体系的发展主轴，由于环境污染无法由某一地方政府独立而有效地解决，为此需要建立跨地域、跨流域治理的有效机制。为了有效实施环境共同治理，还需完善合作的法制体系、转变政府职能。建设价值观是环境污染方面府际合作治理的重要内容，沟通与交流、谈判是府际合作的基本形式。在供给区域性公共服务和公共物品时，应该因地制宜地联合供给。府际合作模式特别强调空气污染的联合防治，在紧急状况下需要应急联动。

（二）市场调节模式

市场调节模式是指运用市场化的手段来调节空气污染的外部性问题。从经济学角度出发，市场机制主要包括价格机制、供求机制、竞争机制、风险约束机制、利率机制、工资机制等。通过价格、竞争、供求、利率、风险等要素之间互为因果关系、相互制约的联系和作用，对环境污染的外部性行为进行制约与影响。学者们主要从建立产权市场、征税和区际生态补偿三方面进行了研究。

（三）网络治理模式

"网络治理"又称"协作治理"，或者"合作治理"，是通过信任机制和协调机制的培育与构建，主张组织形式的网络化，以政府、市场、社会等多元力量共同参与的方式为特征。为了实现与保护良好的自然环境，政府部门和非政府部门（私营部门、第三部门和公民个人）等众多公共行动主体彼此合作，共同管理公共事务的过程。网络治理强调多元主体、多层次的合作治理，重视沟通与协调的重要性，强调彼此通力合作，诸如共同规划、信息共享等；网络治理强调治理工具的复合性，在空气污染治理中，应强调综合运用行政、法律、经济手段以及价值观塑造、目标建设等多种途径；网络治理强调多元主体间无缝隙合作，受气候变化、流域水污染等问题挑战，划地为界的单边管理模式已不能适应形势发展，亟须发展跨地区、跨部门协作性公共管理。

综上所述，尽管在理论上对空气污染跨域联防治理均有学者做过深入分析和阐述，但是，现有文献在有关空气污染区域联防治理的具体案例研究方面却不多，因此，在近年雾霾污染事件持续不断、京津冀地区成为全球空气污染重灾区的背景下，选择北京研究"属地管理"转向"区域治理"的路径演变更有意义。

>>三、国外跨域联防治理雾霾的经验总结<<

空气污染跨域联防治理的各种模式在世界不同地区得到广泛运用。研究表明，跨区域的空气传输是大气污染的一个重要来源，行政区"各自为战"的防治模式，难以根本解决区域性大气污染问题。在1943年的洛杉矶光化学烟雾事件和1952年的伦敦烟雾事件中，大气污染问题成为各国政府和学术界关注的焦点。欧美等发达国家纷纷加强了大气污染的环境监管，出台了一系列的法律、法规，并成立了专门的区域空气质量管理机构；鉴于大气污染的传输特性，各国政府积极寻求政府间的区域合作，通过签订各种议定书，实现大气污染跨区域的联合控制。基于政府间合作的跨域联防治理，已成为全球大气环境治理的一项基本国际政策。例如在1979年，30多个欧美国家签订了长距离传输的跨国大气污染公约（Long Range Transport of Air Pollution，LR-TAP），并制订了远程大气污染输送监测和评估合作计划（EMEP）。此后，为联合控制大气污染，一系列的国际公约先后签订。1985年，这一组织提出最低削减30%硫排放的建议，1988年提出了氮氧化物的控制协议，1991年提出了挥发性有机物的协议，1994年提出了进一步减少硫排放的协议，2005年开始实施北半球空气污染防治工作，包括美国和墨西哥。

（一）以政府主导为主的模式

英国的大气污染防治取得了显著成效。针对伦敦上空的严重烟雾，通过调整污染工业布局，用立法手段控制污染源，改变居民生活方式，逐渐有效地改善了伦敦的烟雾型空气污染，伦敦的府际合作模式在很大程度上解决了煤烟型污染排放，基本上摘掉了"雾都"的帽子。[①] 伦敦烟雾

---

① 余志乔，陆伟芳. 现代大伦敦的空气污染成因与治理：基于生态城市视野的历史考察. 城市观察，2012（6）：21-32

事件是英国大气环境管理的转折点，催生了世界上第一部空气污染防治法案——《清洁空气法案》(1956)。之后，又出台了一系列控制大气污染的法令，如1974年实施了《污染防止法》，1990年英国颁布《环境保护条例》并制定了78个行业标准，1995年英国通过《环境法》并要求制定一个治理污染的全国战略，2001年伦敦发布《空气质量战略草案》，2008年11月英国正式通过了《气候变化法案》，成为第一个对碳排放做出法律规定的国家。

1970年日本修改《大气污染防治法》，引入了排放总量控制，当时受控污染物为二氧化硫；之后，逐步增加了一氧化碳、氮氧化物、悬浮物、光化学氧化物以及含镉、铝、氯气、氟、氯化氢、氯化硅等有害物质的气体污染物；20世纪90年代，又增加了氯氟烃等耗损臭氧层物质和二氧化碳等温室气体。《大气污染防治法》还规定了"划定大气污染严重区域"的制度，即"公害发生设施密集区域"，对该区域实行比一般排放标准更严格的特别排放标准。至1990年，已在全日本划定了24个二氧化硫总量控制区、3个氮氧化物总量控制区，并在一部分区域实行更为严格的粉尘和其他有害气体排放标准(可称为粉尘控制区等)。1992年制定《指定区域机动车排放氮氧化物总量控制特别措施法》，将机动车排放的氮氧化物也列入总量控制范围。

(二)充分利用市场手段的模式

大气污染具有流动性、区域性、累积性、复合性、公共危害性等特征，依靠单一的行政手段很难达到显著的治理效果，而引入市场机制防治大气污染是一个重要的政策和立法选择。1990年，美国国会在《清洁空气法》修正案中提出"酸雨计划"，要求到2010年SO_2年排放量在1980年水平上削减1 000万吨；到2000年，将NO_x排放量削减200万吨，燃煤电厂的锅炉要安装低NO_x的排放装置，并且要遵守新的排放标准。为实现"酸雨计划"目标，总量控制交易模式(Cap and Trade，CAT)被引入，随后建立了SO_2排污交易政策体系，由参加单位确定、初始分配许可、许可证交易、审核调整许可四个部分构成。1994年，为了达到空气质量标准，促进大幅度削减污染物排放，美国各州开始采用市场交易计划，最著名的计划是"加州区域清洁空气激励市场"(Regional Clean Air Incentive Market，RE-CLAIM)，有400多家工业污染源获得了NO_x和硫的年度排放限额，该限额在其后的10年将每年分别降低5%和8%；排放者在达到限额方面有很大的灵活性，包括向超量削减的企业购买信用。2003年执行氮氧化物的州实施计划，包括美国东部22个州、哥伦比亚地区，以及后来加入的加拿大东部各省，降低氮氧化物排放，允许夏季氮氧化物排放交易；2005年颁布了《州际清洁空气规则》(CAIR)，要求28个州和华盛顿特区减少NO_x和SO_2的排放，各州可要求电厂参加美国环保局(EPA)的排放交易项目；2011年推出了《跨州空气污染规则》，框架与CAIR相似，但仅限于电厂。市场交易机制充分体现了产权—交易制度具有保证环境质量和降低达标费用的显著优势，在美国大气污染中的应用获得了巨大的经济效益和社会效益。之后，这种模式在全球迅速推广，被各国政府广泛使用，成为环境监管改革的主流趋势。

（三）多元化的网络治理模式

考虑到区域间臭氧污染的相互影响，加州在 1976 年建立了南海岸空气质量管理局（South Coast Air Quality Management District，SCAQMD），SCAQMD 是一个成功的空气污染跨域联防的网络治理模式，有效的经费保障、严格的依法治理、成熟的市场化运行、民众的广泛参与，这些健全而成熟的运行机制保证了空气污染跨域联防治理的有效性。到 20 世纪 90 年代初期，洛杉矶的臭氧最高浓度降低到 20 世纪 50 年代的 1/3 以下。1990 年美国通过《清洁空气法案》修正案，标志着臭氧传输区域的诞生；东北部缅因州、弗吉尼亚州与哥伦比亚区，联合建立了臭氧传输协会（Ozone Transport Commission，OTC），由各州代表以及环保局成员组成；其后，又组建了臭氧传输评估组织；1998 年，制订了旨在减少近地面臭氧区域传输及污染的计划。随着空气污染治理措施的深入和细化，美国大气污染的区域合作机制取得了显著的效果，在 1980—2010 年间，美国的 GDP 增加了 127％，机动车行驶里程数增加了 96％，能源消费量增加了 25％，人口增加了 36％，但同期主要的六大大气污染物排放量却降低了 67％。[①]

>>四、奥运期间北京市空气污染跨域联动治理的思考<<

在空气污染治理的问题上，中国主要是依靠政府间的合作来开展。在北京奥运会之前，从 20 世纪 90 年代开始，北京的空气质量整体处于不及格状态，其污染程度在连续大雾天气下 SO_2 小时浓度甚至接近 1956 年伦敦事件的污染水平。1998 年北京全年能达到空气质量二级标准的天数不到 50％，2007 年全年市区空气质量二级和好于二级的天数达到 67％。[②] 北京空气污染是人为粗放式排放和自然生态被破坏的直接结果，同时还受到周边区域的影响，因此，北京的空气污染是本地区污染物排放量大和区域污染传输共同造成的。

在这种情况下，北京奥运期间空气质量改善与保障面临极其严峻的挑战。为了保障北京空气质量兑现奥运承诺，针对空气呈大范围区域污染的问题，北京地区开展了一系列的跨域联防治理污染的行为。这种跨域联防行为，主要表现为府际合作的特征，包括纵向上的中央政府对地方政府的领导和命令关系，以及横向上的各级地方政府之间在空气污染治理中的合作行动和联合执法。例如，北京和周边省市制定"治污"的共同纲领、成立大气联防联治的工作机构、组建"京津冀大气环境监测网"以及一系列联合"治污"行动等，通过上述措施，奥运会期间空气质量天天达标，北京空气质量达十年来最好水平，即便是奥运会结束后的 2009 年，仍然是北京自 1999 年以来大气环境质量"成绩"最优秀的一年，全年实现 285 个空气质量达标天，比"奥运年"还多出 11 天。北京奥运期间的空气治理已成为经典案例。

---

①　沈昕一. 美国大气污染治理的"杀手锏". 世界环境，2012(1)：24～25
②　万相辛，袁雪. 空气保障措施获批"大奥运空气圈"浮现. 21 世纪经济报道，2007-10-31

表8   **2007—2013 年北京市空气中主要污染物年均浓度值**   单位：微克/立方米

年份	2007	2008	2009	2010	2011	2012	2013
PM10	166.0	71.0	121.0	121.0	114.0	109.0	108.1
SO_2	23.0	12.0	34.0	32.0	28.0	28.0	26.5
NO_2	73.0	34.0	53.0	57.0	55.0	52.0	56.0
CO	1 800.0	1 000.0	1 600.0	1 500.0	1 400.0	1 400.0	—
PM2.5	—	—	—	—	—	—	89.5

数据来源：2007—2013 年《北京市环境状况公报》。

然而，2009 年之后的北京空气质量逐渐下滑，2010 年出现连续雾霾天气，到 2013 年年初北京地区空气污染集中爆发。对比奥运前后北京地区空气污染治理的两个阶段，结合奥运期间空气质量与当前空气污染严峻的具体情况，北京空气污染难以根治，与奥运期间的污染治理主要是政府间合作以及行政命令为主有关。府际治理虽然有行政效率高、短期见效快等优点，但是也有不足。这种治理方式并未综合考虑和涉及与空气污染相关的其他问题，然而污染治理和环境保护是一个相当复杂的社会系统工程，涉及中央政府、地方政府、具体职能部门、环境非营利组织、普通大众、企业、媒体等诸多与空气污染治理相关的利益主体，如果不能通过相关制度设计吸纳不同主体的利益需求，只是依靠政府间合作和行政力量，并不利于长期的治理效果。

>>五、北京跨域联防治理雾霾的启示与建议<<

当前北京空气污染的治理，更多依赖于政府的全能型作用，市场调节与社会参与机制不健全。空气质量监测网络、煤改清洁能源工程、老旧机动车淘汰、优化产业结构与工业污染治理、扬尘污染管理等各项措施，无一不是运用行政手段。如果将生态环境问题的解决仅仅视为政府的专有责任，将不可避免地面临政府无限责任和政府失灵等问题。而其实，市场与社会是政府之外公共应急资源的筹集者，二者可以广泛动员政府财政体系之外的资源来向污染受害者提供援助，有效弥补政府的资源短缺，提高资源的配置效率。综合国内外经验，北京的雾霾跨域联防治理，要从单一的政府和行政管理命令转向政府、市场、社会多元化的网络治理模式。

(一)建立落实"绿色发展"的宏观战略，这是跨域联动治理的基础和大环境

城市发展必须与环境承载力相适应，发展不能以牺牲生态环境为代价，更不能以牺牲人的生命为代价。雾霾治理不仅仅是一个环保课题，而且是包括转方式、调结构等改革在内的系统工程，应建立国家层面的空气污染防治战略。提高对空气污染危害性的认识，摒弃仅强调 GDP 或者"先污染后治理"的认识误区；转变政府职能，弱化经济干预功能，强化公共服务职能。

(二)跨域联防治理雾霾必须有法律保障

从雾霾的发生机制来看，治理雾霾是一项复杂工程，离不开多种手段的全力配合，在预防、监管以及问责机制的每一个环节中，法律及相应的配套制度都不能出现软肋。英国为治理大气污染，先后出台了《清洁空气法案》《污染防治法》《环境保护条例》《环境法》《空气质量战略草案》《气候变化法案》等法律、法规。我国也制定了不少法规，但多是应急性、权宜性的，可持续发展的价值取向和生态发展的关联性不强，再加上执法不严，效果都不明显，区域性的法规更加缺失。可以考虑在京津冀区域设立由环保部和发改委共同牵头的跨域联防治理雾霾的联席会议制度，制订统一工作计划和方案，明确区域内各政府部门的职责和分工，共同推进雾霾的防治工作。2013年9月12日国务院公布了《大气污染防治行动计划》，宏观地规定了未来五年大气污染防治的综合规划和减排目标；北京市出台了《北京市2013—2017年清洁空气行动计划》，在做好煤改电、机动车总量控制、扬尘治理等工作的同时，还要进一步加强大气污染的跨域联防治理。此外，还应借《大气污染防治法》修订之际，在法律中明确大气污染跨域联防机制，将这一管理机制法定化。

(三)完善京津冀跨域联防治理机制设计

建立"统一规划、统一监测、统一监管、统一评估和统一协调"的跨域联防治理的工作机制，成立京津冀空气污染跨域联防治理机构。该机构的主要功能包括：大气环境污染预警，加强极端气象条件下大气污染预警体系建设，构建区域重污染天气应急预案以及各级政府联动一体的应急响应体系；大气环境信息共享，促进京津冀区域环境信息共享和环境信息交流；大气环境联合执法，协调处理跨省区域重大污染纠纷，打击行政区边界大气污染违法行为；区域空间的统一规划，统筹区域内产业布局，强化首都的政治与文化中心功能，对高污染、高能耗的工业实行调整与退出。在空气污染跨域联防治理中，只有建立超越行政界线的管理平台，才能有足够的行政资源调度能力，这是单靠某个国家部委或地方政府难以做到的，需要明确的制度设计和法律、法规的支持。

(四)健全跨域联防治理的市场交易机制

20世纪70年代开始，以美国为代表的西方发达国家开始大量引入市场交易机制，应用于环境资源的监管，取得了显著的经济效益和环境效益。到20世纪末期，可交易的环境许可制度(Tradable Environmental Allowances，TEAs)被广泛应用，作为各国政府实施环境监管的一种通用工具。市场交易机制的设计主要包括以下四个部分：排放总量的控制制度，这是实施环境资源交易的前提、基础和推动力；初始排放权的分配制度，排污权的初始分配影响排污权交易的效率，选择合适的排污权初始分配方案，明晰产权归属至关重要；排放权交易市场体系，主要由市场主体、市场客体和市场中介机构组成；监测和监管制度，这是排放权交易的坚实基础和有力保障。在排放权二级市场的交易过程中，交易平台建设、交易规则制定、交易过程监督等，都需要政府主管部门的严格管理和监督。

（五）构建政府主导、市场协调与社会参与的多元化跨域联防治理的网络模式

空气污染的治理，需要构建以政府为主导、市场和社会共同参与的合作治理体系。实行"政府干预"（国家环境法律、法规、政策调控）和成熟的市场化运行的同时，也需要公民的广泛参与、合作与协调。例如，对于公众而言，改变消费习惯，倡导低碳生活，减少私家车的使用；对于企业而言，推动技术创新，减少污染排放，遵守工地管理并接受公众监督；对于政府而言，削减燃煤总量，推进煤改气工程，积极推广使用新能源汽车等。

>>参考文献<<

1. 张立鹏，张九山."雾汇"：京津冀雾霾破解之道. 投资北京，2014(1)

2. 白洋，刘晓源."雾霾"成因的深层法律思考及防治对策. 中国地质大学学报（社会科学版），2013(11)

3. 张孝德，梁洁. 从伦敦到北京：中英雾霾治理的比较与反思. 人民论坛·学术前沿，2014(2)

4. 隗斌贤，刘晓红. 对大气污染区域联防制度创新的几点思考. 科技通报，2014(1)

5. 汪伟全. 空气污染的跨域合作治理研究——以北京地区为例. 公共管理学报，2014(1)

专题：斯德哥尔摩的空气污染治理及对北京市的借鉴意义

周晔馨

>>一、斯德哥尔摩空气的现状<<

瑞典的首都斯德哥尔摩，是瑞典的经济中心，工业总产值和商品零售总额均占全国的20%以上，拥有钢铁、化工、机器制造、造纸、印刷和食品等各类重要行业，瑞典45%的大企业的总部都设在这里，享有"北方威尼斯"的美名。近几年，旅游业成为这里最主要的产业。Euromonitor的调查显示，斯德哥尔摩是游客到访第二多的北欧城市。斯德哥尔摩空气的PM2.5年平均浓度不足20，其洁净程度在欧盟名列前茅。瑞典的采矿、冶金、造纸、电力等重工业占有突出地位，而且瑞典的垃圾处理厂每年焚烧的垃圾达到大约550万吨，但经过处理排放的废气对空气的污染却降低到了微乎其微的程度。

事实上，在过去，斯德哥尔摩的空气曾经被严重污染。到了20世纪60年代，瑞典人的环保意识觉醒，并采取了有效的整治措施。根据2013年瑞典环境研究院(Stockholm Environment Institute)发布的数据，从1970年到2010年，瑞典通过努力减少了97%的空气污染。1990年以来，瑞典的废气排放量下降了20%，而同期经济却增长了60%。瑞典政府的中文官方网站报道说，根据"经济学人智库"(EIU)的全球"宜居程度"最新排名，斯德哥尔摩现在名列世界最佳城市排行榜第六位。这份榜单是经过对140个城市进行比较分析后得出的。排名的标准包括人口密度、空气质量、交通便利性、绿化空间和污染浓度。其中，空气质量是一个重要的指标。斯德哥尔摩市政府、市民及企业目前正齐心合力，积极致力于实现及维持全球顶级"可持续城市"。

>>二、斯德哥尔摩的空气治理及其效果<<

斯德哥尔摩对空气质量的治理主要包括产业支持政策、发展公共交通、征收拥堵费、提倡自行车出行以及征收排放税几个方面。

(一)政府规划和产业支持政策

瑞典政府早就将制订环境计划作为治理空气的重要考量。"瑞典环境计划"包括四大方面：空气污染、危险物品、垃圾排放和生物多样性，它还包含 13 个具体的目标点，如洁净空气、保护臭氧层、保护海洋多样性、无毒环境等。在治理大气污染的问题上，政府颁布了许多部法律。这些法案不仅对污染企业进行监督与重罚，还授权瑞典政府在 1969 年至 1974 年设立总值达 8 亿瑞典克朗的环保基金。在当时，这是一笔数额巨大的支出。在 1989 年，瑞典政府成立了斯德哥尔摩环境研究所，这是一个国际性的独立机构，主要致力于地方、国家、地区以及全球的环境与发展政策问题研究。该机构为政府决策者提供全面、综合的研究报告，通过影响政府的决策，从而实现环境与社会发展的良好结合。

在科技方面，瑞典政府从技术创新、科学研究、实践生产到出口推广等几个方面积极地推进了整个环境产业链的发展。2011—2014 年间，瑞典政府投入了 4 亿克朗(约 3.8 亿元人民币，瑞典人口只有约 900 万，但国土面积有 45 万平方千米)进行整个环境链的发展。在立法方面，瑞典已经发展出了一套较为完备的环境法体系。基于可持续发展的考虑，这些法律对政府和企业的规范作用比较严格，那些不符合环境保护法的企业将有被迫关门的危险。

(二)大力发展公共交通

交通的快速发展不仅带来了诸如噪声、温室效应和拥堵等诸多环境问题，还带来了严重的空气污染，是现代最重要的污染源之一。通过大力发展公共交通，斯德哥尔摩提高了交通使用的效率和绿色出行的水平，从而减少了汽车废气排放量。作为第一个实现全方位公共交通综合服务的欧洲城市，斯德哥尔摩的公交系统是城市与轨道交通协调发展的典范。它由轻轨、地铁、市郊铁路以及公交巴士组成。其中，公共交通的运量占到整个瑞典的 50%，每天均有大于 40%(高峰时段大于 70%)的城市人口通过公共交通出行。尽管是首都，斯德哥尔摩每千人却只拥有402 部轿车，低于瑞典每千人 452 部轿车的平均值。除了发达的轨道交通系统，斯德哥尔摩还拥有四通八达的公共巴士线路。另外，斯德哥尔摩还大力推行清洁燃料。目前，公共汽车线路 400余条中超过 1/4 的车辆都是使用沼气和乙醇这两种清洁的可再生生物燃料。

(三)实行汽车交通需求管理政策，征收拥堵费

征收拥堵费不仅降低了交通流量，还能在一定程度上减少收费区域内的交通污染物排放量，

从而改善空气质量。起初，有 75％ 的市民对交通拥堵税持反对意见，但在介绍了该政策的好处之后，在 2006 年居民选举中市民逐渐转为赞同。2006 年，在斯德哥尔摩试行征收拥堵费 7 个月后，该市空气中的污染物排放减少了 10％～14％，空气质量提升了 2％～10％，而交通流量下降了大约 20％。从 2007 年 8 月 1 日起，凡在 6:00—18:30 驶入斯德哥尔摩市中心的车辆，一律交纳交通拥堵费，费用从 10～20 瑞典克朗不等。实行的效果是，利用私家车上下班的人减少，虽然人口急剧增加，但汽车交通量并未增加。许多市民由于不想受交通拥堵的折磨，开始改用自行车上下班。为了测量特定地区的车流量，该市还采用了车载 IC 卡系统及通过视频图像处理特定车辆的系统。由于二氧化碳和主要污染物指标减少，空气质量明显改善，人们对待"拥堵费"的态度也从最初的极力反对转变为大力支持，斯德哥尔摩市政府决定永久性地实施道路拥堵收费制度。当然，收取"拥堵费"必须要先有好的公交系统进行支持，以便市民能够转换出行模式。现在，约 80％ 的斯德哥尔摩市民进入中心区时选择公交。斯德哥尔摩在市中心针对易于引起交通拥堵的地区通行汽车，征收每天最高 6 欧元的通行税。在斯德哥尔摩是多次进出多次付费，但每天有一个最高限度。拥堵费的收取为斯德哥尔摩市政府带来了额外的收入，市政府将此项收入专门用于进一步改善城市公共交通以及道路设施建设。

(四)大力提倡自行车出行

为改善城市环境，斯德哥尔摩还积极鼓励市民骑车出行。在过去 10 年里，斯德哥尔摩市自行车流量大约增加了一倍，选择以自行车代步的斯德哥尔摩市中心居民变得越来越多。目前，斯德哥尔摩市内已建成了许多汽车与自行车相互分离的道路。在 2007 年，瑞典的公路交通局、瑞典铁路交通局和瑞典经济与地区发展署制订了今后一段时期发展自行车交通的行动计划。根据该计划，这三个政府部门在今后 20 年里，每年将增加 5 亿瑞典克朗的投入，用于实施各种发展自行车交通的措施，以减少人们对汽车的依赖。这些措施主要包括：成立一个统筹自行车交通发展的全国性机构，增加对全国 30 个中等城市的资助，修建更多的自行车专用道，以及改建公共交通工具及设施，以便让人们可以携带自行车乘坐公共汽车与轨道交通工具，并且，在轨道交通站和其他公交枢纽的附近增设更加安全的自行车停车场所，等等。

(五)征收排放税

斯德哥尔摩的治污成效与其严格的排放税政策难以分开。从 1991 年瑞典就开始征收高额的碳排放税。分析发现，燃料税的征收减少了瑞典高达 30％ 的硫排放。这些高额的税收和强制性的政府规定，对于控制化学污染物的排放以及约束人们的行为起到了非常显著的作用。在此政策下，那些进行高污染、高排放的企业都会被课以重税，因此这项措施对那些制造污染的企业有很强的惩戒作用。此外，瑞典还加强与欧盟其他成员国的合作。通过各方共同努力，制定并遵守严格的排放标准，以最终确保减排目标的实现。瑞典对垃圾的处理方式也改进了空气质量。

在斯德哥尔摩，许多厨余垃圾变成了沼气，把沼气提纯后，制造生物燃油可用于公共汽车、飞机等交通工具。

>>三、瑞典综合治理效果以及对北京市的借鉴意义<<

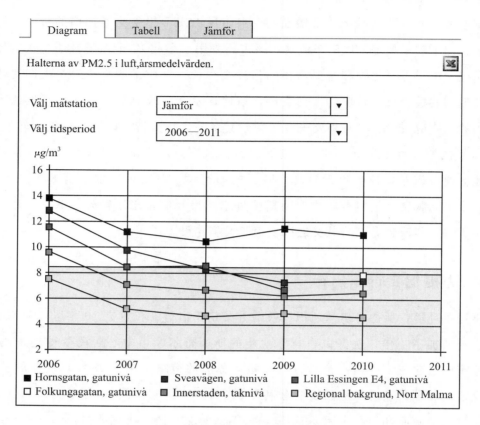

图 8　斯德哥尔摩的 PM2.5 值统计表

经过瑞典和斯德哥尔摩市政府、企业以及人们的共同努力，斯德哥尔摩现在空气清新、环境舒适。访问斯德哥尔摩市的官方网站，可以看到一个"环境指数表"的栏目，其中包含了水质、空气和垃圾回收等各方面的环境指标。"空气"一项又进一步包括了 PM2.5、PM 10、臭氧层指数等数据。图 8 是 PM2.5 的统计表，表格显示了近几年来斯德哥尔摩市的 PM2.5 数据，同时还有四条主要街道的相关指数，以方便在各个区之间进行比较。数据显示，斯德哥尔摩 PM2.5 的年平均浓度近十年来都在 20 以下，而近五年都低于 14。图 8 还指出，斯德哥尔摩空气中 PM2.5 浓度的波动，主要是因为外国被污染空气进入瑞典造成的。

目前，北京的人口已经达到 2 000 万，随着机动车保有量的快速增长，不仅交通拥堵，而且大气污染日益严重，雾霾问题更加突出。近两年来，北京的 PM2.5 浓度一度达到 1 000，这与瑞典形成了鲜明的对比。借鉴瑞典斯德哥尔摩的经验，我们可以考虑以下措施：

第一，政府高度重视。过去国内一直有片面强调 GDP 的发展倾向，北京也不例外。今后，北京市政府应该高度重视空气污染问题，投入更多的资金来完善基础设施，制定更严格的排放标准并切实予以执行。另外，北京市政府还可以仿效瑞典环境研究所，设立相关的研究机构或支持相关的研究机构，以获得更科学的解决意见。

第二，加快加大公共交通建设。通过加大公共交通建设，使人们感受到公共交通的便利，从而降低对私家车的渴望，并降低对私家车的使用频率。同时，带动绿色出行，减少私家车废气的排放量。

第三，征收交通拥堵费。北京汽车拥有总量在全国位居第一。如果征收拥堵费，不仅可以降低交通流量，而且能够减少收费地区中的交通污染物排放量，从而促进空气质量的改善。从用途上看，征收的拥堵费应该专门用在改善公共交通上，比如改造人行道、公交网络、街道，以及养护道路、改善行人和骑自行车者出行条件等。征收的拥堵费应该专款专用，不应成为变相收费。

第四，强化征收空气排放税。应该严格甚至提高空气排放税的征收标准，尽量减少冬季供暖的煤炭使用。另外，还可以考虑在冬天扩大电力和太阳能取暖的比例。

第五，进一步改善自行车出行的条件，包括改进自行车停车的便利性、骑车的安全性。同时，提高社会对自行车的认可程度，以便更多的人接受自行车这种绿色、健康的出行和通勤工具。

总之，瑞典的经验对北京改进空气污染治理的启示在于：由于良好的空气是一种公共品，因此需要政府的重视和推动，同时也需要我们每个人从自身做起。

>>参考文献<<

1. 余瀛波. 对高排放企业必须课以重税——对话瑞典气候变化大使安娜·琳德斯黛. 法制日报，2014-02-10

2. 斯德哥尔摩. 百度词条. http://baike.baidu.com/subview/30810/16410018.htm

3. 斯德哥尔摩当选世界第六大"最佳宜居"城市. 瑞典政府中文官方网站. http://www.sweden.cn/visit/latestupdates/detail/article/-a87c3c1054/，2012-07-23

4. 王娜. 瑞典首都近十年来PM2.5年均浓度低于20. 新浪财经. http://finance.sina.com.cn/column/international/20130117/182214320315.shtml，2013-01-17

5. 瑞典—斯德哥尔摩. 中华人民共和国交通运输部网站. http://www.moc.gov.cn/zhuantizhuanlan/gonglujiaotong/gongjiaods/guojijy/201310/t20131025_1502805.html，2013-11-21

6. 庄红韬. 斯德哥尔摩：以交通拥堵税促进城市可持续性发展. 人民网. http://finance.people.com.cn/n/2013/0201/c348883-20403674.html，2013-02-01

城市垃圾处理研究

北京城市垃圾处理的体制机制研究

荣婷婷

北京是中国的首都，不仅是全国的政治中心、文化中心，也是国际交往中心和科技创新中心。伴随着首都城市影响力的整体提升，"人文北京""科技北京""绿色北京"等发展战略和"中国特色世界城市"长远目标的确立，首都服务功能拓展提升、潜力不断释放，首都发展面临着新的机遇和一系列有利条件。但同时我们也要清醒地看到，首都发展仍然面临着不平衡、不协调、不可持续等问题，正经历着人口规模不断增长、技术变革层出不穷、社会需求更加多样等一系列变化的考验。其中，人口资源环境矛盾突出，尤其是城市人口规模过快增长导致的城市生活垃圾处理难题给公共服务和城市管理带来了严峻挑战，特大型城市建设和运行管理的压力日益凸显。

城市生活垃圾处理是体现首都城市形象和文明程度的重要窗口，更加反映了一个城市管理能力和提供公共服务的水平。目前，通过政府、社会等相关部门的努力，北京城市生活垃圾处理已经取得了一定的成效，但仍然存在诸多问题：垃圾总量过快增长、处理能力相对不足，新建处理设施规划难、选址难、建设难，根据2008年的数据，北京垃圾产生量约为1.84万吨/日，并且每年以8%的速度递增。照此估算，到2015年，垃圾生产量将达到3万吨/日；垃圾源头分类推进效果不显著；餐厨垃圾收集来源无保证；垃圾转运站面临社会、交通和设施投资的三重压力；分而治之、管理模式单一，等等，这些都已经成为困扰北京城市发展的突出难题。为破解这些难题，提高北京城市生活垃圾统筹协调管理的综合能力，更好地为北京发展决策服务，根据北京市的实际情况，今后城市生活垃圾处理应当从完善体制机制入手，构建三位一体网络，实现四个联动，突破体制机制障碍，为打造国际一流的和谐宜居之都贡献力量。

>>一、构建整体规划、区域合作和动态监测为一体的 北京城市生活垃圾处理网络<<

城市生活垃圾处理是一个复杂的、综合的系统。当前，北京城市生活垃圾管理采用"市政规划，属地负责"体制。这种方式值得推行，不仅实现了城市生活垃圾的整体性规划，也考虑到了城市不同区县垃圾处理存在的区域性特征。但从具体实施过程来看，存在着分而治之的管理现象，与预期效果存在一定的差距。比如，海淀区和朝阳区是北京城市生活垃圾产生量和处理量最为集中的两个地区。相比之下，延庆、大兴等区县生活垃圾处理问题则没有那么棘手。因此，未来垃圾处理应主要从以下两个方面着手：一方面是在城市垃圾处理的实际运作中不仅要考虑区域的特点，同时要重视北京市整体的处理压力，实现生活垃圾处理的集约化和规模化效应，打破行政区域的限制，按照系统工程的整体性原则，建议将城市生活垃圾处理系统划分为由若干个区域组成的子系统进行统一管理。具体而言，构建一个包括垃圾日产生量等在内的指标体系进行测算，科学合理地把北京市垃圾处理地区分为特殊处理地区、日常处理地区和一般处理地区。比如海淀、朝阳等规模大、处理难的地区即为特殊处理地区，通州、昌平等为日常处理地区，延庆、门头沟等为一般处理地区，实现市政府统一规划，分区域重点管理，综合性与区域性相结合的体系。另一方面是在关注整体性和区域性结合的同时，也要关注动态性的重要性。城市垃圾处理是不断变化发展的，相关部门应当建立相应的监测中心。监测中心应当与市政规划、区域重点管理相协调。分别建设城市内监测中心和城市外围监测中心。城市内监测中心主要针对北京市内的区域，城市外围监测中心主要针对远郊区县。监测中心运营流程应当为"测量数据—存储与分析数据—传输数据—处理数据—反馈意见"五个环节，并形成一个循环系统，监测的相关指标可供相关部门作为执法信息，也可作为环保指标进行考评绩效使用，这样便形成了一套集整体规划、区域合作和动态监测为一体的城市垃圾处理网络。

>>二、确立长远目标、分解实施方案，通过法律保障约束， 实现当前任务和长期目标的政策联动<<

城市生活垃圾处理规划是城市环境规划的重要组成部分，为城市居民垃圾管理提供行动依据。未来，北京市应根据实际情况制定切实可行的"规划路线图"，科学地提出规划目标和行动方案，既要满足缓解当前垃圾增量压力的目标，使得城市垃圾管理更加精细化，也要设定长期目标，使得城市垃圾管理更加系统，最终实现垃圾处理的减量化、无害化和资源化目标。同时，制定相关的法律、法规保障和约束规划目标的实现和行动方案的落实。

放眼国际，不少国家通过立法来保障和约束城市垃圾管理。德国首都柏林是欧盟地区城市垃圾处理效率最高的城市之一。1972年，德国实施《废弃物处理法》，改变了"末端处理—循环利用—避免产生"的传统思路，转变为"避免产生—循环利用—末端处理"的寻找源头的方式。随着1991年《包装条例》和1994年《促进废弃物闭合循环管理及确保环境相容的处置废物法》的实施，德国的垃圾处理原则得以确认和肯定。日本在城市生活垃圾处理方面的立法和监管同样值得借鉴。从20世纪八九十年代起，基于城市环保的角度，日本实施了《循环型社会形成推进基本法》《废弃物处理及清扫法》《资源有效利用促进法》等一系列法律。在这些法律的约束下，日本国民逐步接受和进行"3R"(Reduce、Reuse、Recycle)实践，从源头上有效减少了垃圾生成量。

回到国内，也有不少城市通过法律、法规确保城市垃圾处理的有效实施和开展。2009年11月，《西宁市餐厨垃圾管理条例》正式实施，这是我国第一部规范餐厨垃圾管理的地方性法规。该法规建立起了严格的监督执法体系，明确了相关部门的职责、责任人，制订了餐厨垃圾污染突发事件防范的应急预案。同时，西宁市城市管理委员会也出台了相应的《贯彻落实〈西宁市餐厨垃圾管理办法〉实施方案》，重点解决餐厨垃圾前端收运难题，促进餐厨垃圾资源化利用的产业化发展。2011年4月，《广州市城市生活垃圾分类管理暂行规定》正式施行。截至2012年11月，全市1 400个社区中全面推广生活垃圾分类的有1 220个，占社区总数的87.1%。同时，广州市对垃圾分类进行了合理的规划，具体分为三个阶段：第一个阶段是2012年，宣传发动；第二阶段是2013年，巩固提高，通过对每个社区的评估，确保80%以上社区的垃圾分类水平达到合格以上；第三个阶段是从2014年起，形成强化和常态化，使垃圾分类行为成为市民的法定义务。

当前，北京市已经出台了诸如《北京市生活垃圾管理条例》《北京市生活垃圾处理设施建设三年实施方案(2013—2015年)》(以下简称《实施方案》)等法规条例。其中《实施方案》提出，按照"优先安排生活垃圾处理设施规划建设，优先采用垃圾焚烧、综合处理和餐厨垃圾资源化技术，优先推进生活垃圾源头减量，优先保障生活垃圾治理投入"的原则，切实建立健全城乡统筹、结构合理、技术先进、能力充足的垃圾处理体系和政府主导、社会参与、市级统筹、属地负责的生活垃圾管理体系。该方案具有一定的前瞻性和可行性。本文认为，未来北京城市生活垃圾处理应当在现有法律、法规的基础上，重点考虑以下两个方面：一方面是进一步制定更加详细、具体的法规条例。比如专门制定生活垃圾分类，制定餐厨垃圾收集运输尤其是"地沟油"处理的相关条例，中间转运站的实施运营条例以及末端垃圾处理细则，等等，这些条例中不仅要有原则性的意见，更要有涉及具体事项的条文。这就需要相关部门进行细致的实地调研，切忌法律、法规的空泛化。另一方面是根据法律条文，分步骤、分阶段实施规划，制订年度甚至是季度的实施方案计划。借鉴广州、西宁等地区的成功经验，根据北京市的实际情况，具体分解每一年、每一季度要达到的目标，把城市生活垃圾处理真正落到实处。

>>三、源头减量、资源化利用、无害化处理并举，实现前端分类、中间转运和终端处理的环节联动<<

城市生活垃圾处理是一个循环连通的过程，包含垃圾的收集分类、中转运输、终端处理的全部环节。垃圾分类是一个长期、复杂的问题，靠的是居民普遍的环保意识和行为习惯，这需要长期不懈的努力。2002年，北京市开始进行垃圾分类的试点工作，尽管政府做出了很多努力，取得了一定的成效，但道路还很漫长。纵观世界，不少发达国家和地区在垃圾分类工作上进行了长期的探索，如德国从1904年就开始实施垃圾分类，日本、我国台湾地区也是经过了几十年的努力。尽管如此，这些国家和地区仍然还有小部分的居民不能自觉地进行垃圾分类。从国内其他城市来看，上海是垃圾分类实施较好的城市之一。2011年5月，上海推行"百万家庭低碳行，垃圾分类要先行"项目。目前，已逾120万户居民参与干湿垃圾分类，至2012年年底，共有1 580个小区试点生活垃圾干湿分离，促使上海市末端处置的生活垃圾较以前日均减少两三千吨。就北京而言，干湿分离、实现厨余垃圾的有效分类是目前北京城市生活垃圾的治理重点。以北京市海淀区垃圾分类为例，该区是垃圾分类实施较早的地区，10年来政府不断进行投资，采用了大力宣传、分发收集容器、培训保洁员、配置垃圾分类指导员等多种方式，取得了一定的成效，但目前也仅达到10%的分类率，还需要继续努力。

垃圾转运属于垃圾处理的中间环节，垃圾转运站的设置可以提高垃圾运输效率，降低运输成本。国外有些国家的城市非常重视垃圾转运站的作用，比如日本东京就有23个分布式转运站，分布在城市的不同地区，承担着重要的垃圾处理作用。就北京而言，根据规划，垃圾转运站原本都位于城市边缘，由于北京城市发展迅速，突破了原来设定的规划，使本处于偏远地区的垃圾转运站逐渐被居民楼和写字楼包围，境地尴尬。以北京市小武基垃圾转运站为例，该站位于东南四环，在建之初，属于偏僻远郊，但现在与周边的居民楼仅有一墙之隔，垃圾转运站运行过程中产生的渗滤液、臭气等问题，都影响着周围的居民。因此，未来必须强化和升级垃圾转运站的作用和功能。

末端处理在北京城市垃圾处理中起到了重要的作用。当前，垃圾源头分类不足，中间转运功能单一，垃圾综合处理场是短期内解决北京城市生活垃圾的主要设施。在末端建设综合性垃圾处理厂有助于形成规模效应，集中控制环境污染，节约土地资源，减少二次污染；有利于形成循环利用机制，实现资金、技术、项目的整合联动，形成产业链条发展格局。比如朝阳区循环经济产业园是北京第一家综合性垃圾处理设施，实现了垃圾减量化、资源化、无害化的突破和资源综合利用，已经被评为北京绿色新八景之一。

本文认为，未来只有将促进垃圾前段有效分类、强化中间转运环节以及增强末端处理能力相结合，才能实现垃圾减量化、资源化和无害化的三大目标。具体应从以下三个方面着手：一是建立前端长期有效的垃圾分类体制，实现垃圾干湿分离，尤其是做好餐厨垃圾的收运工作，从源头上达到垃圾减量化的目标。同时，继续培养垃圾分类意识，通过激励和约束机制予以保障。对于厨余垃圾回收中约束和激励机制的具体做法，可以借鉴我国台湾地区的垃圾费随袋征收政策，即政府行政法规要求回收垃圾必须使用统一的含垃圾费用的垃圾袋。随袋征收即垃圾丢得越少，需用的垃圾袋越少，垃圾费支出就越少。这项政策对减少垃圾量效果明显。新北市随袋征收实施前近44%的民众天天倒垃圾，现在只剩23%。每天回收垃圾量减少了46%。家庭垃圾费支出在2008年平均每户1 107元，已减至436元。二是进一步改造和提升垃圾转运站的功能，扩展其原有简单的垃圾压缩功能，增加分选等功能。同时，借鉴国外经验，在北京推行分布式垃圾转运站的运行模式。目前，北京大多数转运站只起到单纯压缩中转的作用，应提升转运站的设施和技术水平，强化垃圾分选功能，采用一体化设备，实现垃圾的资源化、减量化、封闭化，减少对周围环境的污染，并有效提高长途运输的经济性。另外，城市建设各项规划必须有效衔接，兼顾前瞻性和全局性，避免在未来的建设中相互矛盾或不断被突破，使得重要市政基础设施不断被倒逼退让，不仅导致巨大的资金浪费，更给城市功能的正常运转带来障碍。三是通过扩大末端垃圾处理的规模，提高设施投入和管理水平，科学合理规划大型综合性垃圾终端处理设施。综合性的垃圾终端处理设施包括垃圾焚烧厂、卫生填埋场、医疗垃圾处理厂、餐厨垃圾处理厂、建筑垃圾处理厂，以及根据需要建设的废旧物资回收中心、分选中心及科研环保教育中心等综合性多功能的设施，集中布局，形成实现物流循环利用的园区。综合性垃圾终端处理设施的建设同样需要进行具有前瞻性和全局性的规划，保证土地的供应。比如，韩国首都圈垃圾填埋场占地面积为1 979万平方米，约有2 800个足球场大小，占整个韩国垃圾填埋面积的68%，垃圾处理能力为22 800万吨，日处理量为1.8万吨。但同时，就北京这样的特大城市而言，完全进行集中式处理未必经济和现实，所以集中式还要与分布式处理相结合，互为补充。

>>四、重新审视政府在城市垃圾处理中的定位，发挥政府与市场、政府与社会的结合作用，实现政府、居民和企业的主体联动<<

由于垃圾管理落后带来的巨大的城市环境与资源压力，20世纪80年代北京市曾出现过垃圾围城的情况，如今还有人提出了"北京垃圾七环"的说法，垃圾所造成的环境污染和生态破坏已在一定程度上制约了北京经济的发展。经过一系列的措施，垃圾围城在一定程度上得到了缓解，但垃圾处理运营模式依然相对滞后。党的十八届三中全会的《中共中央关于全面深化改革若干重大问题的决定》提出，"经济体制改革是全面深化改革的重点，核心问题是处理好政府和市场的关系，使市场在资源配置中起决定性作用和更好发挥政府作用"，同时提出"推进城市建设管理创新。建立透明规范的城市建设投融资机制，允许地方政府通过发债等多种方式拓宽城市建设融资渠道，允许社会资本通过特许经营等方式参与城市基础设施投资和运营"。这就为重新审视政府在城市垃圾处理中的定位，更好地发挥政府和市场的关系提出了新的思路和方向。

借鉴我国台湾地区的有效经验，我们发现该地区在如何发挥政府和市场之间的关系方面进行了许多尝试。台湾地区垃圾机构有多种类型，既有公办公营，也有公办民营。其中，台北八里垃圾焚化厂就是一个公办民营的典型例子。该厂由行政院环保署投资兴建，建成后移交给台北县政府，并由台北县环保局代管。1992年，中兴工程顾问股份有限公司通过竞标取得监督顾问公司资格，为期5年。1996至今，由新北市环保局委托中兴工程顾问股份有限公司拟订操作管理合约计划，并以发包作业方式，由中法合资企业达和环保服务股份有限公司取得营运权，合约为期15年。这种政府投资建厂，民营企业经营的模式，值得北京借鉴。

当前，北京城市居民垃圾处理坚持"采取市政规划，属地负责制"原则，在一定程度上对城市垃圾处理发挥了重要的作用。但同时，我们发现政府出台的政策与具体实施过程存在一定的偏离。未来，北京市政府要不断探索城市管理模式的创新，实现政府与市场、政府与社会的有效结合。北京市及各区县市政市容管理部门应当改变传统思路，做好城市管理的监督和服务工作，拓宽思路，放开市场，努力实现居民垃圾处理主体的多元化，鼓励企业以多种方式积极参与，强化企业的主体意识和提高企业的社会责任感。具体应当从以下五个方面入手：一是从管理体制看，实行政企分开，政府从产业的投资者、建设者、运营者转变为市场的监督者、管理者，主要加强对垃圾处理产业的管制，规范引导，使市场有序化，企业在政府监督管理下独立经营。二是从运营模式来看，吸收民营资本，促进垃圾处理产业化。目前在垃圾处理的各环节中，除了垃圾焚烧发电之外，其他环节如垃圾清运、危险废物、土地修复等都没进入产业化运营模式，因此政府应逐步放开垃圾处理的各环节，以多种形式让民间资本加入，在实现环境效益和社会效益的同时产生一定的经济效益。三是从投资主体来看，理清政府和企业的关系，明晰权责利关系，拓宽投融资渠道，实现投资主体多元化，引导社会资本用市场化方式新建垃圾处理设施。四是从循环经济来看，建立静脉产业园。所谓静脉产业是指以保障环境安全为前提，以节约资源、保护环境为目的，运用先进技术，将生产和消费过程中产生的废物转化为可重新利用的资源和产品，实现各类废物的再利用和资源化的产业，包括废物转化为再生资源及将再生资源加工为产品两个过程。如青岛新天地生态工业园是我国第一个静脉产业类国家生态工业示范园，是一条完整且具有鲜明特色的"6＋1"生态工业体系。目前该产业园以固体废物收集运输储存、固体废物的处理处置、固体废物的资源化、污染土壤的生态修复和最终处置为基础，完全企业化运作，已吸引了具有机电产品综合利用、废弃塑料橡胶玻璃综合利用、易拉罐再生等具有丰富经验的企业入驻，实现了可持续、可循环的发展。五是重视居民在城市管理中的主体地位。在以多种方式宣传和教育居民进行垃圾分类的同时，有效组织引导公众参与规划的实施和监督，鼓励成立相关社会团体和慈善机构，更多将居民当成城市管理的参与主体，而不是教育的对象，当成公共服务的消费者，而不是城市垃圾的制造者。

>>五、建立责任、权力和利益明确的垃圾处理管理机制，实现多方位、多层次的部门联动<<

北京城市垃圾处理涉及多个部门之间的协调配合。除了城市市政市容管理部门以外，整个垃圾处理过程还与诸多其他政府部门有关：发改委负责资金审批和立项管理，科学技术部门负责垃圾处理的科技研究与开发，商委部门负责可回收资源中心的管理和实施，垃圾处理场的选址和迁移涉及国土部门的管理，同时还涉及工商、卫生、环保等其他部门。由此可见，整个垃圾处理是一个集多家政府部门于一体的链条。那么在整个链条中，各个部门如何在城市居民垃圾处理中发挥适当的作用，这就涉及资源统筹的体制机制问题，关键在于各部门排除部门利益，协同创新，形成责任、权力和利益明确的垃圾处理管理体制。

借鉴国内其他城市的有效经验，宁波市采取多部门联动，不断规范餐厨垃圾收运和处理。截至目前，80%左右的餐厨纳入政府规范化收运体系，每日收运处理餐厨垃圾250吨左右。一方面，宁波市不断调动相关部门的管理积极性，八部门联合执法40余次，通过蹲点、群众举报等形式，严肃查处非法收运和私自出售，解决了源头收集难的问题。另一方面，多部门联合执法能够解决餐厨垃圾前端收运问题，确保餐饮企业全部将餐厨垃圾交由具备合法资质的收运企业处置，减少"地沟油"回流餐桌的隐患，并对餐厨废弃物进行资源综合利用。

未来，北京市要建立责任、权力和利益明确的垃圾处理管理体制，实现多方位的部门联动。具体应当从以下三个方面着手：一是在居民垃圾分类的信息化推进工作中，要明确市政市容部门与科技部门之间的职责与关系，加强合作，协同创新。二是科技成果转化与应用于城市垃圾处理，要以实际需求为导向，考虑到科技部门的研发与项目经费之间的支持等多方因素，相关部门要充分沟通，避免实验室成果与实际需求之间的脱节，重点加强实际工作中急需解决的渗沥液处理技术、除臭技术、生化与物化技术、防止二次污染技术等的研究开发工作。三是北京是中国的首都，首都拥有丰富而宝贵的中央资源，处理好中央资源和北京市地方资源的整合对接，将为北京城市管理和发展带来巨大的潜力。比如，北京城市垃圾处理相关部门可以便捷利用中央在京的高校、科研院所等智力资源，为北京市的城市管理、垃圾处理进行规划设计、模拟实验。同时，可以利用首都对外交流的窗口，学习国外先进的经验和成功的做法，结合自身实际消化、吸收、转化、利用。

>>参考文献<<

1. 周清杰，徐晓慧. 论北京市城市生活垃圾处理的产业政策. 北京社会科学，2008(4)

2. 刘静，刘延平，李越川. 以产业化和市场化促进城市垃圾处理业的发展. 北京交通大学学报(社会科学版)，2005(12)

3. 北京师范大学科学发展观与经济可持续发展研究基地，西南财经大学绿色经济与经济可持续发展研究基地，国家统计局中国经济景气监测中心. 2013 中国绿色发展指数报告——区域比较. 北京：北京师范大学出版社，2013

4. 丁向阳. 城市基础设施市场化理论与实践. 北京：经济科学出版社，2005

5. 北京市人民政府. 北京市生活垃圾处理设施建设三年实施方案(2013—2015 年)，2013

6. 北京市第十三届人民代表大会常务委员会第二十八次会议. 北京市生活垃圾管理条例，2011

7. ［日］埼玉県所沢市役所. 家庭ごみの分け方？出し方. 平成 15 年 10 月，埼玉县所泽市政府. 家庭垃圾的分类和处理方法，2003

8. Stephen J. Bailey. Public sector economics：Theory，policy and practice. London：Macmillan Press LTD.，1995

大都市生活垃圾处理的困境与对策
——以北京市为例

邵　晖

随着中国城市化进程的加快和城镇化率的进一步提高，越来越多的人口将向城市特别是大都市集中。作为人类经济活动的副产物，垃圾是一个不得不面对的难题。比起雾霾、拥堵等"全民公敌"，城市垃圾问题似乎更为隐性，大多数市民将垃圾扔进垃圾桶后就不再关注其去向，似乎垃圾的处理与我们的生活并不相关。实际上，正如雾霾问题在爆发之前就已长期存在一样，生活垃圾的消纳问题一直困扰着城市尤其是大都市的发展。

北京市的垃圾堆放和填埋场的严峻形势用"垃圾围城"来形容一点都不为过，同样的问题也出现在中国的其他大城市中：上海和广州目前的日垃圾产量已经突破2万吨，杭州日垃圾产量也已经超过8 000吨。事实上，截至2011年，全国垃圾堆存量已经超过70亿吨[1]，多个城市垃圾已无处堆放。所以垃圾处理问题需要长久之计来缓解和解决，否则终将爆发而难以逆转。本文将以北京市为例来分析大都市垃圾处理中的困境，揭示根源并寻求突破。

>>一、北京市生活垃圾现状<<

北京市生活垃圾产生量巨大，各类垃圾处理设施处于超负荷运转状态。根据北京市环境卫生设计科学研究所提供的数据，2009—2010年北京垃圾日产量的1.84万吨，2013年北京垃圾日产量为1.6万～1.8万吨。北京的生活垃圾处理以填埋为主，全市共有填埋厂16座，普遍存在

---

[1]　中国式垃圾焚烧　一场没有赢家的较量. 时代环保网. http://www.21use.com/news/201405/11/3539.html，2014-05-11

填埋能力不足的问题。综合垃圾处理厂 4 座(生化处理，堆肥处理)，垃圾焚烧厂 2 座。[①]

　　传统的以填埋为主的垃圾处理方式已难以维系。目前北京市的垃圾处理填埋占到 86%，焚烧仅占 10%，生化处理占 4%。随着垃圾量的增加，北京市每年要拿出近 500 亩地用于垃圾填埋[②]，目前的垃圾填埋场都处于超量填埋的状态，缩短了当初的设计使用寿命。虽然垃圾填埋场可以二次开发利用，但是需要 15～20 年的降解时间，而且生活垃圾填埋场上不适宜建造供人游憩休闲的公园，不断增加的垃圾填埋场意味着土地的不断被消耗而不可再利用，这是大都市发展难以承受的。因此，在出台的《北京市生活垃圾处理设施建设三年实施方案(2013—2015 年)》中，北京市力图调整垃圾处理结构，计划到 2015 年，北京 70% 的生活垃圾都将采用焚烧、生化等资源化处理方式，填埋处理的比例将降至 30%。但是，解决北京市生活垃圾处理问题是一个系统工程，牵涉很多方面的问题，并不是增建垃圾焚烧厂、调整垃圾处理结构就能解决。

>>二、北京市生活垃圾处理面临的困境<<

(一)垃圾分类效果甚微

　　从国内外的经验来看，垃圾分类是实现垃圾减量化的最重要途径，生活垃圾处理效果较好的国家，都十分重视垃圾分类工作。在国内，垃圾分类也早已不是新鲜话题。北京市从 2002 年开始进行垃圾分类的试点工作。先后出台了多个促进垃圾分类的文件，如 2002 年北京市人民政府的《关于实行生活垃圾分类收集和处理的通知》以及之后陆续发布的《北京市生活垃圾分类收集运输和处理工作考核评比暂行办法》《在党政机关及窗口单位进一步推广生活垃圾分类收集运输和处理工作方案的通知》《城市生活垃圾分类标志》等。但十多年过去了，城市生活垃圾分类工作目前仍旧处于试点阶段。以北京市海淀区为例，海淀区是垃圾分类实施较早的地区，有 500 个垃圾分类试点小区，目前也只是达到 10% 的分类率，政府十年来不断进行大量投资，仅 2013 年就投入了两千多万元。[③] 在垃圾分类工作过程中，采用了各种办法，包括媒体宣传，给居民分发垃圾桶、专用塑料袋，配备厨余垃圾运输车，培训保洁员，为了培养居民分类投放垃圾的习惯，配置垃圾分类指导员，等等，但总体收效并不十分明显。政府甚至陷入两难境地——每年投入大量资金进行试点工作，长久背负巨大的财政负担，但如果不再投资，试点成效则前功尽弃。垃圾分类的实现涉及普遍的公民素质的提高和生活方式的改变，绝不是一朝一夕可以实现的，尤其是大都市人口密度高，人员成分复杂，人口流动性大，垃圾分类往往难以控制和监管。

---

　　① 文中数据为"城市绿色发展科技战略研究北京市重点实验室"的课题组在调研北京市生活垃圾处理情况时由北京市环境卫生设计科学研究所固体废弃物处理研究室提供。

　　② 文中数据来源同上。

　　③ 文中数据为"城市绿色发展科技战略研究北京市重点实验室"的课题组在调研北京市生活垃圾处理情况时由北京市海淀区市政市容委提供。

(二)餐厨垃圾收运未实现规范化管理

餐厨垃圾的处理在技术上是可以实现的，国内的厌氧发酵技术，已经可以与世界先进国家并驾齐驱，对于城市而言也是一种更加环保友好的处理方式。将餐厨垃圾处理后，最终形成生物质燃气、生物柴油以及有机肥料(营养土)，废水经过处理也会达到排放标准，最终实现餐厨垃圾减量化、无害化和资源化。

目前的关键问题在于收运体系的建设，而这是一项系统工程，其关键又在于政府的监管力度。很多地方都出台了促进餐厨垃圾资源化的地方性法规，但因缺少具体的实施细则而难以落地，这同样需要配套相关的政策。对于餐厨处理的企业而言，如果餐厨垃圾收集的效率不高，企业的原料不能保证，就可能亏损，长久下去，这类企业必然难以在市场上生存，也就使餐厨垃圾的无害化处理难以实现。尽快加强监管，将检查和执法统一起来，规范餐厨垃圾的收运是当务之急，这也是从源头上切断"地沟油"生产、消除食品安全隐患的必要措施。

(三)各类垃圾处理的基础设施建设和运行面临现实困难

不论是焚烧还是填埋，都有相当成熟的技术可以借鉴应用，但是在实际应用过程中，却面临着更为复杂的社会问题需要解决。

1. 垃圾中转基础设施运行陷入两难困境

垃圾转运站属于垃圾处理中的中端设施，位于垃圾产生源头(小区)和垃圾处理终端设施(垃圾填埋场或焚烧厂)的中间，垃圾转运站的设置可以提高垃圾运输效率，降低运输成本。按照规划，垃圾转运站原本都是位于城市边缘，但是北京市发展之迅速，使其无论人口规模还是空间范围，都早已突破了原来设定的规划，本处于偏远地区的垃圾转运站逐渐被鳞次栉比的居民楼和写字楼所包围，在一片闹市中处于非常尴尬的境地。以北京市五路居转运站和小武基转运站为例：五路居垃圾转运站位于如今的奥运村核心地段，周边早已形成了成熟社区和办公区；小武基垃圾转运站位于原先偏僻的东南四环，而现在与周边的居民楼只有一墙之隔。垃圾转运站运行过程中会产生渗滤液、扬尘、臭味等问题，尽管采取了封闭作业，每日冲洗垃圾处理设备、场站、运输车辆，建立了渗沥液处理设备、喷淋除臭系统，尽量减少对环境的污染，但是无论是因为真实产生的污染还是给人心理造成的影响，都被周围的居民和单位所强烈排斥，小五基转运站和五路居转运站都面临着被迫搬迁到更为偏远地方的命运。但是垃圾转运站的设置对于北京这样交通拥堵问题已经比较严重的超大城市又是非常必要的，所以解决问题的办法不是一味地退让搬迁，而是进一步提升垃圾转运站的功能和技术水平，使垃圾转运站的负面效应降到最低。目前，北京大多数转运站只起到单纯压缩中转的作用，应提升转运站的设施和技术水平，强化垃圾分选功能，采用一体化设备，实现垃圾的资源化、减量化、封闭化，减少对周围环境的污染，并有效提高长途运输的经济性。另外，城市建设各项规划必须有效衔接，兼顾前瞻性和全局性，避免在未来的建设中相互矛盾或不断被突破，使得重要市政基础设施不断被倒逼退让，不仅导致巨大的资金浪费，更给城市功能的正常运转带来障碍。

2. 垃圾焚烧厂选址建设的社会压力巨大

作为一种通用的垃圾处理方法，填埋处理方法简单、经济成本低廉，所以目前在我国大多对垃圾采取直接填埋的方式，垃圾焚烧的比例不高。但土地资源消耗量极大，同时次生污染频发的填埋法显然不能适应垃圾总量的增长速度，减量减容快并且经济效应明显的垃圾焚烧法在中国渐渐兴起。以北京为例，目前的 16 座垃圾填埋场，日处理能力为 1.03 万吨，而目前北京的垃圾日产量为 1.84 万吨左右，处理能力的缺口每天高达 8 000 吨。按北京目前的垃圾增长量，未来四年，全部垃圾填埋场将被垃圾填满。垃圾焚烧是目前较为流行的垃圾减量处理技术，用焚化技术将垃圾转化为灰烬、气体、微粒和热力，能够减少原来垃圾约八成的质量和九成五的体积。但由于焚烧过程中会产生如二噁英的强致癌物，垃圾焚烧技术一直在国内外饱受争议。[①]尤其在垃圾焚烧厂选址过程中，不论是北京市还是国内其他大城市，都遭到了来自市民、专家学者、媒体等各方面的压力和质疑。

(1)垃圾混合焚烧，效果大打折扣

在垃圾焚烧会产生的有毒污染物中被人们提到最多的就是二噁英了。二噁英是一种潜在致癌物，被称为"世界第一毒"，半衰期可长达数十年，在生物体内具有很强的累积效应。如何有效控制二噁英的排放量，成为垃圾焚烧厂的技术关键。低温焚烧垃圾，是排放二噁英的主因。日本在 20 世纪五六十年代曾进行过垃圾的大量无序焚烧，空气与土壤中的二噁英含量均严重超标。20 世纪 90 年代，日本大气中测得的二噁英水平竟然是其他工业国家的 10 倍。因此，日本开始对焚烧采取最严格的管控措施：保持足够高的分解温度，一般在 850～1 100℃。焚烧炉内烟气停留时间在 2 秒以上，喷射活性炭等吸附剂，采用布袋除尘器对细微颗粒进行捕集，最大限度地减少二噁英的生成与排放。垃圾焚烧过程中产生的烟尘以及氯化氢、硫化物、氮氧化物等有害气体，采用烟气净化处理装置和除氮反应塔等，使其降至政府规定的含量指标以下。[②] 这里，保持垃圾焚烧温度的基础是垃圾已进行了精细的分类。

目前，进入垃圾焚烧厂的垃圾，大多是原生态的混合垃圾，很多送进垃圾焚烧炉的垃圾，都是不可燃或者低可燃性甚至不宜燃烧的。一些建筑垃圾诸如砖头、玻璃，或者是大量潮湿的厨房垃圾被一并送进焚烧炉燃烧，这样很有可能使实际的燃烧温度低于 850 度，从而产生大量的二噁英，另外混合垃圾中的塑料和电池也是燃烧后产生二噁英和有毒气体的主要来源。2006年中科院环科中心调查了我国 4 座近期建立的垃圾焚烧炉，这些"最现代化"的焚烧炉在运行了短短 2～5 年后，焚烧厂区半径 5 百米到 2 千米的土地二噁英含量均出现了大幅上升，4 座中的 3

---

① 垃圾焚烧，我们应该向日本学什么. 网易新闻. http://news.163.com/special/00012Q9L/lajifenshao091128.html，2009-11-28

② 中国式垃圾焚烧 一场没有赢家的较量. 时代环保网. http://www.21use.com/news/201405/11/3539.html，2014-05-11

座焚烧厂区内二噁英浓度均严重超标。① 这样有"中国特色"的垃圾焚烧，其最后所带来的结果自然让人担忧。垃圾焚烧厂征地选址受到周围居民的强烈反对自然也在情理之中。

（2）焚烧厂选址缺乏公众参与

垃圾焚烧厂厂址选择是一项政治性和技术性很强的综合性工作，并具有相当的公益性。须兼顾到污染、风向、人口密集度以及成本等多方面因素。同时，选址决策过程中，普通民众的参与也尤为重要。

20世纪90年代以后，由于进行了严格的分类以及回收再利用工作，日本垃圾焚烧厂所产生的危害已经大大减小，选址问题并不是垃圾焚烧中的关键问题。日本垃圾焚烧厂选址以垃圾资源化处理为首要考虑目标，兼顾垃圾的运输成本。但垃圾焚烧远离居民聚集区（其距离是根据烟囱高度计算出尘埃可能飘落的最大距离的两倍）仍然是选址的基本要求。例如武藏野市，在选择垃圾处理中心的地点的同时，将选地方法也进行公开，并引导有关市民参加选择工作，通过调整双方利害关系取得双方的同意。最后，选址定在刚刚建立不久的市政府办公楼附近。② 而目前在中国，焚烧厂选址尚缺乏公众参与。

>>三、北京市生活垃圾处理的对策<<

（一）切实重视垃圾分类工作，逐步推进

1. 垃圾分类是长期的过程，因此应实行分阶段的措施

尽管垃圾分类困难重重，成本很高，但垃圾分类是从根本上实现垃圾源头减量、资源回收、高效处理的重要措施。因为无论是中端收集运输如何严密合规，后端的焚烧、生化处理、填埋的技术如何纯熟过硬，没有前端的有效分类，都无法有序进行或者效果会大打折扣。垃圾分类的最终实现靠的是居民普遍的环保意识和行为习惯的形成，这需要一代又一代人持续不懈的努力。垃圾分类做得好的国家和地区如德国从1904年就开始实施垃圾分类，日本是从1980年开始的。而我国台湾地区垃圾分类之所以做得较好，也同样是经过了几十年的各种努力。相对而言，北京市无论从时间上还是成效上都处于初始阶段。就现状而言，要提高分类率，就要使分类简单、有效，集中资金和人力，分阶段、有重点地进行。

北京目前将生活垃圾分为三类：厨余垃圾、可回收垃圾和其他垃圾。从近期看，厨余垃圾和餐厨的分类收集应该是重点，其中厨余垃圾的分类是重中之重。（厨余垃圾是指居民户厨房产

---

① 王靖. 一袋垃圾搅动的公众生活. 中国新闻周刊. http://www.chinanews.com/gn/news/2010/03-19/2180373.shtml，2013-03-19

② 垃圾焚烧，我们应该向日本学什么. 网易新闻. http://news.163.com/special/00012Q9L/lajifenshao091128.html，2009-11-28

生的以果皮菜叶等为主的各种垃圾，餐厨垃圾是指宾馆饭店产生的以剩菜剩饭为主的垃圾，两者都是生物垃圾，但有所差别。)这里有两个方面的原因：第一，由于北京市 16 万拾荒大军的存在，垃圾从居民家中到进入垃圾终端处理设施的过程中，已经被翻拣多次，各种可回收垃圾实际上已经实现了分类收集和回收利用。第二，厨余垃圾是城市生活垃圾中污染的主要来源，也是垃圾终端处理的难点所在。北京的生活垃圾含水率在 60％～70％，厨余垃圾单项的含水率在 85％～90％，占城市生活垃圾比重的 60％（30％为塑料、纸张等，10％为其他）。[1] 厨余垃圾容易腐败，产生臭味，混合投放会加大可回收物的分离难度和回收成本，在运输过程中也会造成污染。如果进行填埋，厨余垃圾产生的臭味和渗沥液的处理需要投入大量的资金设备进行专门处理，并且由于比重较大，占用大面积土地，并会污染居民赖以生存的地表水和地下水。如果进行焚烧，在焚烧之前要进行脱水，否则焚烧的热值太低，由于厨余垃圾的存在，脱水仍会产生大量的渗沥液，需要单独建立设施进行处理。而且厨余垃圾盐分高，即氯含量高，更容易产生含氯有机污染物，包括持久性有机污染物二噁英，可以随着食物链回到人们体内。因此，极有必要专门分出厨余垃圾，这样可以大大降低垃圾的含水率，减掉垃圾的大部分重量和体积，从根本上缓解和解决垃圾收集、运输、终端处理的各种问题。为便于市民分类，一方面要将分类具体化，避免抽象，在垃圾筒上鲜明标注；另一方面收集、运输和终端处理要跟上，加强管理，一分到底，避免居民分类后又混装、混运和混合处理，这样才能使分类切实收到成效。餐厨垃圾由于产生集中，因此主要问题在于加强管理，解决集中收集的问题，从而减少污染。

未来随着经济的发展和人们生活水平的提高，拾荒人员可能会大量减少，而且人们的环保意识也会提高，到那时就有了进行垃圾分类细化的基础和需求，可以让居民对可回收垃圾也进行分类。

2. 垃圾分类意识的培养需要激励和约束机制

垃圾分类的实现根本在于每个人的环保意识的树立，但如果没有外力推动，这个过程将是非常漫长以至于难以实现。对于目前垃圾分类的重点来讲，需要采用激励和约束的机制。

关于厨余垃圾回收中的约束和激励机制，可以借鉴一些地区的经验，如我国台湾地区的垃圾费随袋征收政策：政府行政法规要求回收垃圾必须使用统一的含垃圾费用的垃圾袋。随袋征收，即垃圾丢得越少，需用的垃圾袋越少，垃圾费支出也越少。这项政策对减少垃圾量效果明显。另外我国台湾地区还鼓励民众用可回收物兑换专用垃圾袋，不仅使垃圾减量，更可减少垃圾费支出。

对于餐厨垃圾，重点在于集中收集，不让其流入不法商贩手进行非法回收加工。为此，有必要建立严格的监督执法体系，采取城市综合管理手段，把餐饮企业执照、税务、卫生许可证等的年审与餐厨垃圾管理挂钩。例如，不与政府特许环保企业签约，私自售卖餐厨垃圾的餐馆

---

[1] 文中数据为"城市绿色发展科技战略研究北京市重点实验室"课题组在调研北京市生活垃圾处理情况时由北京市环境卫生设计科学研究所固体废弃物处理研究室提供。

酒楼，年审一律不予通过，确保餐饮企业将全部餐厨垃圾交由具备合法资质的收运企业处置。一方面，减少食品安全隐患；另一方面，变废为宝，对餐厨废弃物进行资源综合利用，用以生产工业油脂、生物柴油、有机肥料等产品，有效利用生物质能。

（二）开放和鼓励公众对垃圾处理设施建设的参与和监督

按照有关法律的规定，中国政府依法保障公众参与防治环境污染的权利。在解决垃圾问题的过程中，政府应相信公众，全面鼓励公众参与。通过建立政府与群众对话渠道，定期倾听公众对城市环境建设和城市垃圾治理的意见，让公众的舆论真正成为政府决策的重要依据。当公众能够参与到所有的环节的时候，公众的智慧才可能愿意为政府所用，为共同解决大家面临的现实环境问题而出谋划策。

当前，许多大城市将建垃圾焚烧厂作为解决垃圾问题的撒手铜。要保障垃圾焚烧厂的环境安全，消除公众对垃圾焚烧厂的抵制，全面践行"公众参与"是建立垃圾焚烧厂的唯一出路。在选址方面，要进行公众听证；从建设第一天开始，免费让公众随意参观，在网上公布所有能够检测出来的实时排放数据，公布垃圾焚烧厂的所有运行细节，公布垃圾焚烧厂可能隐含的其他环境风险。对焚烧厂的排放物和环境影响要进行长时间监测，全方位考评，因为很多环境影响要十多年甚至几十年后才能显现出来，因此政府要组织透明化的全方位长期的垃圾焚烧的环境影响科学研究。

（三）吸引民间资本，建立垃圾处理市场化机制

垃圾处理市场化的问题，一方面，在于对于垃圾处理的各环节逐步有序放开，发挥市场作用，使资源得到合理配置；另一方面，政府并不是撒手不管，而是"市场化"与"公益化"并重，将重点放在监管环节，实行更加规范、严格和有效的管理。

1. 吸收民营资本，促进垃圾处理产业化

目前在垃圾处理的各环节中，除了垃圾焚烧发电之外（高安屯垃圾焚烧厂是采用 BOT 的模式），其他环节基本都没有进入产业化运营模式，如垃圾清运、危险废物、土地修复等。实际上，很多民营企业家也从中看到了商机，因此，他们愿意投入资金，研发新技术，也希望可以通过技术革新，找到盈利的商业模式。政府应逐步放开垃圾处理的各环节，以多种形式让民间资本加入进来，提高垃圾处理效率，在实现环境效益的同时产生一定的经济效益。

2. 政府规范引导，使市场有序化

北京市目前有 16 万庞大而活跃的拾荒大军，对于可回收垃圾的充分"资源化"是相当有帮助的。但是也带来污染环境、疾病传播、治安隐患等社会问题，因此，有必要规范拾荒行业，实现回收大军的"正规化"。"正规化"过程当中既要规范管理，加大整治力度，又要保护拾荒人员的权益，尊重民间已经形成的既有利益链条。可以物资回收企业为龙头，将分散的拾荒人员进

行收编，统一管理。收编后的拾荒人员挂靠在政府统一设置的收购回收点，直接与市场交易。市民日常生活产生的各种可回收垃圾，由拾荒人员在回收点统一回收、统一管理、统一定价，回收来的废品再被运往上一级的较大规模的回收基地，经过分类后由物资回收专业企业进行回购再造。这样，一方面，方便市民处理家中的废旧物品和可回收垃圾，提高其分拣出可回收资源的积极性，从源头促进垃圾减量；另一方面，规范了物资回收利用的市场，减少社会问题的滋生，同时也促进了回收、分拣、转运、加工利用一体化和专业化的产业发展格局。

3. 加强对垃圾运营设施的监管

(1)加强垃圾设施运营中财政投入效益的监管，减少资金浪费

新形势下，纵然市场准入步伐很快，但是目前北京市通过市场由企业投资建设的垃圾处理设施还较少。现有垃圾处理设施大多由政府投资建设，属于国有资产。虽然很多设施实施企业化经营管理，但是垃圾处理的费用依然靠财政补贴。此种局面决定着行业主管部门有责任强化对垃圾处理设施的运营监管，监督企业合理利用国有资产，确保国有资产的保值增值；监督企业正确使用运营费用，保证纳税人的权益。过去那种政府重建设轻管理的局面已经不能适应新形势、新情况，政府在注重设施建设的同时，更要切实加强对运营的监管。[①]

(2)加强垃圾处理设施运行效果的监管，防止二次污染

生活垃圾处理的运营机制虽然可以市场化，但毕竟不同于其他产品的生产。生活垃圾的处理直接关系到公众利益和公共安全，因此需要政府承担起"公共责任人"的义务，行业主管部门要加强对垃圾处理设施工艺运行、污染防治的指导、检查和有效监管，使企业严格执行既定的工艺路线，加强各个环节的运行管理；对垃圾收运和处理过程中产生的渗沥液、臭气、烟尘的治理都要达到无害化的标准。

>>参考文献<<

1. 王子彦，丁旭. 我国城市生活垃圾分类回收的问题及对策——对日本城市垃圾分类经验的借鉴. 生态经济，2009(1)

2. 冯永锋. 垃圾焚烧厂的出路是公众参与. 环境保护，2010(22)

3. 薛志飞. 北京垃圾处理的特许经营和监管体系. 城乡建设，2006(1)

4. 北京师范大学科学发展观与经济可持续发展研究基地，西南财经大学绿色经济与经济可持续发展研究基地，国家统计局中国经济景气监测中心. 2013 中国绿色发展指数报告——区域比较. 北京：北京师范大学出版社，2013

5. 北京市人民政府. 北京市生活垃圾处理设施建设三年实施方案(2013—2015 年)，2013

6. 李晓西，等. 台湾地区环保考察记. 城市绿色发展科技战略研究北京市重点实验室调研报告

---

① 薛志飞. 北京垃圾处理的特许经营和监管体系. 城乡建设，2006(1)

北京市生活垃圾处理的初步探索

张江雪

由于城市化进程加剧、居民商品消费迅速增加，国内城市生活垃圾的排放量日益增多，直接危害着居民身心健康和城市的公共卫生环境。据统计，目前全国 600 多座大中城市中，有 70% 被垃圾所包围，形成"垃圾包围城市"的局面。根据 2013 年《中外能源》的文章，广州日产生活垃圾 1.8 万吨，上海日产 1.9 万吨，北京日产 1.8 万吨，深圳每天仅餐厨垃圾量就超过 2 400 吨……目前，中国城市生活垃圾的处理率只有 58.2%，无害化处理率更是仅为 35.7%，远低于世界许多国家的水平。北京作为中国首都，确立了"人文北京""科技北京""绿色北京"等发展战略和"中国特色世界城市"的长远目标。虽然未来首都发展仍然处于大有作为的重要战略机遇期，面临着新的发展机遇和一系列有利条件，但同时，首都的人口资源环境矛盾日益突出，尤其是城市人口规模过快增长给公共服务和城市管理带来严峻挑战，垃圾治理问题越来越困扰人们的生活。2011 年 11 月，北京市出台了《北京市生活垃圾管理条例》，2013 年 3 月，北京市通过了《北京市生活垃圾处理设施建设三年实施方案（2013—2015 年）》。虽然目前已取得了较大成绩，但在实地调研中我们发现，北京生活垃圾处理仍面临诸多问题。本文借鉴国内外城市生活垃圾处理的先进经验和管理模式，以期为解决北京城市垃圾问题提供参考。

>>一、北京市生活垃圾处理面临的关键问题<<

（一）垃圾分类推行效果不显著

北京市生活垃圾分为三类：厨余垃圾、可回收垃圾和其他垃圾。政府进行大量投资，海淀区在部分社区试点的垃圾分类效果不显著，原因有两个：一是居民主动分类的积极性不高、动力不足；二是垃圾终端处理跟不上，比如海淀区到目前还没有建立专门处理厨余垃圾的设施，导致垃圾中转车辆混装居民分类后的垃圾，打击了居民分类的积极性。

（二）餐厨垃圾收运及处理不到位

餐厨垃圾的收运、处置、再利用工作在全国各地都是城市管理的一个难题。由于我国餐厨垃圾与生活垃圾的理化特性有很大差异，含水率高、不宜直接填埋，餐厨垃圾所派生的"垃圾猪""潲水油"对人体健康危害很大，因此，对餐厨垃圾的收运及处理很重要。在调研中我们发现，海淀区餐厨垃圾收集困难，对餐饮企业的政策执行不到位，且专门处理餐厨垃圾的设备也没有建设好，这直接影响了餐厨垃圾的终端处理。

（三）政府投资为主

目前，北京市多以城市生活垃圾处理为公益性行业为依据，对生活垃圾收运和消纳处理实现政府包揽的运营模式和管理体制，而在技术路线和投入上则花费了巨大的精力。自 2010 年起，北京市海淀区利用两年半时间，对区内生活垃圾收集运输系统实施整体改造，包括：密闭式垃圾清洁站 269 座，垃圾箱站 182 个，垃圾桶站 351 个，垃圾收集运输车辆 444 辆，投入 20 余万元，改造运输车辆、箱体加装后门密封胶条并定期更换、加装污水收集设备等，避免垃圾收运车辆渗滤液遗撒。对垃圾终端处理设施，投入资金实现在线实时监控和定期环境监测，在六里屯垃圾卫生填埋场建立了在线计量监控系统，实现该场垃圾填埋量的实时监控，并且对垃圾收集运输车辆通过 GPS 等技术实现垃圾运输、称重计量和实时监控。

（四）循环利用效率低

如果以循环的眼光看，垃圾是资源的误置。2010 年北京市回收垃圾 690 万吨，回收废旧物资总量 490 万吨。以每吨垃圾 200 元处理费计算，相当于节省近 10 亿元。通过循环经济减少垃圾排放并实现资源再生，在我国可谓潜力巨大。比如，全国每年产电池达 140 亿～150 亿只，占世界产量的 1/4，年耗 90 亿只，但回收率不到 2%。每年因垃圾造成的资源损失为 250 亿～300 亿元，如果采用分类收集处理，实现垃圾资源化，每年可以创造的产值至少在 2 500 亿元以上。

垃圾如果合理利用也能成为清洁能源。例如在海淀区的六里屯垃圾场，据测算生活垃圾有机质含量达 60%（厨余及餐厨垃圾 300～400 吨/日），该场可产生沼气 6 000 立方/小时。以前该场曾尝试建立一个收集系统，收集沼气约 2 500 立方/小时，其中 500 立方/小时用于燃烧发电，其余 2 000 立方/小时则空烧。如果从资源化利用的角度看，按照沼气产生量计算，六里屯垃圾填埋场相当于每天能产生 144 000 立方米、可开采 20 年左右的"气田"。

>>二、国内外城市生活垃圾处理经验分析<<

(一)力促垃圾分类，从源头降低规模

垃圾分类的目的是在源头将垃圾分类投放，并通过分类的清运和回收进行资源化或者其他处理。无论后期垃圾处理的焚烧、生化处理、填埋等技术如何纯熟过硬，如果没有前端的有效分类，一切都无法有序进行。但是，终端处理模式直接决定了垃圾的分类类型，前端分类的目标要从现实出发，基于国内居民生活垃圾的特性和居民行为特点，制定相应的政策。

日本环境整洁与其垃圾分类制度有很大关系。日本的垃圾分类非常细致，一般分为四类：①一般垃圾，包括厨余类、纸屑类、草木类、包装袋类、皮革制品类、容器类、玻璃类、餐具类、非资源性瓶类、橡胶类、塑料类、棉质白色衬衫以外的衣服毛线类。②可燃性资源垃圾，包括报纸(含传单、广告纸)、纸箱、纸盒、杂志(含书本、小册子)、布料(含毛毯、棉质白色衬衫、棉质床单)、装牛奶饮料的纸盒子。③不可燃的资源垃圾，包括饮料瓶(铝罐等)、茶色瓶、无色透明瓶等可直接利用的瓶类。④可破碎处理的大件垃圾，包括小家电类(电视机、空调机、冰箱/柜、洗衣机)、金属类、家具类、自行车、陶瓷器类、不规则形状的罐类、被褥、草席、长链状物(软管、绳索、铁丝、电线等)。[①] 如果不按规定扔垃圾，就可能受到政府人员的说服和周围舆论的压力。日本遍布着监察队，全部由志愿者组成。垃圾分类投放已经成为日本民众的一种自觉行为，即使没人监督也会严格执行。而这一结果与日本政府的宣传得力是分不开的。幼儿园的孩子都知道一般的环保知识，并以此来督促自己的父母长辈自觉遵守。

德国的垃圾分类制度已实施 10 年以上，垃圾分类已成为家家户户的一种日常生活习惯。德国的垃圾分类由各州规定，大体分为有机垃圾、轻型包装、旧玻璃、有害物质垃圾、大型垃圾、不属于前几类的垃圾等几大类，分别由不同颜色的垃圾箱进行回收。每年各地方政府都会将新一年的《垃圾清运时间表》及《垃圾分类说明》投到各家信箱中。

相比之下，现阶段国内垃圾分类还处于提倡、指导阶段，没有形成具体的实施措施，居民进行生活垃圾分类只能靠自觉。近两年，广州、上海、北京等城市开始制定措施，并融入适当的激励机制。广州是中国第一个实行垃圾分类的城市。2011 年 4 月 1 日，《广州市城市生活垃圾分类管理暂行规定》正式施行。截至 2012 年 11 月，全市 1 400 个社区中全面推广生活垃圾分类的有 1 220 个，占社区总数的 87.1%。1—11 月，进入焚烧、填埋设施的生活垃圾总量同比减少 3.09%。2012 年年底，广州已对全市 131 条街道、35 个镇分 4 类推广垃圾分类，按照"先易后

---

① 西伟力. 日本垃圾分类及处理现状. 环境卫生工程，2007(2)；窦林娟，刘兆芳. 浅析日本垃圾分类措施顺利实施的原因. 北京城市学院学报，2012(5)

难、循序渐进"的原则,分"A、B、C、D"4 个类别①开展推广普及工作。② 广州采取的政策措施主要有:一是宣传推广,提高市民分类意识。广州市领导为推广垃圾分类编了三句顺口溜:能卖拿去卖,有毒单独放,干湿要分开。二是升级设备,提高分类处理效率。2012 年至 2013 年,广州市生活垃圾分类运输装备计划投入 2.48 亿元,分两年配置分类运输车和分类收运车。三是出台政策,加大推行力度,削减生活垃圾。各区(县级市)作为垃圾分类的直接责任主体,主要领导要总负责、亲自抓,实施不力,首先对城管委问责,其次对区问责。

上海也是垃圾分类做得较好的城市。自 2011 年 5 月上海推行"百万家庭低碳行,垃圾分类要先行"项目,3 年来已逾 120 万户居民参与干湿垃圾分类,分开投放"厨余果皮"和"其他垃圾"。至 2012 年年底,共有 1 580 个小区试点生活垃圾干湿分离,200 个企事业单位、100 所学校、100 个机关、100 个菜场、50 个公园完成垃圾分类收集处置。一是尝试厨余果皮除袋投放,为免除居民弄脏手的担心,在垃圾房旁建水斗,供居民洗手。二是不同垃圾收运方式不同:其他垃圾一般焚烧或填埋;厨余果皮则进行生态处置,资源化利用;有害垃圾由有专业处置资质的机构进行无害化及资源利用处理;以废纸、塑料瓶罐为主的"可回收物"由保洁员回收,费用作补贴。三是企业封闭回收处置,市民可成为环保会员,可回收垃圾交投后能获消费积分。③

(二)多部门联合执法,解决餐厨垃圾前端收运

对餐厨垃圾应采用单独的收运、处理系统,并建立严格的监督执法体系,垃圾处理的"西宁模式"给我们提供了多部门联合执法的典范。

2009 年 11 月,我国第一部规范餐厨垃圾管理的地方性法规《西宁市餐厨垃圾管理条例》正式实施。在这部地方性法规里,西宁市出台了餐厨垃圾处置的各项细则,规定了从事餐厨垃圾回收利用企业的资质,明确了行政部门监督管理的职责、责任人,还制订了餐厨垃圾污染突发事件防范的应急预案。西宁市城市管理委员会也出台了相应的《贯彻落实〈西宁市餐厨垃圾管理办法〉实施方案》,工商、城管、卫生等部门组成联合执法小组与全市 3 300 余家餐饮企业签订餐厨垃圾收运处置责任书及合同,重点解决餐厨垃圾前端收运难题,促进餐厨垃圾资源化利用的产业化发展。由于采取了多部门协作和联合执法方式,执法力度大,处罚金额高,有效地打击了

---

① 其中,A 类为首批先行推广实施生活垃圾分类的广卫街等 16 条街道,2012 年建成生活垃圾分类的示范区域,年底检查,生活垃圾分类评价等级标准达到二级以上(推广普及阶段),其中 50% 的街道达到一级标准。B 类为第二批先行推广生活垃圾分类的东风街等 34 条街道,完成整街推广任务,年底检查,生活垃圾分类评价等级标准达到三级以上(推广初级阶段),其中 30% 的街道达到二级标准(推广普及阶段)。C 类为除先行推广实施街道以外的其余 81 条街道,年底前全面推广生活垃圾分类,年底检查,生活垃圾分类评价等级标准达到四级以上(推广起步阶段),其中 20% 的街道达到三级标准(推广初级阶段)。D 类为 35 个镇,2012 年开展生活垃圾分类宣传,进行乡镇生活垃圾分类试点。

② 如何有效推行垃圾分类. 南都网. http://nd. oeeee. com/xzt/planning/2012hysd/toutiao/

③ 上海垃圾分类 3 年日均减少逾两千吨. 凤凰网. http://news. ifeng. com/gundong/detail_2013_06/13/26343241_0. shtml,2013-06-13

非法收运和处置餐厨垃圾的个人和单位。同时，对餐厨垃圾收运、处置采取独家特许经营制度，餐厨垃圾行政主管部门给予特许经营企业必要的财政补贴，保障了企业的可持续运营。

宁波市是 49 个餐厨垃圾处理试点城市之一，截至目前，80%左右的餐厨垃圾已纳入政府规范化收运体系，每日收运处理餐厨垃圾 250 吨左右。宁波市的成功做法主要体现在以下几个方面：一是有效调动环保、工商、卫生等部门的管理积极性，实施初期八部门联合执法 40 余次，通过蹲点、群众举报等多种形式，严肃查处非法收运和私自出售，有效解决了源头收集难问题。二是推行属地管理，餐厨垃圾源头基础摸底调查、服务合同的签订、收运单位的确定、处理设施建设以及收运处理监管均由属地环境卫生管理部门负责。同时在收运初期设置了专项工作经费，充分调动了属地管理部门的积极性。三是明确补贴机制，经费得以保障。明确餐饮单位缴纳餐厨垃圾收运费为 25～35 元/吨，由区级环卫部门收缴后支付给收运企业；同时市级财政再分别给予海曙区、江东区、江北区三家收运企业补贴 40 元/吨、43 元/吨、45 元/吨。此外还设置了收运服务考核奖励费，按照收运服务考核成绩进行费用补助，最高奖励金额为 20 元/吨。餐厨垃圾处理补贴以奖代补的形式，2012 年市级财政给予餐厨垃圾处理企业 200 余万元专项补贴，同时由政府承担废水、废渣处理。[1]

(三)政企合作，突破运营瓶颈

德国独特的垃圾处理方式是在垃圾处理过程中引入市场行为，其中作用最突出的是德国包装协会。根据德国《废弃物分类包装条例》，德国包装协会建立了"绿点系统"以解决生产厂家各自回收废弃包装的困难。绿点公司可以代制造商和销售商履行回收和再利用产品包装废弃物的义务。制造商和销售商为了减少成本，产品包装中将尽量减少包装物的使用。据统计，在此系统下，每年至少减少了 100 万吨包装废弃物。[2] 可见，垃圾处理的产业化极大地推动了德国垃圾减量化和资源化的进程，德国靠市场运作处理垃圾的行为给我们以启示，垃圾处理中应体现产生者负责原则，走市场化、产业化的道路。

我国台湾地区的八里垃圾焚化厂也是采用政府与民间结合的经营体制，属于公办民营，厂区是由行政院环保署投资兴建的，建成后移交给台北县政府，并由台北县环保局代管。1992 年中兴工程顾问股份有限公司通过竞标取得监督顾问公司资格，为期 5 年。1996 年至今，由新北市环保局委托中兴工程顾问股份有限公司拟订操作管理合约计划，并以发包作业方式，由达和环保服务股份有限公司取得营运权，合约为期 15 年。达和环保服务股份有限公司自成立以来，积极参与国内环保工作，秉持"质量保证、永续经营、服务社会"的理念经营，建立了良好的品牌形象。这种政府投资建厂，民营企业经营的模式，值得我们借鉴。

---

① 餐厨垃圾管理"宁波模式"经验启示. 杭州市城市管委员会网. http://www.zfj.gov.cn/gf/346984.jhtml, 2013-04-09

② 陈秀珍. 德国城市生活垃圾管理经验及借鉴. 特区实践与理论，2012(4)

20 世纪 90 年代以前，由于城市生活垃圾处理设施建设需求还没有完全体现出来，我国的城市生活垃圾处理投资还是单一依靠政府预算内投资，随着改革开放和市场化经济的发展，逐渐走上了投资主体多元化和融资渠道多样化的发展道路。在垃圾处理等环境基础设施领域，政企合作是解决资金和技术的有效通道。西宁餐厨垃圾处理项目成功的重要保障是先进的转化设备，西宁市政府和洁神集团投巨资从韩国引进了先进的工艺设备，并与世界 500 强企业日本 JFE 株式会社、野村贸易株式会社合作，引进日本先进技术，在综合各方先进技术的基础上，通过与知名院校合作攻关展开本土化技术研发试验，有效解决了餐厨垃圾处理过程中的高浓度污水及高温废气处理等关键难题，取得了 7 项国家发明专利。[①]

由于垃圾焚烧污染小，而且节约土地，虽然运行成本较高，但收益最好。沿海城市对生活垃圾的处理多以焚烧为主，而地方政府合作的对象多为大型国企，比如光大国际。作为中国国内规模最大的垃圾发电企业，光大与国内外知名院校、科研院所合作，相继开发了一批行业领先的环保科技项目，实现光大国际由单一环保项目向低碳经济产业的发展。光大国际的垃圾焚烧发电项目主要分布在江苏、山东、广东等地，先后以"BOT"模式投资、建设、运营 12 个项目。投运项目的环保指标排放均达欧盟标准；烟气检测系统与当地环保部门联网，各种排放指标向社会实时公布；垃圾渗滤液的综合利用和无害化处理开创了国内"先河"；打造了一个个环境优美的花园式垃圾焚烧发电厂。

在餐厨垃圾收运处理方面，政企合作也有成功的范例。比如，银川市餐厨垃圾资源化处理、处置管理工作于 2005 年 4 月正式启动，市政府以特许经营的方式，引进了保绿特生物技术公司专营全市餐厨垃圾的收集、运输及无害化处理处置，龙珍隔离剂油脂加工厂收集处置废弃食用油脂。目前，银川市已初步形成了政府引导、企业运作、专业处理、行业监管的餐厨垃圾处置模式。全市 4 500 多家餐饮单位，已有 2 654 家签订了餐厨垃圾集中收运、处置协议，有 500 家签订了"地沟油"收运、处置协议。[②]

（四）引入循环经济理念，建立静脉产业园

循环经济通过物质循环、资源综合利用、废物资源化再生利用的设计从而形成一种社会发展体系。静脉产业，指以保障环境安全为前提，以节约资源、保护环境为目的，运用先进的技术，将生产和消费过程中产生的废物转化为可重新利用的资源和产品，实现各类废物的再利用和资源化的产业，包括废物转化为再生资源及将再生资源加工为产品两个过程。之所以用"静脉"命名，是因为废弃物排出后的回收和再资源化过程如同人体血液循环中的静脉。由于富含钢

---

① 解读餐厨垃圾处理"西宁模式"：政企合作是关键. 新华网. http://www. qh. xinhuanet. com/2010-08/03/content_20511923. htm，2010-08-03

② 政企合力的示范——记餐厨垃圾、废油处置的银川模式. 人民网. http://nx. people. cn/GB/192493/15316982. html，2011-08-03

铁、有色金属、塑料、橡胶等资源的废旧机电、电线电缆、通信工具、汽车家电、电子产品、金属和塑料包装物料等在收集和加工处理过程中往往需要占用较多的土地,因此原有的分散式处理方法已经不适合产业发展的要求。另外在分散处理方式下,由于资金投入少,技术开发能力弱,导致废旧物资加工处理工艺落后,技术及装备水平极低,一些与再生资源加工处理相伴的环境污染物未能得到妥善处理,还易造成二次污染,所以静脉产业园可以作为一种综合的废物处理模式。

日本北九州生态工业园汇集了众多废旧工业产品再循环处理厂,如塑料饮料瓶再循环厂、办公机器再循环厂、建筑混合废物再循环厂、汽车再循环厂、家电再循环厂、荧光灯管再循环厂、医疗器具再循环厂、老虎机台再循环厂、打印机颜料墨盒再使用厂、饮料容器再循环厂、废木材与废塑料再循环厂等。园区通过复合核心设施,对企业排出的以残渣、汽车的碎片为主的工业废料进行合理处理。处理过程中将熔融物质再资源化(如制成混凝土再生砖、建筑用平衡锤等),同时利用焚烧产生的热能进行发电。

青岛新天地生态工业园是我国第一个静脉产业类国家生态工业示范园。2012年10月,青岛新天地生态工业园通过了国家级生态工业示范园区预验收及省级生态工业园区验收。目前,该产业园以固体废物收集运输储存、固体废物的处理处置、固体废物的资源化、污染土壤的生态修复和最终处置为基础,完全企业化运作,已吸引了具有机电产品综合利用、废弃塑料橡胶玻璃综合利用、废日光灯管处理、易拉罐再生、非硒鼓墨盒和电池综合利用、废纸再利用等具有丰富经验的企业入驻。

苏州光大环保静脉产业园是全国首个集中处理城市工业和生活垃圾的现代化环保产业园,由中国光大国际有限公司与苏州市人民政府共同筹建,总投资达35亿元,主要进行生活垃圾、工业固体废物、市政污泥等城市固体废物的无害化处理。在该园区中,生活垃圾、建筑垃圾焚烧后可以发电,焚烧产生的炉渣可以制作空心砌块、地面彩砖等新型建材,焚烧产生的蒸汽可作为其他项目的热源。垃圾焚烧厂每天吃2 000多吨垃圾,发电92万度,二噁英排放能达到欧盟最高排放标准,并定期公布。沼气发电项目以收集生活垃圾填埋场的有害气体沼气用于发电为主,并对产生的高温余热烟气进行综合利用。发电设备位于生活垃圾焚烧场内,产业园区还实现了将垃圾焚烧厂的余热用于污泥处置项目的干化,沼气发电厂与垃圾焚烧厂公用上网线路,垃圾焚烧厂与垃圾填埋场共建一个渗滤液处理厂,垃圾焚烧厂的飞灰固化与工业固体废物安全填埋场预处理车间合并等,有效节约了土地资源,实现了资源利用最大化。[①]

---

① 苏州市光大国家静脉产业示范园区助力低碳环保. 人民网. http://www. 022net. com/2010/11-8/503121183280001. html,2011-11-08

>>三、北京市生活垃圾处理的建议<<

(一)分离厨余垃圾是关键

垃圾分类的关键环节有两个：一是前端分类的宣传、奖励和处罚；二是垃圾终端处理的配套措施。

一方面，北京生活垃圾含水率在60%～70%，而厨余垃圾则在85%～90%，直接影响垃圾的运输和末端焚烧填埋。因此，有必要激励居民专门分出厨余垃圾，具体做法可借鉴其他地区的经验，如我国台湾地区的垃圾费随袋征收政策，政府行政法规要求回收垃圾必须使用统一的含垃圾费用的垃圾袋。北京可以街道居委会为责任主体，在政府环卫管理部门的支持下，建立厨余垃圾交换站，用垃圾袋、香皂等进行交换，并逐步完善激励机制。

另一方面，加强末端处理设施的处理能力，尤其是对厨余垃圾的处理。北京目前除了朝阳循环经济产业园能对厨余垃圾进行单独处理外，包括海淀区在内的其他区县都没有建立专门针对厨余垃圾进行处理的设备，如果不能有效处理，那么居民的前期分类就没有意义。

(二)严格监管餐厨垃圾的收运

餐厨垃圾的收运直接影响其能否资源化，单个部门没有权利也不可能完全执行对餐厨垃圾产生部门的处罚，只有多部门联合执法才能够有效解决餐厨垃圾前端收运，并对餐厨废弃物进行资源综合利用。西宁和宁波模式成功的经验在于各部门的统筹协调、联合执法，这对于北京这样的大城市如何有效回收餐厨垃圾也具有很强的现实意义。北京餐厨垃圾处理的重点在于建立严格的监督执法体系，采取城市综合管理手段，不与政府特许环保企业签约，不提供餐厨垃圾去向证明文件的餐馆酒楼，年审一律不予通过，确保餐饮企业将全部餐厨垃圾交由具备合法资质的收运企业处置，减少"地沟油"回流餐桌的隐患，并提高餐厨废弃物的资源综合利用率。对于涉嫌违法的餐厨垃圾收运处置企业，要求其立即停止违法收运餐厨垃圾的行为，并明确要求取得相关资质后方可进行收运，否则将受到重罚。

(三)完善企业化运作机制

仅靠政府的财政资金难以支撑城市生活垃圾处理设施的建设和运营，因此有必要完善市场准入机制。当前北京市朝阳循环经济产业园部分处理厂已采取政企合作的模式运营，其他区县可进行借鉴，鼓励各类社会资金参与城市生活垃圾处理设施建设和运营，并统筹考虑企业运营机制，推行BOT、BT等模式，积极推进市场化运作，促进生活垃圾处理产业化发展、专业化经营。引入市场运行机制后，政府可以腾出精力致力垃圾处理和环境质量的监测，更大程度地发挥其监管作用。

（四）将循环经济导入城市垃圾处理全流程

如何将循环经济导入北京城市垃圾处理全流程，需要在城市垃圾从投放、收运、中转到最终处理的各环节，分别在技术路线、规划布局、运营管理方面进行创新，在政策、体制、制度上推行市场化、法治化导向的改革。

在垃圾收运环节，推行公共服务外包模式，减轻政府的投入、管理和运营的负担。目前海淀区已做了这方面的尝试，委托第三方监理，对119个小区垃圾分类试点资金使用、垃圾收集容器、车辆等设施设备到位情况、分类效果、"绿袖标"指导员的作用等进行定期或不定期检查。

在垃圾的处理环节全面开放行业，引入新技术，培育新产业。为切实把城市垃圾处理转化为资源化开采行业，需要更大胆地创新体制机制，在吸引社会资本的同时，不断地刺激垃圾处理工艺技术的创新，并根据不同的垃圾处理技术路线来选择垃圾处理的规划布局。北京目前采用的是大规模集中化垃圾处理，在条件和技术成熟的情况下，可尝试分布式资源化处理和分户即时处理。

>>参考文献<<

1. 舟丹. 我国垃圾围城现状堪忧. 中外能源，2013(9)

2. 陈秀珍. 德国城市生活垃圾管理经验及借鉴. 特区实践与理论，2012(4)

3. 窦林娟，刘兆芳. 浅析日本垃圾分类措施顺利实施的原因. 北京城市学院学报，2012(5)

4. 柳晓斌. 国外垃圾处理技术现状及对北京的启示. 节能与环保，2012(12)

5. 宋剑飞，李灵周，朱洁. 西宁、宁波、苏州餐厨垃圾管理及处置模式对比分析与经验借鉴. 北方环境，2012(5)

6. 王莹，金春华，葛新权. 国外城市生活垃圾管理借鉴. 特区经济，2012(12)

7. 西伟力. 日本垃圾分类及处理现状. 环境卫生工程，2007(2)

8. 北京师范大学科学发展观与经济可持续发展研究基地，西南财经大学绿色经济与经济可持续发展研究基地，国家统计局中国经济景气监测中心. 2013中国绿色发展指数报告——区域比较. 北京：北京师范大学出版社，2013

9. 首都科技发展战略研究院，城市绿色发展科技战略研究北京市重点实验室. 北京城市垃圾处理调研报告，2013

10. 时红秀. 我国"垃圾围城"的突破之路. 城市绿色发展科技战略研究北京市重点实验室会议

北京市"地沟油"问题的成因及对策分析

赵　峥

　　食品安全是城市发展所需要面对的重要现实问题，而"地沟油"则是影响城市居民食品安全的主要危害之一。近年来，"地沟油"事件在餐饮业发达的城市时有发生，不法商贩受利益驱动而不顾人民群众生命安全，收集"地沟油"经脱色脱臭处理后回流食用油市场而牟取暴利，已经引起了社会各界的广泛关注和领导层的高度重视。2014 年 2 月，习近平总书记在北京考察调研时，就询问介绍生活垃圾处理情况的北京市市政管委负责人"地沟油哪去了？"，充分体现出了党和国家领导人对城市食品安全问题的关切与重视，也从侧面折射出城市"地沟油"问题的严重性和紧迫性。长远来看，对北京这样的特大城市而言，解决"地沟油"问题不仅考量着城市政府的公共治理能力，也关乎着城市发展的持续竞争力。

>>一、"地沟油"问题的主要成因<<

　　"地沟油"极大地威胁着城市居民的食品健康安全，国家和各地方政府对"地沟油"的治理也在逐渐强化。2010 年，国务院办公厅就发布文件，决定组织开展"地沟油"等城市餐厨废弃物资源化利用和无害化处理试点工作。近年来，国家陆续发布了针对餐厨垃圾处理相关政策，北京、上海、杭州、深圳、重庆、乌鲁木齐、宁波、苏州等三十多个城市也出台了有关餐厨垃圾处理的管理办法。2012 年，《北京市食品安全条例》修订草案出台，首次将"地沟油"治理、惩罚内容纳入地方法规，通过提供资金补贴方式，鼓励餐饮企业的餐厨垃圾就地资源化处理，从源头治理"地沟油"，并出台针对餐厨废弃物相关政策，探索建立适合自身城市发展特点的餐厨废弃物资源化利用和无害化处理的法规政策、标准体系、工艺路线，提高餐厨废弃物资源化和无害化水平，降低"地沟油"的危害。总的来看，北京十分重视经济发展中的食品安全问题，积极制定和改善治理政策，加强治理力度，在"地沟油"治理方面已经取得了很好的效果。但需要重视的是，从目前的情况来看，城市"地沟油"问题在很大程度上尚未完全得到解决，依然危害着广大城市居民的生命安全。究其原因，主要有以下几个方面。

(一)低成本、高利润的经济利益格局尚未根本破除

"地沟油"取材容易，加工简单，利润较高，生产加工存在着巨大的利益空间。具体来看，"地沟油"主要是指将下水道中的油腻漂浮物或者将餐饮场所的剩饭、剩菜(通称泔水)经过简单加工提炼出的油脂。现实中，"地沟油"的取材非常方便和广泛。饭店酒楼的餐厨垃圾，剩菜汤水，火锅店食用后的底料、红油，烤鸭店、快餐店的剩油，甚至餐馆排风扇的滴油和刷锅水都可以拿来制作"地沟油"。而作为"地沟油"原料主要来源的餐饮机构，若将餐饮废油交给环卫部门，餐饮机构往往需缴付一定的回收处理费，而交给地下回收者则会获得额外收入，这也使得很多餐饮机构乐于将废油出售给"地沟油"加工者从而获取利益。不仅原料获取容易，餐饮废油炼制的"地沟油"的加工过程也非常简单，每吨仅需几百元成本，粗加工只需要一个人、一口锅、一把勺、几桶泔水和一只油桶即可，几乎不需要什么高端的生产工具，简单的小作坊就能够生产加工。低成本诱使低收入者从事"地沟油"的非法生产以牟取暴利，同时"地沟油"低廉的售价在市场上还具有很强的价格竞争力，由于价格便宜，一些餐馆或者单位食堂也会选择购买。这样低成本、高利润的经济利益格局使得"地沟油"仍然具有很大的生存空间。

(二)企业参与治理机制仍不完善

目前，"地沟油"问题仍主要依靠政府力量推动解决，企业参与的治理机制尚不完善。这主要表现在两个方面：一方面是"地沟油"收集和处理的市场竞争仍不充分。例如，为便于对餐厨废弃油脂进行监督和管理，根据北京市市政市容委的要求，从2012年开始，在北京市所属的城六区分区对废弃餐厨油脂进行特许经营权招标，招标结束后，每个城区将只特许两家中标企业收集和处理。政府允许企业参与"地沟油"治理的初衷是好的，但无论从理论还是实践需求来看，面对巨大的"地沟油"收集和处理市场，每个城区仅有两家企业是远远不够的，且容易形成垄断的市场格局，不利于提升"地沟油"的治理能力。另一方面，政府对"地沟油"收集和处理企业的支持仍然不足。从目前出台的政策来看，北京还主要是抓产生餐厨垃圾的大单位，而对收集和处理行业的企业支持力度稍显不足。例如，北京对符合相关条件的餐厨垃圾大户就地资源化处理餐厨垃圾给予政府补助，补助最高将达到134.6万元。每日就餐人员规模在1 000人以上的党政机关、大专院校、国有企事业单位和营业面积在1 000平方米以上具备条件的大型餐饮企业及餐饮服务集中的街区，均可自建餐厨垃圾处理设施。尽管此次补贴资金数量可观，但补贴的优惠对象主要是党政机关、大专院校、国有企事业单位和大型餐饮企业，对收集和处理企业还缺乏系统性支持。

（三）广联动、全覆盖的监管机制缺乏

从产业链的角度来看，非法的"地沟油"加工通常包括掏捞、粗炼、倒卖、深加工、批发、零售等多个环节，也涉及食品生产、流通、餐饮服务等多个领域。而在现行的监管机制下，非法"地沟油"加工的这一特点往往容易逃避执法部门的监管，使得"地沟油"犯罪成为监管盲区。具体来看，根据现行食品安全法的规定，质检部门、工商部门和食品药品监督管理部门分别对食品生产、食品流通、餐饮服务活动实施监督管理，形成了一种相对分散化的监管机制。在这一机制下，对"地沟油"的监管涉及卫生监督、食品安全、工商管理、质量监督、城市管理等多个部门，每个部门均需对"地沟油"治理问题负责，但具体部门的责、权、利并不明确。例如，工商部门只负责商场、超市、批发农贸市场等经营的食用油检查，质检部门只负责对食品生产加工环节的监管，食品药品监督管理部门只对餐饮服务单位监管，各个部门更多的关注微观事务管理，在制定政策或采用政策工具时，总是在自身管理系统内部考虑，缺乏联动、全覆盖、可持续监管机制，在具体实践中容易造成"九龙治水"的局面，也往往容易采取"会战式""运动式"的治理或控制行动，影响"地沟油"问题的治理效果，而且会带来沉重的行政负担，使得政府的权威和力量不能真正发挥作用。

（四）绿色产业链不健全

废物通过利用就可能会变为财富。对"地沟油"而言，不能形成低污染、高附加值的绿色产业链，利润丰厚的"地沟油"收集、加工、销售等利益链条就难以打破，就无法根治"地沟油"流向餐桌这一顽症。而如果利用现代科学技术，变废为宝，对其进行资源化利用，生产沼气、工业油脂、生物柴油、肥料等产品，形成绿色产业链，可从源头上治理用"地沟油"加工食用油的非法行为，避免将餐厨废弃物直接作为饲料进入食物链，也可有效解决餐厨废弃物直接排入下水道或通过城市生活垃圾收运处理系统进行填埋或焚烧造成资源浪费和环境污染问题。目前，北京已经在探索"地沟油"资源化利用方面取得了很大进展。但总的来看，现阶段北京解决"地沟油"问题的重点仍然在"治"不在"理"，在实践中强调"收集"环节，对"处理"问题重视不够，尚未形成统一规范的"地沟油"收集、处理体系，还没有充分发挥绿色科技的作用，没有建立统一的餐厨废物回收及资源化利用系统，没有形成完整高效的绿色产业链。

>>二、解决"地沟油"问题的国际思路借鉴<<

20 世纪五六十年代，许多发达国家也深受"地沟油"之害。但经过多年的摸索和治理，"地沟油"在多数发达国家已销声匿迹。一些发达国家从源头管控、过程监督、综合利用等方面形成许多比较好的经验与做法，对我们开展"地沟油"的治理工作具有一定的借鉴意义。

（一）扶持回收和处理企业

20世纪60年代，日本也面临着较为严重的"地沟油"问题。为了解决这一问题，日本政府主要利用经济杠杆，采取高价回收废油策略，增加回收和处理企业收益，扶持回收和处理企业。例如，1970年，日本专门制定了《关于废弃物处理和清扫的法律》，要求废弃食用油必须完全被回收，同时对废弃食用油的回收、搬运和加工处理等具体事宜做出明确规定。在法律框架指导下，日本政府将清理"地沟油"的环保费用主要用于回收"地沟油"和进行提炼，其收购价格高于非法厂商可以接受的价格，使其因为无利可图而自然选择放弃。具体来看，日本由专业公司以每升1.5日元的价格从餐饮企业回收废油。回收来的油经提炼变成生物柴油，再以每升88日元的价格卖给政府。利用生物柴油技术处理1升"地沟油"的成本为28日元左右，回收公司每升"地沟油"可赚取近60日元的利润。如此丰厚的利润使得回收者不会再将废油销售给其他机构或个人。从利益格局的角度来看，该方法很好地构成了一个新的利益链，解决了各个主体间的利益关系，虽然此方法对于城市政府的财力要求过高，城市承担如此高昂的政府支出需要依据地方实际进行考量，但其扶持回收和处理环节企业的思路很值得借鉴。

（二）供应链信息化控制

在处理"地沟油"问题上，德国更加强调供应链信息化控制。实践中，德国政府会与餐饮机构形成明确的废油回收合同，详细规定废油的回收企业、回收时间和处理单位，形成完整的信息库。同时，德国餐饮机构开办前必须购置油水分离设备，餐厨垃圾通过管道进入处理设备，经过沉淀、分离等程序分离出"地沟油"，并通过标签技术使得从餐馆出来的每一桶废油都有各自的标识，使得政府能够有效地跟踪监督每一家餐馆的废油流向情况，最后由政府特批的公司统一回收和处理。利用现代信息化技术，构建健全的信息数据平台、标准化的储油桶和实时监控软件系统，可以对"地沟油"的流向实现全程跟踪和监测，使得餐饮机构废油的产生、回收、处理更加安全、有序。

（三）产业链转型升级

近年来，随着汽油、天然气和电力等能源价格的节节攀升，以及通过玉米、花生和大豆等农产品提炼生物燃料的成本持续提高，越来越多的废油处理转化新技术被研发出来。从发达国家的经验来看，"地沟油"回收和处理的产业链条在不断得到转型升级。目前，"地沟油"在世界范围内逐渐成为一门新兴产业。国外很多国家都已经将餐厨废油纳入化工原料、生物能源的开发之中，并且通过法律的形式固定下来，作为其节能减排、开发新能源的重要形式之一。在这条产业链上，厨余废油回收后可以制成肥皂、肥料、选矿药剂甚至生物饲料，并可以通过转酯化处理变成无毒、清洁、可再生、可降解的生物柴油，可直接用作车辆燃料，也可与普通柴油混合使用。例如，在日本的各个城市，由餐饮机构产生的废油，经过处理制成生物燃料被普遍使用于垃圾车、公共汽车等交通运输工具，并被作为污水处理厂柴油发动机的替代燃料使用，既促进了废油的资源化利用，也达到了削减二氧化碳排放的目的。德国分类后的废油也具有较高的经济价值，或被处理后作为化工和化妆品行业的原料，或加工制成生物柴油，用于汽车燃料或者发电。在阿联酋，厨余废油也被用来生产生物柴油，它可被任何柴油发动机使用，燃烧后产生的二氧化碳排放量要比传统柴油少 60%～80%。韩国首都圈每年厨余废水生物气体化和厨余类生物气体化以及生物气体汽车燃料化分别达到了 16.5 万吨、33 万吨和 220 万立方米的处理能力，通过固体垃圾燃料化和气体化获得的年能源化量可达到 193.5 万吨，每日高达 1.9 万吨左右。

>>三、解决北京市"地沟油"问题的对策建议<<

实现城市经济社会可持续发展需要积极而有效的公共治理。在这方面，国内外大量的"地沟油"治理实践为我们提供了有益的经验，对于我们不断完善治理措施、减少"地沟油"危害、提升城市政府治理能力具有十分重要的借鉴意义，为城市"地沟油"治理工作开展提供了有价值的思路。未来，我们应该更加重视"地沟油"治理工作，加强源头管理，积极完善企业参与治理机制，构建制度化、常态化、长效性的监管协调机制，努力提升资源综合利用的技术水平，解决"地沟油"问题。

(一)"堵疏结合"加强源头治理

"地沟油"制售行为之所以屡禁不止，无外乎是利益驱动。治理"地沟油"，要将"堵"和"疏"两方面结合起来，从源头上加强管理，切断"地沟油"黑色利益链。一方面，政府应继续加大对"地沟油"违法犯罪行为的惩处力度。以城乡接合部和城市近郊区为重点，排查和清理非法生产"地沟油"的窝点，摸清"地沟油"原料来源和销售渠道，严厉打击有关违法犯罪行为。以食品生产小作坊、小餐馆、餐饮摊点、火锅店和学校食堂、企事业单位食堂、工地食堂等集体食堂为主要对象，依法查处从非法渠道购进食用油和使用"地沟油"加工食品的行为。严禁将餐厨废弃物交给未经相关部门许可或备案的餐厨废弃物收运、处置单位或个人处理。强制餐饮企业签订回收合同，防止"地沟油"流入小作坊从中牟利；通过法律的手段对餐厨垃圾的回收和处理做出规定，明晰餐厨废弃油脂产生单位、收运单位、处理单位各自的职能和义务，强化行政和法律责任，对违反法律、法规和相关政策的企业坚决予以处罚和取缔。另一方面，政府可采取政策激励餐饮企业参与"地沟油"治理，规定餐饮企业可享受税费减免政策的卫生安全和餐厨垃圾处理标准，降低或免除餐饮企业处理餐厨垃圾的费用，防止餐饮企业为了躲避处理费用进行非法的废油出售活动。在激励政策下，餐饮企业处理"地沟油"可以得到更多的优惠和补贴，这些优惠和补贴创造出的新的经济利益可以代替原来餐饮企业从非法收油者处获得的利益，弥补这部分的利益损失。同时，积极处理"地沟油"还会提升企业自身形象和声誉，有助于企业吸引消费者，增加企业的正常利润，增强餐饮企业开展"地沟油"治理的积极性。

（二）完善企业参与治理机制

现代政府治理主张公共治理应广泛引入市场竞争机制，通过市场测试，让更多的私营部门参与公共服务的提供，提高服务供给的质量和效率，实现成本的节省。"地沟油"的处理和利用应该是一个完整的产业链条，从餐厨垃圾的分类和废油的收集，到餐厨废油的初加工，再到废油的利用和转化，既需要政府的有效引导和监管，更需要企业实实在在的参与和运作。但是用什么办法吸引广大企业参与到环境事务中来呢？这就需要创造一种激励机制。政府需要利用市场机制，将治理目标和要求传导和分散到广大的微观企业层面，建立公平、公开和合理的治理政策和交易秩序，激励微观层面的企业为治理主动行动起来，使它们按照治理要求和制度规则，在实现自己最大经济利益的前提下，充分运用科技、管理等手段达到既降低成本，又提高收益，还能实现政府治理目标和任务的效果。从前述国外治理"地沟油"的经验来看，各国政府都将餐厨废油的收集工作交给了企业去运作，这种企业一般都是政府特许经营的，获得了相应的资质证书并定期接受政府的检查，政府会在税收、补贴、技术上对这些企业予以一定支持，而一旦违反规定将废油卖给其他机构将会受到严惩。北京城市"地沟油"问题的解决也需要处理好政府和市场的关系，使市场在资源配置中起决定性作用和更好发挥政府作用。重点建立吸引社会资本投入"地沟油"治理的市场化机制，坚持权利平等、机会平等、规则平等，消除各种隐性壁垒，制定各类企业进入"地沟油"特许经营领域的具体办法，激励有能力的企业进入这个行业中来，引导社会力量参与餐厨废弃物资源化利用和无害化处理。同时，需要注意的是，"地沟油"的合理回收利用属于新兴产业，发展初期企业规模较小，技术还不够发达，产业获利不高，市场竞争力比较弱，无法与地下黑油加工产业直接竞争。政府在这方面应给予更多的支持，在基础设备，人力和税收方面提供更多的优惠和鼓励政策。此外，应取消废弃油脂回收、运输、处置的分段经营方式，鼓励有资质的企业实行收、运、处一体化经营，减少中间环节费用和交易成本。

（三）构建制度化、常态化、长效性的监管协调机制

市场经济条件下，政府的职责和作用主要是加强和优化公共服务，保障公平竞争，加强市场监管，维护市场秩序，弥补市场失灵。因此，无论是德国的泔水"身份证"，还是日本的废油高价回收，我们从中看到的都是政府强有力的监管身影。因此，治理"地沟油"，我们不能单单将责任推向企业，要求企业承担相应的经济责任、社会责任，我们更应该要求政府在其中担负起应有的监管和引导职责。根据目前的情况，我们应依据废弃食用油脂产生、加工、销售的各个环节，整合相应的管理部门，合理划分管理权限，以达到高效的管理。重点应明确部门统一负责、领导、组织、协调城市的食品安全监督管理工作，有效地提供制度、体制、政策、组织、

资金、人员等保障，完成监管目标。各有关部门要加强协调配合，建立健全监管信息交流和反馈机制、监管执法联动机制和监督检查机制，建立餐厨废弃物产生登记、定点回收、集中处理监督管理体系，通过法律的手段对餐厨垃圾的回收和处理做出规定，明晰餐厨废弃油脂产生单位、收运单位、处理单位各自的职能和义务，强化行政和法律责任。各监管部门应加强协作，通过联合执法、综合整治、监管信息交流和共享、提供行政协助等方式，密切配合，促使食品安全监管权能有效地、无遗漏地实施。

（四）提升资源综合利用的技术水平

"地沟油"中含有大量生产生物柴油、生物破乳剂、工业油脂、表面活性剂等化学用品的原料，把"地沟油"进行回收，并加以产业化利用，深加工成为再生燃料，不仅能够堵住"地沟油"源头，更能够缓解城市污染和能源紧缺问题。但是想要更好地适应市场，还有待于进一步的技术革新，以降低生产成本，提高资源利用率，增强市场竞争力。从目前北京的情况来看，应充分利用现代化技术创新手段，投入资金进行技术支持，推进环保领域的技术开发，并令其市场化，集中提升"地沟油"回收和处理的技术能力，促进"地沟油"的绿色转化和新能源的开发利用。重点利用油水分离的手段，使餐厨垃圾分类进入分选系统，同时为专门的收运队伍和车辆安装密闭化、防渗漏装置，车辆统一安装 GPS，有效监控车辆的运行路线，建立餐厨废弃物产生、收运、处置通用的信息平台，对餐厨废弃物管理各环节进行有效监控。最后建立餐厨废弃物的无害化处理及能源再利用系统，通过生物技术发展生物燃料产业，并由城市政府部门率先垂范使用由"地沟油"制成的生物燃料，完成能源循环利用，既能保障政府食品安全的治理工作效果，解决废油回流餐桌的问题，又能有效地达到节能减排的目标，实现能源再利用和利益共赢。

>>参考文献<<

1. 高青松，等. 治理"地沟油"问题研究进展及评述. 生态经济，2013(1)

2. 王丹. "地沟油"治理的困境与出路. 中国浦东干部学院学报，2012(5)

3. 高潮. 发达国家为何没有"地沟油". 中国对外贸易，2011(12)

4. 李晓西，等. 韩国开展城市环境治理的经验与启示——韩国考察调研报告. 全球化，2013(9)

5. 赵峥，等. 我国绿色发展中的环境治理：成效评价与趋势展望. 鄱阳湖学刊，2011(5)

6. ［美］Callan, S. J.，Thomas, J. M. 环境经济学与环境管理——理论、政策和应用（第4版）. 北京：清华大学出版社，2007

7. ［美］保罗·R. 伯特尼，罗伯特·N. 史蒂文斯. 环境保护的公共政策. 上海：上海三联书店，上海人民出版社，2004

城市污水处理研究

北京市污水再生的生物技术处理研究初探

白瑞雪

近年来，北京市市区、郊区及周边人口规模不断扩大，截至 2013 年年底，北京市常住人口为 2 114.8 万人[①]，比 5 年前增加了约 142 万人[②]，人口急剧增加，导致各种产业需求不断提高，根据 2014 年 5 月的数据，北京市污水直排总量全年超 2.5 亿立方米，高峰日全市一天就有 100 万立方米污水未经处理直排入河。[③] 这样的发展使北京市水资源的供需矛盾日渐突出。水资源的可持续利用已经成为北京市社会经济可持续发展面临的实际问题。

>>一、北京市污水排放及处理现状<<

当今世界上，缓解水资源的供需矛盾有多种途径，包括外流域调水、开源节流、污水再生利用等措施。随着科技和产业的发展，污水再生利用成为城市可持续发展的必备技术。城市用水的来源已从自然水源扩展到城市污水。城市污水作为城市可靠的第二水源，以其相对稳定的水质和水量成为世界各国解决水资源短缺的首选方法。

北京市年自产水资源量为 39.99 亿立方米，多年平均入境水量为 16.50 亿立方米，多年平均出境水量为 11.60 亿立方米，当地水资源的人均占有量只有 300 立方米，为全国人均水资源占有量的 1/8，世界人均水资源占有量的 1/32。[④] 截至 2014 年 5 月，北京市的全市污水处理率达到 84%，预计 2014 年年底将达到 85%。[⑤] 经过净化处理后的城市污水可以用作生活杂用水、市政

---

① 北京市统计局，国家统计局，北京调查总队. 2013 北京统计年鉴. 北京：中国统计出版社，2013
② 北京市统计局，国家统计局，北京调查总队. 2009 北京统计年鉴. 北京：中国统计出版社，2009
③ 王斌，王开. 北京污水直排年超 2.5 亿立方. 法制日报，2014-05-12
④ 北京市人民市政府，水利部. 21 世纪初期(2001—2005 年)首都水资源可持续利用规划，2001
⑤ 北京市发展和改革委员会. 2014 年北京市居民用水价格调整听证方案，2014

绿化用水、工业用水、景观生态补水和农田灌溉等多种用途，可替代等量的新鲜水量。

目前，北京市的污水处理设施主要由城市集中污水处理厂和工业企业内部污水处理设施两部分构成。城市集中污水处理厂主要负责处理城市生活污水和工业废水；而工业企业内部污水处理设施主要负责厂区内部工业废水的处理，使工业废水达到排放标准后排入市政污水管道，部分企业还可以对处理后的污水进行回收利用。

北京市污水处理工程的建设始于元代。新中国成立后，在各大主要城区相继铺设了数千千米的排水支干线，完成了龙须沟整治等工程。1959 年建设了具有初级处理能力的高碑店污水处理厂和酒仙桥污水处理厂。到 1998 年，北京排水设施的总资产达 30 亿元。2002 年，北京污水处理工程建设运行投入为 18.03 亿元，排水设施总资产已达约 80 亿元，污水处理率超过 50%；回用水设施 3 座、管线 150 千米、回用率达 15%。2013 年，北京在水生态环境建设方面取得显著成效，新建和续建 29 座污水处理和再生水处理设施，新改建污水管线 359 千米，再生水管线 119 千米，新增污水处理能力 26 万吨，再生水生产能力 78 万吨；全面完成 20 座下凹式立交桥泵站改造，新增调蓄容积 9.6 万立方米；大力实施中小河道治理工程，全面完成第一阶段 34 条河道的治理。①

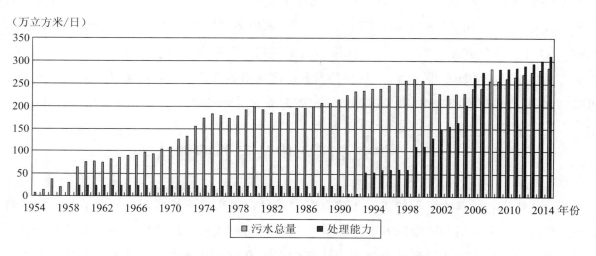

图 9　20 世纪 50 年代以来北京市污水总量与污水处理能力的发展

从图 9 可以看出，北京市污水总量一直在缓慢增加，20 世纪 90 年代达到了 250 万立方米/日。而污水处理能力在 1994 年以前一直维持在较低水平，随着经济技术的发展进入 90 年代后，北京市污水处理厂的建设进度加快，污水的处理能力有了大幅度的提升。污水处理厂总规模达到 358 万立方米/日，其中城区污水为 268 万立方米/日。污水处理设施的建设为城市污水再生回用创造了更好的条件。②

---

① 北京市人民政府. 北京市加快污水处理和再生水利用设施建设三年行动方案(2013—2015 年)，2013
② 周军，等. 北京市污水再生利用的现状分析与展望. 北京市排水集团有限责任公司科技研发中心

>>二、北京市污水再生处理主要生物技术的使用现状<<

污水循环利用的核心技术是污水的再生处理，即通过深度处理使水质达到相应的回用要求，同时减轻污水对环境的不良影响。其中，污水处理和污泥处理是污水再生处理的核心。同时，污水再生处理过程中产生的臭气，也需要合理地处理，从而使污水再生处理达到保护环境的效果。在整个污水再生处理流程中，生物技术的应用，以其操作简单、处理效率高、投资相对较少的优势，不断地提高着其市场占有率。在北京市的污水处理建设中也同样可以看出这种趋势。

(一)再生水的处理

污水再生利用时的处理对象是污水处理厂二级出水中的污染物，主要成分有有机污染物、氮和磷等无机物、颗粒状固体、细菌、病毒、原生动物、蠕虫等病原微生物。目前北京市主要采用的深度处理方法有混凝沉淀过滤工艺、膜处理技术、生物过滤技术以及臭氧氧化等组合工艺。以下对这几种技术进行比较和分析。

1. 混凝沉淀过滤工艺

常规处理工艺或传统处理工艺就是指混凝、沉淀、砂滤，其目的是去除悬浮物、浊度和杀灭水传染病菌，应用于污水深度处理可提高对有机物、浊度、磷和氮等营养物质及其他溶解性物质的去除率，改善出水水质，具有投资少、设备简单、维护操作易于掌握、处理效果好等优点，但难以彻底去除水中病原微生物、有毒有害微量污染物和生态毒性等，难以保证出水的安全性。我国的中水回用多采用此工艺，例如，北京高碑店污水处理厂和酒仙桥污水处理厂均采用此工艺，其三级出水主要回用于工业冷却、市政和生活杂用、景观水体补水等。

滤布滤池(Cloth Media Filtration，AquaDisk)是近十年迅速发展起来的应用在污水深度处理及回用工程的一种新型表面过滤技术的新技术，其主要优点为处理效率高，出水稳定，能承受较大的水力及悬浮物冲击负荷，占地面积小。微滤布过滤设备在技术上可以替代传统的深床过滤设备，与传统过滤设备相比，该设备具有结构紧凑、水头损失小、占地面积少、处理费用低等特点。

2. 膜处理技术

膜是一种具有特殊选择性分离功能的无机或高分子材料，它能把流体分隔成不相通的两个部分，使其中的一种或几种物质能透过，而将其他物质分离出来。德国、英国已用膜技术治理了莱茵河和泰晤士河，我国也建设了一批应用膜技术的环保示范工程，并取得了良好的效果。尤其是新型膜材料(包括有机、无机和复合材料)的不断推陈出新，以及膜组件及装备和集成技术的迅速发展和不断完善，给膜技术的广泛应用推波助澜。但是膜的污染和投资运行费用较高制约了它的应用和发展。

目前应用得较多的膜处理技术主要有微滤、超滤、纳滤、渗析、反渗透、电渗析等。

（1）微滤

微滤用于深度处理，最常见的是取代深床过滤以降低水中浊度，去除剩余悬浮固体和细菌，强化消毒，并作为反渗透的预处理。微滤膜的过滤孔径介于 0.05～10 微米。微滤膜直接过滤可以获得良好的浊度去除效果，但对有机物的去除效果有限，所以通常建议与混凝沉淀或高效过滤联用。

（2）超滤

超滤膜工艺是指利用超滤膜两侧的压力差，使水、离子和小分子透过膜，而截留水中有效直径在 0.005～0.1 微米的细菌、病毒、胶体微粒和分子量在 5 000～150 000 Da 范围内的蛋白质、各类酶等大分子。超滤膜的过滤孔径介于 0.002～0.2 微米。超滤膜的材质包括聚丙烯腈、聚醚砜、聚砜等，制成中空纤维式膜、卷式膜或管式膜，广泛应用于地表水、海水及废水的处理。与微滤相比，超滤的孔径更小，对污染物的去除率更高。将超滤膜技术用于污水处理厂二沉池水的深度处理，可以完全脱除水中的细菌和大肠杆菌，有效地清除其中的悬浮颗粒，并在一定程度上降低 BOD、COD、总氮和总磷等污染物的浓度。

（3）纳滤

纳滤也称为低级反渗透，可以排斥 0.001 微米的微小颗粒。纳滤用于废水中某些特定的溶解组分，如产生硬度的多价金属离子。同石灰软化相比，纳滤出水能满足最严格的回用水质要求。纳滤可以同时去除无机及有机组分、细菌和病毒，所以可以很大程度地降低对消毒的要求。目前使用的纳滤膜主要包括中空纤维膜、螺旋卷式醋酸乙烯膜、管式非对称型醋酸纤维膜等。

（4）反渗透

反渗透膜工艺是指利用半透膜两侧的压力差脱除水中的盐类和低分子物质，截留物包括无机盐、糖类、氨基酸、BOD、COD 等。反渗透膜的孔径介于 0.005～0.000 5 微米。目前反渗透技术已应用于城市大型海水淡化水厂、纯净水制取、污水再利用以及改善工业供水等多个领域。在国外，反渗透技术主要应用于海水的脱盐，以补充地下水资源及农业灌溉之用。如澳大利亚新南威尔氏的 Coffs 港口，就将反渗透技术应用于污水深度处理和海水脱盐，并将再生水回灌到地下，以增加地下水层的含水量。

3. 生物过滤技术

生物过滤技术将生物膜法与过滤技术结合在一起，充分利用了滤池中滤料的拦截作用和滤料上附着的生物膜的降解作用，能够有效地去除二沉池出水中未能去除的大多数物质。根据是否曝气，生物过滤又可分为缺氧过滤和好氧过滤，好氧过滤技术的代表就是曝气生物滤池。在欧洲，为了适应新的标准，陆续开发了一系列新的污水处理技术，曝气生物滤池从中脱颖而出。它首先被用作三级处理，后来发展成直接用于二级处理。

曝气生物滤池充分借鉴了污水处理接触氧化法和给水快滤池的设计思路，集曝气、高滤速、截留悬浮物、定期反冲洗等特点于一体。其工作原理主要有过滤、吸附和生物代谢。滤池工作时，在滤池中装填一定量粒径较小的粒状滤料，滤料表面生长着生物膜，滤池内部曝气，利用滤料上高浓度生物膜的氧化降解能力对污水进行快速净化；同时，因污水流经时，滤料呈压实状态，利用滤料粒径较小的特点及生物膜的生物絮凝作用，截留污水中的大量悬浮物，且保证脱落的生物膜不会随水漂出；此外，填料及附着其上生长的生物膜对溶解性有机物具有一定的吸附作用。运行一定时间后，因水头损失的增加，需对滤池进行反冲洗，以释放截留的悬浮物并更新生物膜。

填料是曝气生物滤池的核心组成部分，影响着曝气生物滤池的发展。曝气生物滤池发展过程中依次出现过三种不同的形式：BIOCARBONE，BIOFOR，BIOSTYR，采用的填料各不相同。BIOCARBONE 采用的是石英砂粒；BIOFOR 采用的是轻质陶粒；BIOSTYR 采用的则是密度比水小的聚苯乙烯球形颗粒。石英砂粒由于密度大，比表面积、孔隙率小，当污水流经滤层时阻力很大，生物量少，因此滤池负荷不高、水头损失大。轻质陶粒和聚苯乙烯作填料时，由于密度小，比表面积、孔隙率大，生物量大，因此滤池的负荷较大，水头损失较小。国外的实际运行状况表明，BIOFOR 和 BIOSTYR 明显优于 BIOCARBONE。

从技术角度看，生物过滤技术综合了生物膜和过滤技术的优势，效率较混凝沉淀过滤和单纯的膜处理技术更高，同时对后期除臭也有相当好的效果，是一种与环境友好的、具有可持续性的技术应用。

(二)污泥的处理

在污水处理过程中，污水中 50%～80% 的重金属通过细菌吸收、细菌和矿物颗粒表面吸附，以及无机盐(磷酸盐、硫酸盐)共沉淀等多种途径浓缩到产生的污泥中。城市污泥中主要含有 Cu、Zn、Cd、Ni、Cr、Pb、Hg 和 As 等有害有毒重金属。我国城市污水处理厂的污泥 pH 值在 6～9，污泥中有机物含量较低。

污泥处理的工艺主要由污泥的性质以及污泥最终处理的要求所决定。以活性污泥法为主的城镇污水二级处理厂污泥处理典型流程见图 10。北京市污泥处理的稳定环节主要使用的方法有厌氧消化、好氧消化和化学稳定。

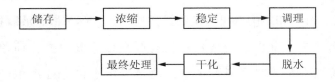

图 10 城镇污水二级处理厂污泥处理典型流程

2008 年，北京市污泥产量达 100 万吨(含水率 80%)，其中，城区 2 400 吨/日，郊区 400 吨/日。预计到 2015 年，北京市污泥产量将达 5 000 吨/日(年产量 183 万吨)，其中中心城区 3 300 吨/日，郊区 1 700 吨/日。

截至 2013 年，北京中心城区已建成污水处理厂 9 座，日处理能力 256 万立方米，污水处理率达到 95％；郊区卫星城建成污水处理厂 16 座，镇级污水处理厂 42 座，污水处理率达到 48％。2010 年北京市污泥总量为 3 700 吨/日，其中城区污泥量约为 500 吨/日，郊区污泥量约为 1 200 吨/日，预计 2015 年污泥产量为 5 000 吨/日，其中中心城区 3 200 吨/日，郊区 1 800 吨/日。目前，只有不足 50％的污泥进行了堆肥和建材利用等处置和资源化利用，其余污泥仅进行简单临时堆置，缺乏有效的最终处置。目前，北京市共有 6 处污泥处置设施，处理处置技术多样化，包括清河热干化厂、小红门和方庄污泥钙化处理厂、庞各庄堆肥厂、昌平区堆肥厂、北京水泥厂干化焚烧污泥处理设施，处理能力为 1 810 吨/日，处理能力不足污泥总产量的 50％。小红门和方庄污泥钙化处理厂处置能力分别为 500 吨/日和 30 吨/日，采用具有自主知识产权的增钙热干化工艺和设备，以氧化钙为干化发热剂取代外加热源，工艺简单，干化后污泥渣可用作路基材料或替代部分水泥原料。

（三）除臭处理

在污水处理的运行过程中，恶臭气体的产生会严重影响到环境及周边居民的健康和幸福感，所以污水再生处理中的除臭问题也越来越受到关注。

目前，常用的除臭方法主要有物理法、化学法和生物法。物理法是指不改变恶臭物质的化学性质，只是用一种物质将臭味稀释，或者用液相或固相介质吸附气相恶臭物质。化学法是使用另外一种物质与恶臭物质发生反应，改变恶臭物质的化学结构，使之转变为无臭或臭味较低的物质。常见方法有燃烧法、氧化法和化学吸收法等。生物脱臭技术是应用自然界中微生物能够在代谢过程中降解恶臭物质的理论开发的大气污染控制新技术，是利用微生物的代谢活动降解恶臭物质，使之氧化为最终产物，从而达到无臭化、无害化的目的。最常用的生物处理方法是生物过滤法。

恶臭气体在生物滤池中的吸附净化一般要经历三个步骤：废气中的有机污染物与水接触溶解或混合于水中，由气膜扩散进入液膜；溶解或混合于液膜中的有机污染物在浓度差的推动下进一步扩散到生物膜内，进而被其中的微生物捕获并吸收；进入微生物体内的有机污染物在其自身的代谢过程中作为能源和营养物质被分解，最终转化为无害的化合物。在次净化过程中，总吸收速率主要取决于气、液两相中的有机污染物扩散速率、气膜扩散、液膜扩散和生化反应速率。

相较于物理法和化学法，生物法脱臭技术具有脱臭效率高、操作简单、运行稳定、投资和运行费用较低、净化彻底、无二次污染等优点，适合于污水再生处理中产生的大流量、低浓度的恶臭气体的处理。

从上述污水再生处理的各技术步骤可以看出，生物技术在污水再生处理过程中的最终产物大都是无毒无害的、稳定的物质，如二氧化碳、水和氮气。利用生物方法处理污染物通常能一步到位，避免了污染物的多次转移，是一种安全而彻底的消除污染的方法。因此，在北京市日后的污水再生处理发展中，生物技术应是主要发展方向。

>>三、北京市污水再生处理生物技术面临的问题和建议<<

2005年实施的《北京市节约用水办法》进一步明确"统一调配地表水、地下水和再生水"，首次将再生水正式纳入水资源，进行统一调配，成为重要的组成部分。正是在政策的推动下，北京市再生水利用规模不断扩大。随着污水再生设施的逐步规模化，北京市污水再生利用事业逐步走上大发展时期。2006年再生水占北京市全部供水水源总量的10%；2007年再生水供水量达到4.8亿立方米，占全市供水水源总量的14%；2008年再生水供水量达6.2亿立方米，回用率达到50%，再生水利用量首次超过地表水（5.7亿立方米）。"十二五"是北京市污水深度处理回用发展的关键时期。2014年，北京市污水处理率已经达到84%，但随着城市规模快速扩张，污水排放进一步加剧，现有处理设施将不堪重负。

2015年前北京规划市区还将继续投资近百亿元，对现有8座污水处理厂实施升级改造工程。污水处理厂升级改造的直接目标是提高现有污水处理厂出水水质，从排放标准提升至使用标准，达到再生水利用标准。最终目标是通过调配再生水更大程度地改善中心城水环境，形成各供水区域的联通，进一步提高全方位的调配功能，重点是补充干涸、断流河道，满足北京市整体水系的用水需求。根据《北京城市总体规划（2004—2020年）》，预计2020年，北京市年污水排放量达18亿立方米，污水处理率达90%，年污水处理量为16.2亿立方米。在实际实施的过程中，势必要对污水再生处理流程的各环节进行技术提高和优化。根据国内外的研究及实践趋势，生物技术是最受关注的发展方向。

（一）制约北京市污水再生处理生物技术推广应用的原因分析

城市污水再生回用既能减少水环境污染，又可以缓解水资源紧缺矛盾，是贯彻可持续发展战略的重要措施。但是北京市污水再生处理流程中的生物技术还未能获得全面推广，以下进行综合分析。

第一，推行污水再生回用的配套法规不健全，缺乏鼓励污水回用的政策。很长时间以来，北京市使用处理后的再生水和使用自来水的经济效益差别不大，因此污水再生回用并未受到足够的重视，在配套的产业和政策上缺乏动力。

第二，政府相关机构、企业与相关科研机构的联合科技成果转化程度还有待提高。北京市科研机构和高校数量是全国最多的，研究水平也是最好的，在各研究机构，每年开发的新技术需要转化的条件和支持，如果政府相关机构和企业能够加强与研究机构和高校的联系，主动到科研机构和高校找技术，会有效提高技术开发的积极性和推广速度。

第三，相关国有处理厂和企业的技术和设备的更新升级还需足够的宣传和经费支持。以膜技术为例，膜处理污水成本高，鉴于经济成本的利益，在老旧设备和方法还能够维持运营的情况下，许多国有处理厂和企业并不愿意主动更换技术和设备，这就需要对其管理者进行相关的技术培训和理念更新，同时，给予一定程度的经济支持，更好地促进技术和设备的更新升级。

第四，缺乏污水再生回用系统总体策划。城市污水处理后作为工业冷却、农田灌溉和河湖景观、绿化、冲厕等用水在技术上已无问题，但由于可使用再生水的用户比较分散，用水量都不大，处理后的再生水输送管道系统是当前需重点解决的问题；由于以前在道路和市政管道建设时未考虑修建再生水管道，一些道路下各种管道已安排得很满，没有再生水管道的位置，一些道路虽然可安排再生水管道，但需破路才能埋设，影响交通，这也是影响城市污水再生回用推广的因素。

总体上来说，只有让更多的人认识污水再生利用的意义，意识到污水再生利用的经济效益，污水再生利用中必要的生物技术研究才能获得更多的关注和支持。

（二）污水再生处理生物技术推广及提高的建议

1. 技术方面

（1）污水再生处理方面

污水再生流程中，生物膜和生物过滤技术的核心是特效降解微生物的菌种筛选和投放条件。所投加的微生物应满足三个基本条件：投加后，菌体活性高；菌体可快速降解目标污染物；在系统中不仅能竞争生存，而且可维持相当数量。因此，筛选获得优良的菌种是提高技术的首要条件。但是有些微生物培养条件高，工程菌难以驯化，处理时间长等问题还需要不断探索。

对于生物共代谢作用的研究也是重点之一。固定化技术和生物强化制剂可有效提高菌株的工作效率，显著提高有机物的去除率，减少固体物质的产生，增强硝化作用，提高污水脱氮脱磷的效果。这些方法使用安全，操作简便，可以实时地处理污染，从而节省能源，对城市生活污水的处理十分有利。

工业方面，采用高级氧化—生物耦合技术处理有毒难降解工业废水已经成为工业废水处理技术发展的新趋势。但是由于高级氧化—生物耦合技术手段的研究和应用时间很短，到目前为止，有关这方面的研究仅局限于高级氧化技术及生物处理技术各自的最佳工艺条件研究，实质上只是简单机械地将两种处理技术串联起来使用，而对于高级氧化—生物反应耦合化工过程的研究一直作为"黑箱"处理，主要靠经验或半理论半经验来宏观设计、优化与集成。对高级氧化处理产生的组分及结构对后续生物处理过程与效果的耦合与优化匹配技术，以及对多种污染物在高级氧化—生物处理过程中的交互作用、转化途径及其模型框架与处理效率间的定量关系，还需要进一步的研究。

（2）污泥处理方面

污泥是污水的终极产物，但是污泥处理更没有引起足够的重视。北京市在前端污水收集上，新建城区基本实现了污水管网配套、雨污分流。但在老城区，由于管网不配套，污水不能实现全收集，雨污合流造成一些下水道水井口散发出刺鼻的臭味。由于目前政府给的污水处理费用是"管水不管泥"，政府和污水厂签订的合同也只处理到水，不处理泥，且污泥在技术路线、处理工艺上还存有争议，因此，对于污水再生过程中的污泥处理还有很多需要改进的地方。由于初期没有结合污水处理厂的布局、污泥产量等因素超前规划污泥最终处置途径，因此处置方式以填埋、直接农用为主。

近年来，虽然污水处理水平显著提高，但还没有与污水处理相配套的污泥处理处置规划，污泥处理处置完整的技术链、政策链、资金链尚未形成。同时，由于城市扩展、农村城镇化建设和退耕还林工程等原因，可以作为污泥填埋场的地方越来越少，已有的近郊分散污泥消纳点急剧萎缩，将产生二次污染。不合理处置污泥的细菌总数、大肠杆菌、蛔虫卵含量比较高，并且含有一定数量的重金属离子、有毒有害有机污染物及氮磷等元素，这些物质进入土壤，产生新的污染源，并随降水不断迁移、积累，对当地土壤、地表水、地下水及农作物等将产生严重影响，存在污染环境及威胁食物安全的风险。因此，对于污泥的处理应当像对污水一样重视。

开发新技术，是污泥处理迫在眉睫的要求。推广中温厌氧消化技术可以比较快速地提高污泥处理的通量。厌氧酵减量化是常用的预处理途径。因为厌氧发酵可以很好地改善污泥的特性，增加脱水特性，并去除部分有机质。由于污泥主要组分是好氧微生物细胞，细胞壁的包裹和微生物包外物对厌氧有抑制作用，因此简单的厌氧发酵不能使污泥完全资源化，需要预处理，还需要调整发酵条件。通过厌氧定向发酵将废物变成某一种特定有机酸，进行有机酸原位分离，进一步好氧发酵，得到酶制剂等产品，既可以减少污染，又可以获得生产高值产物。还有其他污泥处理技术也可以设置一定的实验区进行实验研究，例如蚯蚓、蝇蛆污泥处理技术、两阶段发酵产角质酶工艺等。另外，污泥剩余残渣的再次发酵也是有待研究的步骤，因为污泥发酵后仍会有大量的残渣产生。

（3）除臭处理方面

生物过滤池的去除效率受以下几种因素的影响：①反应速度。反应速度的快慢取决于气体成分的浓度和性质，填料上的微生物种类、数量和活性，温度，废气和填料的湿度，pH 值等。②停留时间。停留时间由气体流量、填料堆放体积和空池体积决定。③气味物质浓度。除臭处理的技术关键之一是填料的选择。若选择填料不合理，不仅不能达到既定的使用目标，甚至可能使整个生物处理过程失败。填料的开发主要注重材料结构强度及耐腐蚀性，比表面积，表面性质，足够的空隙率供微生物生长，确保供氧充足，同时还要无毒、化学性质稳定。另外，温度、湿度、pH 值、营养成分等条件也是需要研究优化的方向。

2. 政策方面

（1）标准

目前，业界和研究者们普遍认为污水排放标准太低。按照环保部门的相关规定，污水排放标准有两个，分别是一级 A 和一级 B。但即便达到一级 A 的标准，和地表四类水标准也相距甚远。北京市在全国率先将污水处理标准提升至地表水四类，但也仅是化学需氧量、氨氮等指标达到这一标准。前端污水不能全收集、末端污染物不能全处理，是困扰污水处理的两大难题。因此，污水处理的标准需要提高，从现在一级 A 的排放标准升级到地表水四类甚至三类的排放标准，同时，应当将污泥处理列入污水处理的全过程强制进行。

（2）意识

宣传污水再生的意义，将污水再生作为可持续发展的重要生态产业支柱进行宣传和支持。将污水处理厂看作降低污染、保护生态环境的设施，甚至进一步转化为再生水资源的重要设施。政府对于污水处理需要提高认识，目前我国已经具备将污泥处理列入污水处理的全过程强制进行的实力，政府要在污泥无害化领域履行公共服务职责，加大对污泥处理处置领域的投资，购买专业化服务。

（3）措施

我国城市污水正常情况下要进入污水管网，经污水处理厂处理达标后再排放至河道。然而，还有些污水通过"非正常渠道"排放：有的污水不经隔油池直接排放到井里，有的直接渗入地下，还有的则被当作农业灌溉用水。城市污染已经严重到几乎所有城市河道都成了劣五类，城市周边 25 千米范围内的河系大多也都是劣五类。这就需要强有力的监督管理机制。

另外，将污水的再利用按照城乡分开进行有针对性的技术处理，可以更有效地提高处理能力和效果。还可以借鉴其国内外其他有效方法进行研究和实践。复合介质生物滤器污水处理技术、太阳能驱动污水处理技术、PEZ 高效污水处理技术、强化型人工湿地污水组合处理技术、接触氧化＋人工湿地生活污水处理技术和分散性强化厌氧土地渗透处理技术等针对不同成分原始污水的生物技术处理方法都可以进行有针对性的推广。

>>四、结论<<

经过了工业发展阶段，北京进入了环境亲和型可持续发展的阶段，城市物质能源的循环利用和环境的优化保护是北京市发展的重要方面。污水再生生物技术是"天更蓝，水更清"的重要保障，因此，促进污水再生生物技术的研究和推广，是值得政府重视的工作内容，需要获得政府和各界的大力支持。

>>参考文献<<

1. 王静，卢宗文，田顺，等. 国内外污泥研究现状及进展. 市政技术，2006(3)

2. 张义安，高定，陈同斌，等. 城市污泥不同处理处置方式的成本和效益分析——以北京市为例. 生态环境，2006(2)

3. 余杰，田宁宁，王凯军，等. 中国城市污水处理厂污泥处理、处置问题探讨分析. 环境工程学报，2007(1)

4. 彭琦，孙志坚. 国内污泥处理与综合利用现状及发展. 能源工程，2008(5)

5. 许云峰，杨涛，兰微. 现代生物技术在水污染控制中的应用. 中小企业管理与科技，2009(11)

6. 赵雪莲，张煜，赵旭东，翟东会. 北京市新农村污水处理技术现状及存在问题. 北京水务，2010(1)

7. 谭国栋，李文忠，何春利. 北京市城市污水处理厂污泥处理处置技术研究探讨. 南水北调与水利科技，2011(2)

8. 刘志勇，于海永. 北京市农村生活污水处理研究. 农业环境与发展，2010(2)

9. 李延红，刘洋，焦欣. 深度污水处理工艺比较. 科技风，2014(1)

10. 王洪臣，高金华，周军. 北京市污水处理工程建设现状与发展规划. 给水排水技术动态，2004(6)

11. 王斌，王开. 北京污水直排年超 2.5 亿立方. 法制日报，2014-05-12

12. 北京市发展和改革委员会. 2014 年北京市居民用水价格调整听证方案，2014

13. 周军，等. 北京市污水再生利用的现状分析与展望. 北京市排水集团有限责任公司科技研发中心

14. 李鑫玮，李魁晓，甘一萍. 北京市污水再生利用的现状分析与展望. 全国排水委员会 2012 年年会论文集，2012

15. 北京市统计局，国家统计局，北京调查总队. 2013 北京统计年鉴. 北京：中国统计出版社，2013

16. 北京市水务局. 北京市节约用水办法，2005

17. 北京市人民市政府，水利部. 21 世纪初期（2001—2005 年）首都水资源可持续利用规划，2001

18. 北京市人民政府. 北京市加快污水处理和再生水利用设施建设三年行动方案（2013—2015 年），2013

北京市污水资源化利用现状及对策分析

郑艳婷　　马金英

>>一、北京市污水资源化势在必行<<

　　水资源作为基础性自然资源和战略性经济资源，是经济社会发展的前提条件。北京作为中国的政治中心，在其迅猛的经济发展和快速的城镇化过程中，不仅亟须大量的水资源供应，以保证生产和生活的正常运行，而且还创造了大量的生活污水、工业废水等垃圾水。水源需求量增加，污水排放总量增加，二者的联合进一步加剧了原本就陷入"水危机"的北京市的负担。

　　北京市水资源总量有限而人口众多，人均水资源很低，缺水现象异常严重。2012 年，北京市水资源总量为 39.5 亿立方米，人均水资源量为 193.24 立方米，低于国际公认的人均 1 000 立方米的下限，属于重度缺水的特大城市。根据《北京市"十二五"时期水资源保护及利用规划》，1999—2010 年，北京市年均降水量为 475 毫米，形成地表水资源量 7.3 亿立方米，地下水资源量 17.2 亿立方米，年均水资源总量 21.2 亿立方米。地表水入境水量 4.7 亿立方米，出境水量 8.5 亿立方米。与多年平均相比，近 12 年降水量减少 19%，水资源总量减少 43%，入境水量减少 77%，可用水资源急剧减少。另外，人类的非合理用水带来了水资源的浪费及水环境的污染，水质恶化进一步降低了北京市水源的供应能力。因此，北京市呈现出资源性缺水和水质性缺水共存的现象。

　　然而，随着经济的发展和城镇化步伐的加快，北京市常住人口一路飙升（见图 11），城市用水刚性需求也就随之增加，这无疑给水资源供应带来了巨大压力。由图 11 可知，2001—2012 年的 12 年间，北京市需水总量远远超出了北京市的供水能力，北京市水资源供应严重不足。

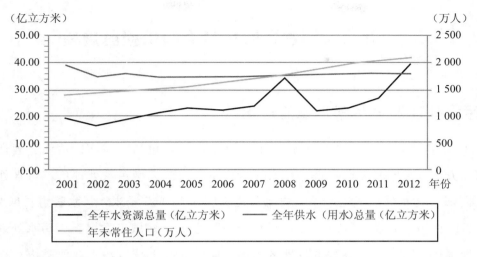

图 11　2001—2012 年北京市水资源总量、供水（需水）总量及年末常住人口数量

数据来源：中国国家统计局网站。

为了满足超额的需水要求，北京市主要通过以下几种方式来获取更充足的水源：第一，跨流域调水。将南方充沛的水资源调入京城是最基本的一条思路，但这以巨大的工程建设为前提，不仅投资大，而且耗时长，是一项耗财、耗物、耗力的巨大项目。第二，海水淡化。海水中含有大量的有机物及溶解盐，处理程序复杂，需要较高的成本投入。而且北京并非沿海城市，海水量不足，不在迫不得已的情况下不会采取此方式获得水源。第三，开采地下水源。当前北京市地下水已经进行了大量的开采，水位严重下降，平原地区逐渐形成了大规模的漏斗区，因而超采地下水不适宜用来缓解北京市水资源长期短缺的困境。第四，污水资源化。污水资源化是一个变废为宝的过程。首先，北京市每年的污水排放量极大，如 2012 年北京市污水排放总量达 15.2 亿立方米，这些污水不仅量大，而且易获得，可以为污水资源化提供充足的、稳定的水源，是巨大的可利用资源。其次，污水资源化技术成熟。在各国积极推进污水资源化进程的实践中，污水处理技术日渐成熟，完全可以将含杂质相对较低的城市污水进行加工处理，使其达到可以再次利用的水资源标准。最后，投资低。污水资源化的基建投资相对低廉，比跨流域引水经济合算。如果只将城市污水处理到市政杂用水的程度，投资等同于从 30 千米外调水的投入；如果处理得更精湛，也不超过从 60 千米外调水的投入。因此，污水资源化是一条切实可行的解决北京市水资源短缺的途径。

匮乏的水资源满足不了生产、生活的需要，亟须寻求新的开源模式，而污水资源化是当今世界广泛采用的解决水资源短缺问题的有效途径，也是保障可持续发展的必然选择。为了更好地缓解北京市水供求矛盾，促进社会的可持续发展，将城市污水进行资源化处理势在必行，也具有相当高的可行性。本文主要介绍北京市污水资源化利用的现状，阐释目前北京市污水资源化所面临的困境，进而提出相应的解决措施。

>>二、北京市污水资源化开发利用初具规模<<

(一)污水处理及再生利用设施概况

截至 2012 年年底,北京市共有污水处理厂(站)91 座,包括高碑店、清河、酒仙桥、小红门、北小河、方庄、吴家村、卢沟桥、肖家河、北苑等市区大型污水处理厂,污水处理能力为 389 万立方米/日,污水处理率达 83%,排水管道长度为 12 665 千米,污水管道长度为 5 735 千米。其中,城六区污水处理厂(站)16 座,污水处理率达 96%;城市发展新区污水处理厂(站)47 座,污水处理率达 58.5%;生态涵养发展区污水处理厂(站)28 座,污水处理率达 65.1%。北京排水集团已经建成并投入生产运营的 5 座再生水厂分别为高碑店、酒仙桥、方庄、吴家村、清河再生水厂,即将开始建设的 3 座再生水厂有北小河、卢沟桥、小红门再生水厂。

根据 2012 年《北京市"十二五"时期水资源保护及利用规划》可知,北京市将形成以下污水处理及资源化利用规划格局:城六区污水处理厂全部升级改造为再生水厂,污水处理能力提高到 408 万立方米/日,污水处理率达到 98%;新城建成 34 座再生水厂,污水处理能力提高到 197 万立方米/日,污水处理率达到 90% 以上;42 个重点镇均建有污水处理厂,水源区村村有污水处理设施。《北京城市总体规划(2004—2020 年)——水资源》指出:按照分流制排水体制建设和改造中心城、新城和小城镇污水系统。中心城建成 16 个污水系统,新城建成 31 个污水系统,预计 2020 年全市污水处理能达到每日 500 万立方米,污水管道普及率和污水处理率达到 90% 以上。

(二)污水处理及再生利用数量概况

截至 2012 年年底,北京市污水排放量为 152 010 万立方米,污水处理量为 126 411 万立方米,污水处理率达 83%。其中,城六区污水排放量为 97 800 万立方米,污水处理量为 93 959 万立方米,污水处理率达 96%;城市发展新区污水排放量为 42 799 万立方米,污水处理量为 25 022 万立方米,污水处理率达 58.5%;生态涵养发展区污水排放量为 11 411 万立方米,污水处理量为 7 430 万立方米,污水处理率达 65.1%。2012 年,北京市污水再生水利用量为 75 003 万立方米。2003—2012 年北京市利用再生水总量为 49.42 亿立方米,再生水用量占全年全市用水总量百分比从 2003 年的 5.87% 上升到 2012 年的 20.89%,再生水逐渐成为北京的重要水源。自 2003 年起,北京市再生水使用量持续增加,2003—2008 年再生水使用量增加的比较迅猛,年增长率呈现上升趋势,而 2008 年后北京市再生水使用量增加的幅度放缓,年增长率呈现下降趋势(见图 12)。因此,近几年北京市再生水利用量的增长有放缓的趋势。

据《北京城市总体规划(2004—2020 年)——水资源》预测,2020 年全市污水总量约为 18 亿立方米,其中,中心城和新城污水量约为 16 亿立方米。如此巨大的污水量经过加工处理将会成为北京市重要的第二水源，用以缓解北京市供水紧张的局面。

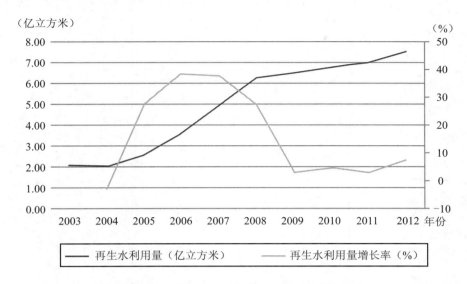

图 12 2003—2012 年北京市再生水利用量及其增长率

数据来源：《2013 北京统计年鉴》。

与全国其他地区相比，北京市污水资源化利用程度已经相对成熟。2012 年我国再生水利用量为 44.6 亿立方米，其中北京市再生水利用量为 7.5 亿立方米，占全国再生水利用总量的 17%，位居第一（见图 13）。2012 年北京市再生水利用占用水总量比重达 20.89%，远高于第二名的天津市（7.36%），以及其他省份（均低于 5%）（见图 14）。因此，北京市再生水利用水平已经初具规模，并遥遥领先于其他地区。

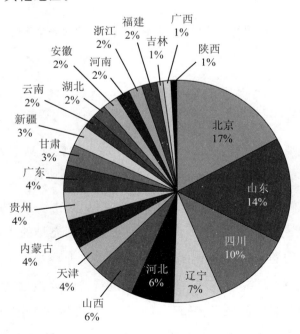

图 13 2012 年中国各地再生水利用量

数据来源：《2013 中国统计年鉴》。

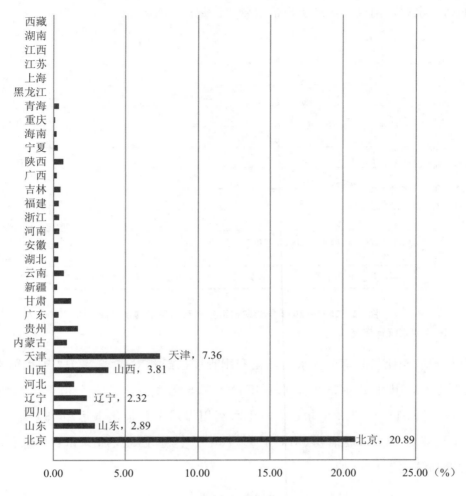

图 14　2012 年中国各地再生水利用量占用水总量比重

数据来源：《2013 中国统计年鉴》。

（三）再生水利用结构概况

目前，再生水应用主要集中于农业灌溉、工业冷却、城区河湖景观以及市政杂用。第一，农业灌溉。农业灌溉需要大量的水资源，北京市每年的需水量中有 1/4～1/2 都是用于农业，是除城市生活用水外需水量最大的领域。而事实上从 20 世纪 50 年代初期北京就开始实行污灌，至今已有 70 多年的历史，经过处理的污水不仅可以为农业提供充足的水源，而且含有丰富的氮、磷、钾等养料，有利于作物的生长和土壤的改良。第二，工业冷却。污水的工业回用首选电力、化工等行业，需水量大且对水质要求不高，城市污水进行二级处理后完全能满足其要求。第三，城区河湖景观。供人们游览观赏的风景河道，其水体不与人体直接接触，在水源供给不足的情况下，可使用处理过的污水进行补水，如为奥运水系补水，以维持景观观赏功能。第四，市政杂用。市政杂用主要体现在绿地灌溉、道路冲洗、洗车、冲厕、建筑施工等方面，对水质要求不高，完全可以回用经过处理的污水。

>>三、北京市污水资源化利用面临困境<<

北京市水资源紧缺，再生水已经逐渐成为北京市的第二大水源，但在推进污水资源化的过程中还面临着诸多困境。

(一)融资渠道单一，运营效率低下

污水资源化属于市政公用行业范畴，投资和运营以政府为主，市场参与度低。然而，污水资源化的基础设施建设投资巨大、回收期长，需要大量资金加以运作，以财政拨款为主的单一的融资渠道不但给政府财政带来巨大压力，而且易因资金匮乏导致资金链断裂，影响污水处理及再生水利用设施建设的运转，降低污水资源化利用的运营效率，严重阻碍污水资源化利用的进程。

(二)污水资源化的认知度不高

目前污水资源化的宣传力度不到位，政府部门和公众对于污水资源化利用的重要性认识不足。北京市水资源短缺，而廉价的水源并没有让公众意识到缺水的危机，水资源忧患意识不强，浪费现象依然严重。污水资源化作为当前缓解北京水源供需矛盾最有效、最可行的举措，既可以增加水源，又可以减少污染，充分体现了开源节流的理念，但目前还未被政府部门及广大公众所熟知。就政府部门而言，通常采用开采地下水或调水的方式来补充水源，对污水资源化利用的关注起步较晚，尽管近年来北京市政府部门逐渐加大了对再生水开发利用的重视，但仍缺乏强有力的鼓励与扶持政策，限制了污水资源化利用的范围与进程。就企业而言，某些企业在污水资源化利用方面技术不成熟，尤其是对于一些规模小的公司，若要采用污水回用措施，需要进行大规模的设备构建与技术培训，所耗费的成本对其发展是不划算的，因而此类企业不会积极地进行污水资源化利用。就公众而言，由于再生水的源水来自污水，尽管经过加工处理后达到了国家要求的水质标准，但公众对其安全性仍心存戒虑，担忧对身心健康会造成危害，在心理上无法接受再生水的利用。因此，污水资源化在政府部门及公众间的认知度和认可度不高，再生水的利用受到了限制。

(三)污水资源化设施建设规划不统一

北京市污水资源化基础设施和管网建设相对落后，布局规划缺乏统一性与长远性。为了防止污染水资源，污水处理厂多数建立在城市水域的下游，远离市区，这对后来的再生水利用设施建设提出了挑战。无论建在郊区还是市区，都需要铺设大规模的输水管网，工程量大，资金需求多。此外，市政的管网建设空间也基本饱和，使得再生水管网建设更是难上加难。因此，

污水资源化的市政基础设施建设在整体布局规划上并不具有前瞻性，使得现有设施无法为再生水利用提供"硬件"保障，满足不了快速发展的污水再生利用的需求，阻碍了污水资源化利用的进程。

（四）水务管理机制不健全

目前北京市水资源利用的管理机制松散，尚未形成统一调配与规划全市水资源开发利用的机构，更谈不上建立专职部门对污水资源化利用进行统一规划与管理。污水资源化利用涉及城建、水利、市政、环保、农业、工业、卫生等多个部门的管理与相互配合，如建筑物与水量由水利部门管理，供排设施建设由市政部门管理，水质和水源保护由环保部门管理等，而各部门分块管理，单位职能上存在分割，重心自然放在了各自管辖的领域，会造成供、排、输不同步的局面，不利于水资源的综合开发、优化配置与有效利用，阻碍了污水资源化的发展。污水资源化缺乏统一有效的管理机制，造成污水处理及再生水利用的运营、管理、监督等部门责权不清，无法保证再生水资源的水质安全，束缚了再生水开发利用的推广。因此，非健全的、统一的水务管理机制是北京市污水资源化利用的一大障碍。

（五）再生水水质安全与稳定性有待提高

水质问题是制约污水资源化的核心问题，再生水作为北京市不可或缺的第二水源，无论用于农业灌溉、工业冷却回用、市政杂用，还是补充河湖以供景观欣赏，都对其水质要求有一定的标准，不能加以滥用而破坏生态环境和危害人体健康。传统的污水处理厂的设计建造标准是排掉城市污水中含有的有机物等营养物质，其处理能力远达不到有效清除污水中的有毒有害物质及病原微生物，当经过这样处理得到的再生水进一步投入社会的生产与生活中时，便对人类健康及生态环境造成了严重危害，为此我们需要进一步加强对再生水出水水质的研究，并对其出水安全加以严格控制，来保证再生水的水质安全。另外，来自污水处理厂的水质一般不稳定，这对再生水的生产、运行以及安全提出了更高的要求，以确保再生水利用的持续稳定。

（六）法律、法规体系不完善

污水资源化利用的实现需要健全的行政、经济及技术等方面的法律、法规做保障。目前，关于污水资源化利用的法律体系还不成系统，配套法规不到位，缺乏合理的禁止性、强制性和鼓励性的要求与规范。在相关产业和经济政策上，没有优惠条件，支持力度不够。在污水处理及再生利用技术方面，未制定科学的标准和规范，监督主体模糊，无法保证再生水利用的安全运行。显然，目前北京市污水资源化利用的法律地位不明确、经济上无优惠、技术上不规范、监督角色不明晰，严重限制了北京市污水资源化的步伐，因而需要国家出台强有力的法律政策来支撑和约束北京市污水再生利用健康有序发展。

>>四、北京市污水资源化利用对策<<

(一)加快污水资源化的市场化进程

1. 多渠道筹措建设资金,拉长污水处理产业链

北京市污水处理及再生利用已基本形成规模并发展迅猛,现有的投资模式、运营格局及技术应用亟须更新。目前,北京市污水处理市政基础设施的投资和运营仍以政府为主,资金来自财政拨款,市场化程度低。单一的融资渠道满足不了污水资源化需要的巨额资金要求,易造成严重的资金缺口,再加上政府主导下的运营模式效率低下,将严重影响污水资源化利用的快速发展。因此,为了推进污水再生利用工作的顺利开展,北京市污水资源化最好实行产权和经营权的分离,产权以国有为主,采取多元化,而投资经营以市场化和产业化为主。即在投资方面,统一市场准入标准,减少市场准入限制,通过实行投资和贷款优惠,实施"谁投资谁受益,多投资多受益"经济政策,调动社会资源积极投入公共基础设施项目中,吸收多种经济成分投资,最终形成政府财政拨款、民间投资、社会集资、社会捐赠等多元化投资格局;在运营管理上,引入市场竞争机制,实行运营主体社会化、市场化、产业化,通过技术创新支持,拉长污水处理产业链,提高运营模式效率及政府投入资金的使用效率,降低成本,加快北京市污水资源化的市场化进程。

近年来,北京市已经吸引多家企业参与污水处理市政项目,如2000年北京经济技术开发区污水处理厂与美国金州集团下属的北京金源环境保护设备有限公司签订了第一个市政污水项目;2008年碧水源与顺义区水务局签订了顺义区镇级再生水厂特许经营协议,特许经营期为25年,这是北京市首批引进社会资本采用 BOT 建设模式的大型再生水处理工程;2013年,北京市发改委公布了关于《引进社会资本推动市政基础设施领域建设试点项目实施方案》,提出包括污水处理在内的六大领域全面向社会资本开放,引进社会资本 1 300 亿元,这一举措将创新环保企业商业模式,促进环保行业产业化升级转型,加快北京市污水资源化的市场化进程。

2. 促进水价机制改革

水价作为水资源重要的经济杠杆,对水资源的配置和管理起着导向作用。然而水资源使用具有非排他性,定价过低或无偿使用使其稀缺性在消费者的支付中无法体现。北京市水资源短缺现象严重,但是水价依然很低,使得用水成本所占的比重非常小,廉价的水成本淡薄了用户的节水意识,带来了水资源的严重浪费,进一步加剧了"水荒"的危机,违背了污水资源化的最初目的。因此,在推进北京市污水资源化的过程中,应加快推行水价改革步伐,制定合理用水价格体系,拉开地表水、地下水、自来水及再生水等各类水资源的供水价格差,分质供水、分质定价,按照水源应有的价值收费,形成水价竞争机制,使得价格优势在污水资源化利用中得

到充分体现。与此同时，完善再生水利用价格体系，明确收费标准、收费方式、收费机制，建立再生水替代自来水的成本补偿机制和价格激励机制，通过水费优势达到鼓励再生水利用的目的。

此外，可以征收污水处理和水资源保护费，建立水资源费与水价联动机制。按照"谁污染、谁付费"的原则，根据需水主体不同，建立不同的水价制度：对于工业、服务业用水，实行超额累进加价制度；对于城市居民的生活用水，实行阶梯式水价制度；对于农民群体，实行定额用水优惠、超额用水累进加价的水价制度（刘洪彪、武伟亚，2013）。通过一系水价改革措施，力求敦促需水主体改变用水方式，促进再生水的使用，从而推动北京市污水资源化利用的发展。

（二）加强污水资源化宣传力度

污水资源化是维系北京市水资源可持续利用的重要组成部分，应加强其宣传工作，使管理者与使用者都能够充分认识到污水再生利用的必要性和迫切性，以便更好地推动污水资源化利用的有序发展。决策者应该提高污水资源化的认识水平与管理水平，明确污水也是一种宝贵的资源，深刻理解污水资源化的经济效应与社会效应，加大污水处理及再生利用的基础设施建设，积极做好宣传工作，将污水资源化置于优先发展的地位。公众应树立水资源短缺的忧患意识，养成良好的用水习惯，自觉减少水资源浪费。与此同时，公众还需加强污水资源化科普知识学习，树立污水资源化利用的正确观念与理性认识，改变长期依赖自来水的思维定式，积极加入再生水使用的队伍中来，真正理解并自觉支持污水源化事业的开展。

（三）制订污水资源化利用规划

为进一步加强北京市水资源和节约用水的统一管理，缓解水资源紧缺的局面，2000年北京市政府决定成立北京市水资源委员会，其主要职责是：审定北京市水资源开发、利用、保护和节约用水的方针、政策；协调解决各区县、各部门、各行业有关水资源和节约用水的重大问题。然而，水资源委员会并未设立专门的实体部门来提供具体方案用以指导全市水源开发、利用与管理，更没有建立污水再生利用的统一规划与管理机构，北京市水资源管理体制仍以条例管理和部门管理为主，与当前污水资源化开发利用进程不匹配。

为了推进北京市污水资源化利用的进程，亟须成立权威的污水再生利用规划与管理实体机构，统一规划与监督全市水资源开发利用、污水处理以及再生水利用，做到"一龙管水"，提高北京市污水资源化利用的效率和效益。与此同时，应尽快落实符合北京市水资源总体设想的污水资源化利用规划方案。目前，北京市仍采用分散与集中相结合的污水处理模式，污水资源化基础设施和管网建设滞后，缺乏健全的、统一的污水再生利用规划。实体机构应该按照统一规划、分期实施、集中利用为主、分散利用为辅、就近利用的指导原则，根据再生水水源、潜在用户地理分布、输配水方式等客观条件，从长远的角度规划污水再生利用设施规模、管网布局及工艺处理方式，扩大再生水应用范围，推动污水资源化利用的发展。

（四）颁布与完善法律、法规，制定合理化政策

为了保证污水资源化的规范发展、安全运行及快速推进，北京市政府相关部门应及时制定与修订相关的法律、法规、政策以及技术规范，完善法律保障体系，确保污水资源化利用的法律地位，达到降低水资源污染、保障再生水水质安全、扩大再生水利用范围的效果。实施反污染政策，推广排污许可证制度，严格控制污水排放标准，超标的企业应按累进税缴纳高额的排污费，使得污染合理化。同时，按照相关的法律、法规调整产业结构，退出"高污染、高耗能、高耗水"的生产环节，优化水资源利用；建立严格的水质保障体系和风险监控体系，确立污水处理及再生利用的技术规范，制定出水排放指标、中水回用水质指标、安全卫生准则，加强水质监测力度，以保证污水再生利用的水质安全；颁布鼓励污水再生利用的政策法规，通过相应的优惠政策、税费减免、奖励机制等措施，大力支持污水处理及再生利用设施建设，引导公共部门及公众积极使用再生水。

>>五、结语：大力推进北京市污水资源化进程<<

北京市水资源问题突出，为了缓解供水危机，污水已经成为宝贵的资源，加工处理得到的再生水成了北京市的第二水源。目前，从基础设施建设、污水处理及再生利用数量、再生水用水结构上看，北京市污水资源化发展得相对成熟，但仍面临着诸多问题，如建设资金匮乏，认知度有限，规划不统一，水质安全性低，法律、法规不健全等。因此，为了更好地推进北京市污水资源化的发展进程，需要加快污水处理及再生利用的市场化步伐，实行多元化的投资格局，改革水价，加大宣传力度，强化水质保障与监督体系，实施反污染政策，制定鼓励再生水利用政策，实现北京市水资源的供需平衡，促进首都经济和社会的可持续发展。

>>参考文献<<

1. 马志毅，米晓军. 城市污水回用的思考. 太原理工大学学报，1998(1)

2. 王祯，姚飞. 北京市水资源利用现状及对策. 科协论坛(下半月)，2008(4)

3. 唐志伟. 北京污冰资源化与回用问题的探讨. 北京规划建设，1995(2)

4. 董艳艳，王红瑞. 北京市非传统水资源的利用现状与对策. 北京教育学院学报(自然科学版)，2006(4)

5. 郭莉. 拉长污水处理产业链. 投资北京，2009(5)

6. 徐晓鹏，武春友. 大连市城市污水资源化问题研究. 大连理工大学学报(社会科学版)，2002(2)

7. 刘洪彪，武伟亚. 城市污水资源化与水资源循环利用研究. 现代城市研究，2013(1)

8. 马东春，徐凌崴. 北京污水资源化利用发展现状与公共政策分析. 黑龙江水利科技，2005(6)

9. 刘韬. 中国城市污水资源化研究. 科协论坛（下半月），2010(5)

10. 鲍孝容. 关于我国污水资源化的研究. 环境科学与技术，2005(2)

11. 张利平，夏军，胡志芳. 中国水资源状况与水资源安全问题分析. 长江流域资源与环境，2009(2)

12. 马兰，刘如琳，戴星. 我国污水资源化存在问题及其对策. 云南环境科学，2003(22)

13. 季艳红，马学民，张兆. 浅谈污水资源化利用. 江苏环境科技，2006(S2)

14. 郭力方. 北京污水处理等市场全面开放. 中国证券报，2013-08-05

15. 刘树铎. 外资进入北京污水处理. 中国经济时报，2000-09-25

16. 李鑫玮，李魁晓，甘一萍. 北京市污水再生利用的现状分析与展望. 全国排水委员会2012 年年会论文集，2012

17. 北京市"十二五"时期水资源保护及利用规划. 北京水务，2012

18. 北京城市总体规划（2004—2020 年）——水资源. 北京规划建设，2005

19. 程静. 北京急需拓展污水再生利用. 网易财经. http://money.163.com/09/1119/14/5OG5L52H00253TTO.html，2009-11-19

20. 北京排水集团网站. http://www.bdc.cn/cenweb/portal/user/anon/page/BDCwebSCJYpage.page? flag＝2&id＝2&banner_id＝2&category＝120140120

城市绿色建筑研究

北京市绿色建筑发展的现状及对策建议

张 琦 冯 涛 赵 伟

绿色建筑是绿色发展的重要内容。已有研究表明，建筑行业是温室气体排放的主要来源之一，对气候变化有着重要的影响。联合国政府间气候变化专门委员会于 2007 年发布的《第四次评估报告》指出：2004 年，全球建筑行业产生的与能源有关的二氧化碳排放大约占 2004 年全球二氧化碳排放总量的 33％。欧盟 25 国建筑能耗占其全社会总能耗的 40.4％。世界主要发达国家均将建筑行业作为应对气候变化的重点领域。美国、加拿大、英国和日本等国家在绿色建筑理念和实践方面均走在世界前沿，已建成诸多典型的绿色建筑，如生态房、健康住宅、绿色办公室、节能环保生态屋等。其中，美国建成的"纽约时代广场"4 号建筑是绿色建筑实践的典范，其在采光照明、能源效益、室内空气质量、废物管理等方面均经过科学合理设计，均达到了绿色建筑的评价标准。我国对绿色建筑的重视程度也在逐年提升，2013 年《绿色建筑行动方案》的发布，将绿色建筑行动提升为国家战略。而 2008 年北京奥运会的成功举办，不仅让世界了解了"新北京，新奥运"，也让世界了解了"绿色北京"理念的追求和目标。"人文北京、科技北京、绿色北京"战略目标的确立，为北京自然社会经济发展提出了新的要求，而绿色建筑在"绿色北京"建设中的重要性也日益凸显。

>>一、北京市绿色建筑发展的总体评价及分析<<

国际上，对绿色建筑发展的评价大致经历了"早期"绿色建筑产品及技术的一般评价、介绍和展示；"中期"建筑方案环境、物理性能的模拟与评价；"近期"以"可持续发展"为主要目标尺度，对建筑整体环境与能源资源消耗表现进行综合评价。[①] 借鉴国际上的绿色建筑评价阶段，北

---

① 李晓丹. 国际绿色建筑评估标准经验借鉴及对北京市绿色建筑发展的建议. 节能与环保，2008(10)：17～19，2008(11)：21～23

京市从提出绿色建筑发展目标开始，就以"可持续发展"为衡量标准，从建筑设计、构造、环保等多角度进行综合评价，对项目立项、施工及后期维护进行全方位管理。

（一）北京市绿色建筑发展已步入快速推进新阶段，处全国前列

1.2001—2007 年是北京市绿色建筑发展的起步阶段

其标志是：第一，2001 年北京申奥成功后倡导的"绿色奥运"吹响了绿色北京的建设号角。[①] 第二，2001 年北京市政府率先提出了居住建筑节能 65％的目标，制定并发布了《北京市居住建筑节能设计标准》。第三，北京市政府率先于 2005 年在建筑规划地方标准中引入了绿色技术要求。一方面，在建筑项目规划、建设设计、施工、竣工引入绿色技术要求；另一方面，对建筑环境性能质量和可持续发展目标进行评价。第四，北京市在 2006 年确定了 18 个项目开展节约型居住区试点，出台居住区环境景观设计导则。此外，在全国人大修订并发布的《节约能源法》的基础上，北京市政府在 2007 年将建筑节能和公共机构节能放到了更加突出的地位，绿色建筑贯穿了"绿色奥运"建设的全过程。

2.2008—2009 年是北京绿色建筑发展的成长阶段

其标志是：第一，2008 年北京建筑节能发展取得明显成效，节能建筑和节能居住建筑数量与比重持续居国内省级行政区和大城市前茅，具体情况见表 9。第二，建筑节能逐步扩展到建筑全过程和更大范围。绿色建筑逐步扩展到资源节约、环境优化、改善室内空气质量、提高居住舒适性等范围。第三，以 2008 年北京奥运会为契机，一批科技先进、节能减排、功能完善、具有辐射带动作用的绿色建筑示范工程和低能耗建筑示范工程在北京市落成。第四，北京市发布实施了绿色施工管理规程，建筑工程项目要求全部采取节能、节地、节水、节材措施，降低和减少扬尘、噪声、固体废弃物排放，推广使用循环利用建筑材料等。第五，建筑节能改造逐步发展。截至 2010 年年底，北京建筑节能改造工程发展逐步推进，具体数据见表 10。与此同时，北京市已完成 171 座供热锅炉房节能改造，涉及供热面积 5 700 万平方米，老旧管网节能改造900 千米，涉及 300 个居住小区 30 万户居民。

表 9   **2014 年度绿色建筑评价标示项目**   单位：个

地区	项目数	地区	项目数	地区	项目数	地区	项目数
北京	20	上海	11	广东	25	河南	10
天津	8	安徽	2	广西	9	湖北	24
河北	6	福建	4	海南	1	青海	5
山西	12	江西	2	四川	2	宁夏	2
内蒙古	8	山东	39	陕西	14	新疆	2
辽宁	5	湖南	13	贵州	3	西藏	0
黑龙江	2	江苏	34	云南	4	重庆	0
吉林	1	浙江	16	甘肃	3	—	—

数据来源：国家住房与城乡建设部《2014 年度绿色建筑评价标识项目》第一批至第八批。

---

①   秦小钢. 绿色北京建设理论内涵探析. ［学位论文］. 北京：北京林业大学，2011

表 10	2008—2010 年北京市民用建筑节能改造数据表		单位：万平方米
项目	居住建筑节能改造	普通公共建筑节能改造	大型公共建筑低成本改造
总面积	1 182.39	698.1	825

数据来源：2008—2010 年《北京统计年鉴》。

3.2010 年以来，北京绿色建筑发展进入快速发展新阶段

其标志有：第一，适应《"绿色北京"行动计划（2010—2012 年）》，相继出台《北京市绿色建筑评价标识管理办法》《北京市绿色建筑评价标准》等，在全国率先发布《北京市绿色建筑适用技术推广目录》。第二，绿色建筑标识项目数量快速增长，并呈现标识项目星级高（二星级以上标识占 85%）、体量大（5 万平方米以上项目占 60%）、运行标识占比大（运行标识占 10%）的特点。第三，以未来城（丽泽商务区、海淀北部地区、长辛店生态城等）为标志的绿色建筑快速发展，构建未来科技城低碳生态指标体系[①]，探索了规模化推动绿色建筑发展的新机制、新措施和新方法。

（二）北京市绿色建筑发展成效明显

1. 绿色建筑规模迅速扩大

资料显示，截至 2014 年 1 月，北京市共有 63 个项目通过国家绿色建筑评价标识认证，其中设计标识 57 项，运行标识 6 项（未包含规划委施工图审查绿色建筑一星级认证数），总建筑面积 760 万平方米，其中三星级标识项目 24 项。[②] 项目涉及住宅、公建、学校、展览馆和工业建筑，具有单体规模大、标识星级高的明显特点。

2. 节能住宅规模和比例不断扩大和提高，节能建筑和节能居住建筑数量及比重持续居国内省市区和各大城市首位

资料显示，1988 年至今，北京市累计建成节能住宅 2.77 亿平方米（其中符合节能 30% 设计标准要求的住宅占新建节能住宅的 23.47%，符合节能 50% 设计标准的住宅占 45.13%，符合节能 65% 设计标准的住宅占 31.29%），节能住宅占全部住宅的比例高达 74.2%，具体见图 15。

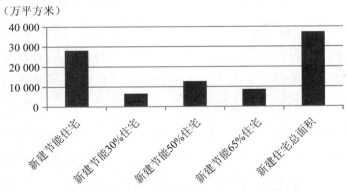

图 15　1988—2014 年北京市新建节能住宅一览

① 赵丰东，乔渊，张君. 北京：绿色建筑区域化发展实践. 建设科技，2013(9)：20～24
② 刘玉明. 北京市发展绿色建筑的激励政策研究. 北京交通大学学报（社会科学版），2012(2)：46～51

3. 绿色建筑示范园区带动作用明显，绿色建筑标识示范效果已经显现

北京市绿色建筑示范园区如未来科技城、丽泽金融商务区和海淀北部新区等，园区内建筑规划 100％达到绿色建筑标准，总建筑面积约 2 900 万平方米，预计"十二五"时期可建设绿色建筑 1 500 万平方米，预计实施绿色建筑面积共约 800 万平方米。按照《北京市绿色建筑（一星级）施工图审查要点》，截至 2013 年 12 月底，共有 240 个项目，约 1 200 万平方米的新建项目通过了绿色建筑施工图审查，为历年绿色建筑总面积的两倍。与此同时，北京市地方一、二星级的绿色建筑标识活动，对于北京市绿色建筑发展的效果初步显现。经过认真组织实施，审查、专业评价、专家评审程序客观公正、规范管理。资料显示，截至 2012 年 12 月，北京市有 42 个项目通过绿色建筑设计标识或运行标识认证，获得二星级设计标识的亦庄 12 平方千米的定向安置房项目（160 万平方米），为保障性住房建设达到绿色建筑标准提供了样板；获得三星级设计标识的长辛店北部居住区一期居住项目为绿色商品住宅小区开发探索出许多可复制、可借鉴、可推广的经验；获得二星级运行标识的中国海油大厦为大型公共建筑深挖节能潜力、实施精细化运营管理、加大节能力度降低运营成本总结出了一套具有中海油特色的节能管理理论；获得三星级设计标识的中关村国家自主创新示范区展示中心（东区）其建筑本身也在建筑超低能耗、零排放、全智能绿色管理等方面进行了开拓性的技术创新，成为博览建筑绿色化设计建造值得学习和借鉴的一个样本。

（三）北京市绿色建筑发展中技术及管理标准逐渐完善

绿色建筑发展取得成效并在全国名列前茅的关键因素就是技术及管理标准逐渐完善，标准引领作用明显。从前面可以看出，北京市制定了地方性《绿色建筑设计标准》《绿色施工管理规程》《绿色物业管理导则》和《绿色建筑评价标准》等标准，初步建立了涵盖绿色设计、绿色施工、绿色物业管理、绿色评价等全生命周期的绿色建筑标准体系，基本上形成了地方绿色建筑项目实施的技术指导和质量保障。这些标准的严格实施，在很大程度上提升了北京市建筑项目的整体设计水平和施工质量。2012 年北京市发布修订的《居住建筑节能设计标准》是国内第一个第四步节能，即节能 75％的居住建筑节能设计标准。该标准的单位建筑面积采暖能耗达到世界同类气候条件地区的先进水平和国内领先水平，并且强制在东西向外窗安装活动式外遮阳设施，强制安装太阳能热水系统，降低制冷、生活热水制备的能耗，通过标准强制实施，进一步提升了北京市居住项目的节能水平和居住舒适度。

与此同时，北京市还积极开展了《绿色生态区域建设评价指标体系和评价细则》《促进绿色建筑发展的鼓励政策与指导意见》《区域绿色建筑运营评价可行性研究》《既有建筑绿色化改造实施途径》《北京市绿色农宅建设技术指标体系研究》等重要课题研究[1]，对北京市绿色建筑发展所存在的政策不足、技术障碍、区域发展等问题，提供了诸多具有针对性的解决方案。与此同时，

---

[1] 叶大华. 北京绿色建筑指标体系及规划实施途径研究. 北京社会科学，2012（2）：4～9

北京市注重进行国际项目合作，借助全球环境基金（GEF）五期"中国城市建筑节能与绿色建筑促进项目"资金支持开展低碳城市政策、技术研究及绿色低碳发展能力建设，形成城市层面绿色低碳、节能环保和可再生能源建筑应用管理中适用的规划、政策、技术体系和标准，为在全市大规模推广和应用奠定坚实基础。

>>二、北京市绿色建筑发展中面临的主要问题和矛盾<<

（一）建筑业的工业化水平、劳动生产率都较低

总体来看，北京住房建造方式仍以现场砌（浇）筑、手工作业为主，虽然施工机械化和现代化水平快速提高，但工程质量和施工效率很大程度上仍取决于施工人员的技术水平和责任心。作为对比，工业化发达国家已基本实现各种结构的预制构件或房屋模块工厂化生产，施工现场组装装配化；住宅部品率也达到了80％以上，有效地提高了施工效率和保证了住宅建设质量。从国内外住房建造劳动生产率来看，我国与发达国家仍存在较大差距。

表 11　　　　　　　　　　　　国内外住房建造劳动生产率比较

国家	人均竣工面积（平方米/人·年）
中国	20～30
美国	40～80
瑞典	40～80
德国	80～100
日本	110～120

数据来源：中国国家住房与城乡建设部网站。

（二）建筑资源消耗高、循环利用率还显低

目前，北京大多家庭使用的卫生洁具的耗水量高出发达国家的30％以上，城市污染物水处理后的回用率仅为发达国家的1/4。建筑的结构用材大量采用水泥硅酸盐材料，硅酸盐材料是不可再生的资源，而且在建筑解体后将变成难以循环再利用的废弃物，给环境造成很大的压力。据有关专家研究，北京住宅建筑能耗为相同气候条件下发达国家的3倍左右，北京绝大多数采暖地区住宅外墙的传热系数是发达国家的3.5～4.5倍，外窗为2～3倍，屋面为3～6倍，门窗的空气渗透为3～6倍。而住宅平均采暖能耗按欧洲方法折算为16升油/平方米，按节能50％标准要求新建的住宅采暖能耗也要维护在8.75升油/平方米的水平。与欧盟国家住宅的实际年采暖能耗普遍降低到6升油/平方米（约相当于8.57千克/平方米标准煤）水平相比，显然北京的采暖能耗要高得多。

（三）城市住宅生产、使用污染仍然严重

落后的住宅生产方式与技术必然会造成大气污染、水污染、室内空气污染等问题。从北京冬季燃煤导致空气污染指数看，其数值是世界卫生组织提出最高标准的2～5倍。住房销售仍然以毛坯房供应方式居多，而自行装修带来的环境污染等相当严重。据北京市疾病预防控制中心的调查发现，室内污染物包括化学、物理、生物、放射性四大类50多种，其中甲醛、苯和有机挥发物往往超标20～30倍，最高竟达40倍，劣质装修材料是污染物的主要来源。

（四）缺乏有效绿色建筑管理体系和技术标准体系

第一，绿色建筑涉及行业多、部门多，只有建立统筹全局、统一协调的领导决策机制和有效管理机制，才会明确具体目标、计划和推进措施。从北京市现状来看，绿色建筑推进被分散到北京市住建委及其他部门，绿色建筑难以形成有效的合力，绿色建筑机制不健全，还没有完全建立起绿色建筑发展和管理组织体系。第二，绿色建筑技术标准还未完全一致。虽然建设部在全国已先后颁布实施针对三个气候区节能50％设计标准，形成了比较完善的民用建筑节能标准体系，但存在问题是，工业建筑节能标准尚未出台，关于建筑节能、节地、节水、节材和环境保护的综合性标准体系也还未出台。第三，绿色建筑推广技术统一性、集成度较低。如北京绿色住宅建筑装修导致室内空气污染物超标的问题，技术标注不统一是重要制约因素。家庭装修涉及的装修材料门类较多，而各类材料都有其相应的污染物控制标准，在各类材料都分别达标的前提下，仍然会有各类材料释放的污染物累加而超过室内空气污染物标准的现象。

（五）政策配套不足，行政监管亟须改善

北京现行的建筑建设和使用过程中的收费、税收、财政和信贷政策，尚不能对发展绿色建筑省地节能环保型建筑形成有力的支持，有的甚至是制约因素。[①] 一是收费制度。当前北京市配套费、电力增容费、排污费、垃圾处理费均是以建筑面积或住户人数为单位收取，不考虑项目运行的资源消耗水平和减排效益，开发企业采用中水回用、雨水收集利用、有机垃圾处理、可再生能源利用等技术，增加的投入不能在现有的收费办法中得到减免支持，影响到"四节一环保"技术的推广应用。二是税收制度。税收制度没有对建设省地节能环保型建筑进行相应的鼓励和支持。当前的税收办法导致开发企业多缴营业税，购房者多缴契税和公共维修基金，制约绿色建筑的有效推行。三是财政、信贷政策对发展省地节能环保型绿色建筑的支持力度不够，缺乏激励机制，社会和银行信贷资金对收益回报和风险溢价的要求制约了资金流向绿色建筑领域，

---

①　陈实. 对绿色建筑制约因素与应对策略研究. 现代商业，2013（34）：268～270

需要政府牵头加强引导，用市场化手段，加大资源配置和倾斜力度，在收益和风险兼顾的情况下发展绿色建筑。①

>>三、"绿色北京"对绿色建筑提出的新要求<<

2001年申奥成功后，北京市政府提出的"绿色北京"与"人文北京、科技北京"形成了新时期新北京战略目标。而"绿色北京"是人与自然和谐、生态文明建设和可持续发展的重要体现。《绿色北京行动计划》就是新时期"绿色北京"的行动指南，为北京绿色建筑发展也提出了新的要求和任务。

第一，需加快推进绿色建筑评价标识工作，加强相关标识的管理和服务，完善绿色建筑标识评价的管理制度、技术体系和支撑体系，加强对绿色建筑评价标识的宣传和推广，力争到2015年在使用财政性资金实施的国家机关和公益性公共建筑新建项目中，通过绿色建筑评价标识认证的达到25%。

第二，争取不断扩大绿色建筑示范规模，在使用政府投资的学校、医院、文化体育设施等公益性建设项目和国家机关办公建筑的改造项目中，选择一定比例的具备条件的项目，按照绿色建筑标准设计施工，竣工后按照绿色建筑标准进行检测认证；鼓励有关机关、企事业单位在本单位新建建筑或既有建筑改造项目中，也按照绿色建筑标准进行设计施工。与此同时，政府相关部门对通过绿色建筑认证的项目给予奖励或承担检测认证费用。

第三，发展绿色建筑市场服务体系。调整产业布局，按市场发展需求配置资源，建立绿色建筑和住宅产业化技术研发、部品生产基地。鼓励和支持开发、设计、部品生产、施工、物流企业和科研单位组成住宅产业化联合体，争取在2015年前培育4～5家联合体或大型住宅产业化集团。同时，加快完善绿色建筑设计评估和产业化住宅规划设计、部品生产与物流的地方标准体系。发挥住宅产业化专家委员会的作用，对超出现行规范标准的结构安全性及其他技术问题进行论证，对于在产业化住宅工程项目中使用效果良好的材料部品，建设行政主管部门将通过公布第三方认证名录等方式予以推介。

第四，加快绿色建筑和低碳技术开发推广。组织绿色建筑和住宅产业化重点应用技术攻关，重点发展和推广应用装配式钢筋混凝土结构（包括框架结构、剪力墙结构、框架剪力墙结构、框架筒体结构）、钢结构（包括轻型钢结构）等符合产业化住宅标准、节约资源效果明显的结构体系，重点发展保温结构复合外墙楼梯、叠合楼板、阳台板、空调板等预制部品和整体厨卫，推广装修一次到位。提高建筑物保温、隔热、隔声、日照、通风等物理性能，改善墙体屋面防水性能，提升设备设施的智能化水平。促进住宅标准化、部品预制化、施工装配化、运输专业化、全程链接化，实现部品生产与施工过程的节能、节地、节水、节材和环境保护。

---

① 刘玉明. 北京市发展绿色建筑的激励政策研究. 北京交通大学学报（社会科学版），2012(2)：46～51

第五，鼓励相关机构积极组织开展绿色建筑宣传培训，向全社会普及绿色建筑理念和基本知识。在岗位培训和继续教育中增加绿色建筑内容，加强对建筑行业专业人才的培养，把绿色建筑的理念贯穿于规划设计、施工和拆除等全过程。

>>四、北京市绿色建筑发展的思路和对策建议<<

绿色建筑承载了希望，也选择了压力，处理好节能减排、健康宜居、经济效率等各方面的关系，是绿色建筑发展的重点，也是人与自然和谐相处的前提。因此通过深入挖掘绿色建筑的"绿色"内涵，从目标到阶段性结果、从政策配套到实践、从顶层设计到思想观念，以北京现有建筑存在的问题为基点，找到影响北京绿色建筑发展的约束性因素并对其进行系统分析，有助于进一步推动北京绿色建筑健康有序发展。

(一)北京市绿色建筑发展的总体思路

转变城乡建设模式和建筑业发展方式，以绿色、循环、低碳、节能、环保理念为指导，对新建建筑严格执行准入标准，对既有建筑加强节能改造，探索新能源、材料、技术的开发和应用，逐渐转变城乡建设模式，积极探索产业化方式推进建设的模式创新试点。充分发挥北京科技技术优势，加强绿色建筑基础技术和关键技术的研究和应用，提高资源利用效率，实现节能减排约束性目标，建立健全绿色建筑质量保障体系。

(二)突出重点，分阶段推进，努力实现北京市绿色建筑的目标

根据北京城市绿色建筑推进的计划目标，2015—2020 年，严格落实强制性节能标准，按照不低于国际和国家标准，分别有 20％和 40％的城镇新建建筑达到绿色建筑标准要求，完成既有居住建筑供热计量和节能改造 40％以上，2020 年既有居住建筑节能改造、公共建筑和公共机构办公建筑节能改造 50％以上，2030 年逐步改造、替换完毕。对于以上目标和任务，要选择重点进行突破。首先，对新建建筑必须严格执行绿色建筑的标准要求，从而保证新阶段的新建建筑符合绿色建筑的要求。其次，对既有建筑的改造，是一项重大而复杂的工程，涉及很多领域，需要按照难易程度和区域分布制订规划，这样才能有组织地高效推进。可以北京既有居住建筑供热计量改造为重点，逐步扩大供热计量范围，争取做到一户一计，改善北京地区用户的供热习惯，最大程度上完善现有供热体系。重点推动公共建筑节能改造。对公共建筑和公共机构办公建筑的空调、采暖、通风等用能系统进行节能改造，提高用能效率和管理水平。最后，重点优先政府公共服务项目，如学校、医院、博物馆、科技馆、体育馆等建筑，以及机场、车站、宾馆、饭店、商场、写字楼等大型公共建筑，均可享受优先建设。

（三）积极推进新能源、新技术的应用

按照绿色节能环保标准，推进可再生能源建筑规模化应用，诸如太阳能、浅层地能、生物质能等可再生能源在建筑中的应用。研究并加快应用建筑光伏发电上网，加快微电网技术研发和工程示范，稳步推进太阳能光伏在建筑上的应用，开发产业需求，一定程度上可以消化光伏行业的过剩产能。北京地区可采用名单制管理机制，列出适宜太阳能等可再生能源开发使用区县，开展可再生能源建筑应用地区示范，推动可再生能源建筑应用集中连片推广，加快绿色建筑相关技术研发推广。通过"政府＋高校"的模式对绿色建筑应用技术进行研究开发。市政府相关部门要研究设立科技发展专项，以招标的形式向高校和社会研究机构提出课题，依托北京的高等院校、科研机构加快绿色建筑工程技术开发。重点围绕既有建筑节能改造、可再生能源建筑应用、节水与水资源综合利用、绿色建材、废弃物资源化、环境质量控制等方面的技术，加强绿色建筑技术标准规范研究，开展绿色建筑技术的集成示范。

（四）大力推动绿色建材产业发展

要建成绿色建筑，绿色建材是前提和基础。北京市政府部门要加快制定绿色建材行业标准，出台相关认证制度，规范绿色建材的市场发展，编制产品目录。建立绿色建材的生产、运输、销售、维护市场，与在全国范围内形成绿色建材的贸易市场形成互通，通过市场优化配置，发展安全耐久、节能环保、施工便利的绿色建材。同时要加强绿色建材的生产、流通和使用环节的质量监管和稽查，杜绝性能不达标的建材进入市场；推动建筑工业化。北京市政府部门要加快建立促进建筑工业化的设计、施工、部品生产等环节的标准体系，推动结构件、部品、部件的标准化，丰富标准件的种类，提高通用性和可置换性。支持集设计、生产、施工于一体的工业化基地建设，开展工业化建筑示范试点。积极推行住宅全装修，鼓励新建住宅一次装修到位或菜单式装修，促进个性化装修和产业化装修相统一。

（五）积极推进建筑废弃物资源再利用

研究建筑废物资源再利用。一方面，向欧美和日本学习废物利用经验，并购买回收利用技术；另一方面，利用北京市财政公共资源，探索建筑废物再利用技术，争取循环利用，降低能耗。推行建筑废弃物集中处理和分级利用标准，开展建筑废弃物资源化利用示范，研究建立建筑废弃物再生产品标识制度。建立健全建筑废弃物处理制度，按照"谁产生、谁负责"的原则进行建筑废弃物的收集、运输和处理。废弃物资源化利用应采用属地负责制，建立垂直的管理和问责体系，各区县均要设立专门的建筑废弃物集中处理基地。

（六）加强政府引导作用，加大绿色建筑的政策支持力度

政府在绿色建筑发展中具有重要的主导、引导和指导作用。政府主导主要体现在绿色发展

初期的投资、发展规划、管理规定、技术标准、市场准入、政策规制等，引导和指导作用则主要体现在发展规划、技术指引、技能、质量、管理标准的制定和监督检查以及法律制度等。一是加大对绿色建筑的政策支持力度。借鉴国外成功经验，结合北京的具体情况，对生产者和消费者采用鼓励和限制并举的方式，通过税收、补贴、技术标准、规范等多种渠道展开。将限制政策和鼓励政策相结合。一方面，合理使用税收杠杆，大幅度增加未达标企业的相关税收，增收相关税种。另一方面，加强准入管理，通过行政许可手段限制相关企业的准入。二是撬动金融杠杆服务绿色建筑发展。建议采用多种形式的鼓励措施，尤其是需要加强金融支持的力度。可以探索政府资本撬动信贷资本，信贷资本撬动社会资本的模式，层层递进服务绿色建筑发展。三是建立评价标准，规范市场行为。尽快制定出台北京市绿色建筑标准，将成熟技术要求纳入标准强制实施，适时组织开展对绿色建筑的认定、能效测评、标识以及标准实施的监督检查。加强技术集成，加快推广，对创新型技术加快投放和应用。尽快建立、改革、完善适应北京市绿色建筑发展需要的法律、法规和标准规范，使之更加清晰、有效。明确绿色建筑基本规定和要求，鼓励支持符合要求的绿色建筑建设；限制非绿色建筑建设；淘汰不符合节能减排的落后技术和产品。

（七）充分发挥市场在绿色建筑发展中的作用

一方面，可以引导并规范商业房地产开发项目执行绿色建筑标准，鼓励房地产开发企业建设绿色住宅小区。另一方面，积极推进绿色农房建设。与全国城镇化规划相协调，做好北京周边农村村庄建设整体规划管理。充分利用乡村地广人稀的便利性，推广绿色能源技术应用，例如太阳能、省柴节煤灶、节能炕等农房节能技术；推进生物质能利用，发展大中型沼气，加强运行管理和维护服务。坚守建筑节能标准，施工阶段的监管、稽查要严格到位，确保工程质量和安全，切实提高节能标准执行率。

总的来看，绿色建筑发展对绿色北京目标的实现至关重要，但绿色建筑发展还需要社会各界的共同努力，只要坚持"绿色北京"理念不动摇，绿色建筑必将发挥更大的作用。

>>参考文献<<

1. 陈实. 对绿色建筑制约因素与应对策略研究. 现代商业，2013(34)

2. 刘玉明. 北京市发展绿色建筑的激励政策研究. 北京交通大学学报(社会科学版)，2012(2)

3. 赵丰东，乔渊，张君. 北京：绿色建筑区域化发展实践. 建设科技，2013(9)

4. 叶大华. 北京绿色建筑指标体系及规划实施途径研究. 北京社会科学，2012(2)

5. 秦小钢. 绿色北京建设理论内涵探析. ［学位论文］. 北京：北京林业大学，2011

北京市建筑垃圾回收处理的现状及国内外经验借鉴

宋　涛

　　建筑垃圾，是指建设单位、施工单位新建、改建、扩建和拆除各类建筑物、构筑物、管网等以及居民装饰装修房屋过程中所产生的弃土、弃料及其他废弃物。[①] 现阶段建筑垃圾的回收处理主要有三个方向：减量化、资源化和无害化。减量化要求减少建筑垃圾的数量和体积，还包括尽可能地减少其种类、降低其有害成分的浓度、减少或消除其危害特性等，开发和推广先进的施工技术和设备，充分合理利用原材料等，通过这些政策措施的实施，达到建筑垃圾减量化的目的。资源化指采取管理和技术从建筑垃圾中回收有用的物质和能源。首先是直接从建筑垃圾中回收二次物质不经过加工直接使用，其次则是利用建筑垃圾制取新形态的物质。另外从建筑垃圾处理过程中也可以回收能量。例如，通过建筑垃圾中废塑料、废纸板和废竹木的焚烧处理回收热量。无害化是指通过各种技术方法对建筑垃圾进行处理处置，使建筑垃圾不损害人体健康，同时对周围环境不产生污染。

　　建筑垃圾的大量存在不仅造成资源的浪费，同时还是制约城市环境优化的重要因素之一。但同时，建筑垃圾又被认为是最具开发潜力的、永不枯竭的"城市矿藏"，是"放错地方的资源"。建筑垃圾的回收和利用是一个系统工程，涉及产生、运输、处理、再利用各个层面，还牵扯到市政、建设、发改、环保等多个行政管理部门。只有各个环节统一管理，协同配合，有效联动，才能形成一个完整的建筑垃圾处理链，真正实现建筑垃圾的再生利用。

>>一、北京市建筑垃圾回收处理的现状分析<<

　　近年来，北京市建筑垃圾来源主要有以下几个方面：第一，市政工程的动迁以及重大基础

[①]　宋华旸，胡昌夏. 北京市建筑垃圾处理标准体系研究. 城市管理与科技，2013(6)

设施的改造产生的建筑垃圾，是北京市建筑垃圾的主要来源；第二，拆除老化的旧建筑物而产生的建筑垃圾，这是北京市建筑垃圾的一个重要来源；第三，因意外原因造成建筑物倒塌而产生的建筑垃圾，以及商品混凝土工厂和新建筑物施工产生的建筑垃圾。总体而言，北京市建筑垃圾回收处理压力巨大，目前还是粗放型发展模式。但同时，绿色科技逐渐应用在北京市建筑垃圾回收、处理中，北京市建筑垃圾的回收和处理前景广阔。

（一）北京市建筑垃圾回收处理压力巨大，目前还属于粗放型发展模式

北京市建筑垃圾具有如下特点：第一，由于北京市建筑物平均使用寿命只为设计寿命的不到50%，被拆建筑大多为20世纪七八十年代的旧建筑物，达70%以上。第二，建筑物以烧结黏土砖和混凝土预制构件组合的混合结构为主，屋面由瓦面转为预制混凝土空心楼板，以沥青油毡防水，门窗以木门窗为主转为以木门窗、钢门窗并举，砌筑抹面以水泥砂浆、水泥石灰砂浆为主，在市郊周边及农村仍有少数使用石灰泥浆。第三，80年代后期的建筑，建筑结构、建筑材料均发生了质的变化，除多层砖混合结构外，大量发展了全混凝土现浇框架剪力墙结构、混凝土框架结构、钢结构等。

首先，建筑垃圾分类回收的程度不高。北京市建筑垃圾分类回收企业在建筑垃圾的回收过程中缺乏分类，或者分类不明确，例如，混凝土块和玻璃混在一起处理，且现有企业的回收处理设备不能很好地将不同的建筑垃圾回收再利用。垃圾分类程度不高将直接影响建筑垃圾的回收利用。对于建筑企业来说，通过对建筑垃圾进行分类，将不同类型的建筑垃圾卖给有着不同需求的回收企业，回收价格就会相应比较高，企业从控制成本的角度就缺乏垃圾分类的积极性。

其次，建筑垃圾运输不规范。北京市取得营运资质的1万余辆自卸货运车辆中，取得建筑垃圾渣土准运许可的运输车辆仅有3600余辆，且这些车辆绝大部分归属个体经营者。由于建筑垃圾运输行业不规范，造成违法运输的成本较低，因此，违法违规运输的现象显著，进而造成原有的正规运输企业因运营亏损纷纷退出建筑垃圾运输市场。

最后，北京市建筑垃圾处理水平还有待提升。随着北京城市化的进一步发展，新建、改建等工程中产生的建筑垃圾已按年均6%的速度增长到了2013年的4000万吨，但现阶段北京市对建筑垃圾仅是运往消纳场所进行简单的填埋处理，资源化利用率较低。这种处理方式既占用土地，又污染环境，带来破坏城市软环境、影响市容等一系列问题。

目前，北京市把建筑垃圾综合管理工作纳入"十二五"规划，确定了工作目标和任务。一是建筑垃圾排放减量化。建筑垃圾排放实行全市统筹管理，拆除规模逐步与资源化处置能力相匹配，控制盲目拆除。到2015年，北京市城6区拆除性建筑垃圾年度排放量控制在1000万吨以内，郊区县依照"因地制宜、能用则用"的原则，最大限度地实现排放减量化。二是运输规范化。建立完善建筑垃圾运输企业和车辆许可制度，制定建筑垃圾运输行业管理规范和服务标准，基本形成规范的建筑垃圾运输市场。三是处置资源化。在朝阳、海淀、昌平、大兴区陆续建成一

座建筑垃圾资源化处置设施，使北京市建筑垃圾资源化年处置能力达到400万吨；到2015年，北京市将再建成5座建筑垃圾资源化处置设施，使北京市建筑垃圾资源化年处置能力达到800万吨。同时，通过提高建筑垃圾资源化设施处置能力及综合运用填埋修复、堆山造景、使用移动式资源化处置设备等方式，提高北京市建筑垃圾资源化率，到2015年达到80％。四是利用规模化。制定建筑垃圾再生产品使用标准，出台鼓励政策，不断拓展使用领域，推动建筑垃圾资源化、产业化发展。

（二）绿色科技逐渐在北京市建筑垃圾回收、处理中得以运用

20世纪70年代掀起的"绿色运动"，使绿色科技应运而生。对于绿色科技，在不同的专业角度有不同的定义。一些学者对绿色科技的定义偏向于科学技术的绿色性。吴晓波等人（1996）认为，"绿色技术（green technology）是指对减少环境污染，减少原材料、自然资源和能源使用的技术、工艺或产品的总称"①。余谋昌（2000）认为，所谓绿色科技是科学技术的生态化，即"是用生态学整体性观点看待科学技术发展，把从世界整体中分离出去的科学技术，重新放回'人——社会——自然'的有机整体中，运用生态学观点和生态学思维于科学技术的发展中，对科学技术发展提出生态保护和生态建设的目标，主要包括科学价值观的变革，科学世界观的变革，科学观的变革"②。鲍健强（2002）认为，绿色科技的核心是研究和开发无毒、无害、无污染、可回收、可再生、可降解、低能耗、低物耗、低排放、高效、洁净、安全、友好的技术与产品。③ 另一部分学者将绿色科技和可持续发展相联系，用发展的维度定义绿色科技。陈昌曙（1999）认为，"可持续发展就是绿色发展，走可持续发展道路就是走绿色道路，绿色科技就是可持续发展的科技。"④包庆德（2006）也认为，"绿色科技是伴随人类活动对生态环境的负面影响不断加大过程中凸现出来的，其实质是一种可保持人类可持续发展的科技体系，是现时代正在形成的生态文明形态对科学技术为经济社会与生态环境的和谐发展服务的方向性引导和生态化规范。"⑤何家霖（2007）认为，绿色科技就是人类旨在生产与消费两大领域中实现人与自然、人与人之间的协调发展。⑥ 李扬裕（2003）将绿色科技分为广义和狭义两种，"狭义的绿色科技是指能够促进资源的合理利用，并能改善环境状况或至少是无害于生态环境，从而促进经济发展的工程手段。""广义的绿色科技是泛指旨在促进可持续发展的一切工具、方法和手段的总称。"⑦本文认为，狭义的绿色科技就是指科学技术的生态性，对科学技术提出了生态保护和生态建设的目标，以科学技术

① 吴晓波，杨发明.绿色技术的创新与扩散.科研管理，1996(1)：38～41
② 余谋昌.生态哲学.西安：陕西人民教育出版社，2000：131
③ 鲍健强.绿色科技的特点和理性思考.软科学，2002(4)：6
④ 陈昌曙.关于发展"绿色科技"的思考.东北大学学报（社会科学版），1999(1)：45
⑤ 包庆德，邱滟霞.绿色科技：生态时代的规范与学界研究的进展.科学学研究，2006(S2)
⑥ 何家霖.社会主义和谐社会的绿色科技支撑体系研究.［学位论文］.合肥：合肥工业大学，2007：25
⑦ 李扬裕.绿色科技及其支撑体系研究.［学位论文］.福州：福建农林大学，2003：6

的绿色化减小人类活动对环境的负面影响。而广义的绿色科技是指为了实现可持续发展而产生的，旨在实现人和自然的协调发展。

建筑垃圾主要涉及回收利用和处理两个方面，因此，分析研究绿色科技在建筑垃圾回收和处理这两个方面的应用情况至关重要。北京建筑垃圾回收过程中应用绿色科技的程度还相对较低。截至 2013 年 10 月，北京市获得建筑垃圾、渣土消纳许可的场所共有 23 处，主要以消纳工程槽土、拆迁垃圾、装修垃圾等为主。北京市建筑废弃物资源化处理处于探索阶段，处置工艺主要以回填、填埋等线性操作模式为主，回收利用率较低。北京市建筑固体废物排放前的回收利用途径主要限于拆除垃圾和工程土方在建筑工地、道路、绿地和低洼地的回填。北京市建筑固体废物的回收比率远低于美国、日本等国家的水平。而且，北京市建筑垃圾回收利用主要集中在对废旧金属、钢筋等少数具有更高附加值废弃物的回收，相对来说，对含量较大的废弃物回收率很低，如混凝土。北京建筑垃圾回收方式具有以下缺点：一是运输过程中易造成环境的二次污染；二是设备使用范围窄；三是再生骨料品质低（骨料表面附着大量的水泥砂浆，杂质较多）。这些因素导致再生骨料的应用范围受到限制，使得我国建筑垃圾资源化发展缓慢，开发新型的建筑垃圾回收处理装备势在必行。

建筑垃圾处理再生利用的途径大致有两种：一是建筑、建材部门将建筑垃圾通过物理手段变成细骨料、筑砂浆、内墙和顶棚抹灰、混凝土填层等；二是向深度研发，即将解体混凝土和废弃砖瓦进行再生资源化处理后，作为混凝土骨料、轻骨料。通过与绿色科技的结合，北京市建筑垃圾处理中应用的核心产品是利用建筑垃圾生产的混凝土骨料和建筑垃圾制免烧砖，主要包括再生粗骨料、再生细骨料、再生混凝土、再生墙体砖、再生砂、再生仿古砖等。其中，再生粗骨料可用于生产再生混凝土及再生混凝土制品，再生细骨料可用于生产再生混凝土或再生砂浆等。利用再生粗、细骨料，还可以加工成再生普通砖和再生古建砖。再生普通砖可用于承重或非承重的建筑围护结构中，再生古建砖则主要用于古建筑的修缮、改造或仿古建筑的新建等。

>>二、国内外建筑垃圾回收处理的经验借鉴<<

国内外建筑垃圾回收处理不乏成功和失败的案例。目前，欧盟国家每年资源化率超过 90%，韩国、日本建筑废弃物资源化率已经达到 97%，我国建筑废弃物资源化率还不到 5%。[①] 通过分析可以发现，建筑垃圾回收处理领域成功应用的案例一般会注重依托政府支持，积极发展循环经济；注重运用市场的手段，进行产业化运作；注重高新技术研发，形成先进制作工艺；注重管理的精细化、标准化和规范化。这些方面对于北京市都具有一定的借鉴意义。

---

① 发改委：建筑垃圾资源化利用率仅 5%. 新华网. http://news. xinhuanet. com/fortune/2014-10/10/c_1112756788. htm，2014-10-10

(一)注重依托政府支持，积极发展循环经济

建筑垃圾领域若想有实质性的进步，离不开政府的大力支持。其中一个比较典型的案例就是"邯砖"经验。河北省邯郸市全有生态建材有限公司自筹资金1 000多万元，在市政府的大力支持下，按照发展循环经济，生产以建筑垃圾为主要原料的砌块，探索出了一条走可持续发展道路。目前，公司可利用建筑垃圾生产出不同型号的多孔L砖、标准砖、异型砖、空心砌块砖、环保装饰砖、荷兰砖以及轻体墙板等，产品具有强度高、自重轻、耐久性好、尺寸规整和保温隔热性能好等特点。公司产品先后通过了国家建筑材料工业墙体屋面材料质量监督检验测试中心的质量认定。公司项目成果经河北省科学技术信息研究所鉴定为"在全国文献中未见相同的报道"，并已通过了企业标准的认定。项目的成功实践消纳了邯郸市周边大量民房的拆迁、改造产生的建筑垃圾。项目节约取土，保护耕地，引起全国的广泛关注，被国务院发展研究中心评价为建筑垃圾建材化的新举措，形成了"邯砖"经验。

政府在建筑垃圾回收处理上给予了大量的政策、税收优惠，我们应该抓住时机，利用现有政策，对建筑垃圾进行合理利用，积极承担社会责任，实现建筑垃圾的绿色处理，为北京市建设环境友好型城市做出积极的贡献。

(二)注重运用市场的手段，进行产业化运作

建筑垃圾规模庞大、处理技术复杂，单纯依靠政府的行政力量是远远不够的，需要注重运用市场的手段，进行产业化运作。第二次世界大战以后，西方发达国家进行了大规模的城市建设，同时引发了建筑垃圾数量的急剧增长。如何处理建筑垃圾成了很多国家的困扰，采用填埋的处理方式，在空间上使建筑垃圾得到治理，但由此引起的生态环境问题使人们不得不寻找更有效的处理方式。通过技术革新使建筑垃圾变成可利用的资源，以此为核心，培育回收—加工—再利用的一条龙产业化制度，成为各国努力的目标。经过几十年的发展，目前，西方各国建筑垃圾处理产业已经进入稳步发展阶段。东京、柏林、巴黎、维也纳、纽约等城市，均设有相应的专业组织、专业法规、专业市场、专业产业系统。在产业化运营模式下，各国建筑垃圾的利用率普遍较高。

美国对建筑垃圾的处理方针是减量化、资源化、无害化和综合利用产业化。产业化运作的具体实施过程分为三个级别：第一级别的现场分拣利用，包括一般性回填、金属等可直接利用的建筑垃圾回收等；第二级别的利用就是粉碎分类加工成骨料，制作建筑用砖，作为建筑物或道路的基础材等；最后的深层次利用是将建筑垃圾加工成水泥、沥青等再利用。以美国旧金山诺考尔建筑垃圾处理厂为例，实施产业化运作后，该厂目前每天可分选近200辆卡车或约300吨来自旧金山建筑和装修工地的建筑垃圾，年处理量超过10万吨。其中，钢铁等金属进行回炉重炼，木料用来燃烧发电，纸箱可以沤制有机肥料，塑料可以再生，石膏水泥粉碎后可以筑路，

他们对建筑垃圾的回收和再利用率可达 70%，只有难以分选的 30% 的垃圾被当成固体垃圾进行填埋。[①] 美国的 Cyclean 公司采用微波技术，可以 100% 地回收利用再生旧沥青路面料，其质量与新拌沥青路面料相同，而成本可降低 1/3。美国的沥青路面热再生技术已经相当成熟，在美国道路建设中，50% 采用沥青混凝土再生材料，平均直接建设成本可降低 20% 以上，对能源利用和环保等方面产生巨大的间接社会效益。

采取市场手段，运用市场化运作模式，可以对建筑对垃圾进行统一运输和处理，实施权责明晰的处置原则，谁生产，谁负责。建筑工地产生的垃圾要按照一定的标准，承担相应的垃圾处置费用，同时吸纳民间资金参与进来，建立现代化建筑垃圾综合利用处理厂，务求减量化、资源化、无害化处置。

（三）注重应用绿色科技，形成先进制作工艺

绿色科技在建筑垃圾领域能够得以应用，其关键问题在于高新技术的研发，在于能够形成一套完整的、先进的制作工艺。国内外不乏成功的案例。

作为全国再生资源利用的大型企业，江苏黄埔再生资源利用有限公司多年来一直致力于发展循环经济。公司斥巨资投入高新技术研发，承担大型建筑等复杂环境控制爆破、现场分类、资源化利用的高技术机械设备，是目前全国最大的拥有国家资质的专业拆除公司，并与东南大学等科教单位密切合作，从事液压控制静态预裂拆除、建筑垃圾资源化利用、城市生活垃圾密封生态处理利用、拆除装备技术改造、建筑垃圾资源利用规程等研究。该公司引进国际先进的移动式混凝土破碎、筛分技术，对拆除下来的废旧混凝土现场破碎加工成商品混凝土骨料、建筑砌块集料、道路填铺料、三合土集料等不同用途的再生集料。这一处理方案可使加工后的建筑垃圾成为商品，既大大提高了废旧混凝土的利用效率，又减少了多次运输造成的环境污染和费用支出，还减少了废混凝土堆放的土地占用，同时还节约了大量新建筑骨料的需求。截至目前，江苏黄埔公司回收废旧钢材达数百万吨，拆除下来的混凝土作为道砟使用，可供四车道的沪宁高速公路由南京铺设到上海。

德国利用建筑垃圾制备再生骨料领域处于世界领先水平，形成了一套先进、完整的制作工艺，并科学合理地配套了相应的机械设备。德国西门子公司开发的干馏燃烧垃圾处理工艺，可将垃圾中的各种可再生材料十分干净地分离出来，再回收利用，对于处理过程中产生的燃气则用于发电，垃圾经干馏燃烧处理后有害重金属物质仅剩下 2~3 千克/吨，有效地解决了垃圾占用大片耕地的问题。碎旧建筑材料主要用作道路路基、造垃圾填埋场、人造风景和种植等。2006 年，韩国"利福姆系统"公司成功从废弃的混凝土中分离水泥，并使这种水泥可以再生利用。这项技术首先把废弃混凝土中的水泥与石子、钢筋等分离开来，然后在 700℃ 的高温下对水泥进

---

① Chi Sun Poon, Ann Tit Wan Yu, Sze Wai Wong, Eether Cheung. Management of construction waste in public housing projects in Hong Kong. *Construction Management and Economics*，2004，6(10)：38-39

行加热处理，并添加特殊的物质，就能生产出再生水泥。再生水泥的强度与普通水泥几乎一样，有些甚至更好，符合韩国的施工标准。这种再生水泥的生产成本仅为普通水泥的一半，而且在生产过程中不产生二氧化碳，有利于环保。

科学技术研究工作是建筑垃圾回收利用的基础，没有合适的技术保证，建筑垃圾的无害化、资源化就无从谈起。国家和建筑施工企业应投入资金，开展建筑垃圾再生处理技术的深入研究与开发。

（四）注重管理的精细化、标准化和规范化

在绿色科技的应用过程中，管理的精细化、标准化和规范化至关重要，没有好的管理，再好的技术也难以发挥其真正的作用。在管理方面，日本的企业堪称典范。日本资源相对缺乏，因此十分重视建筑垃圾的再生利用，对建筑垃圾的回收率要求十分高，尽量做到建造零排放。日本对于建筑垃圾处理每个步骤的深入细化程度非常高，设备功能先进，除常规的诸如振动筛分设备和电磁分拣设备之外，还包括可燃物回转式分选设备、不燃物精细分选设备、比重差分选设备等。日本的清水建设公司和东京电力公司研究开发了废旧混凝土砂浆和石子的分离技术，使这些废弃材料得到合理有效的利用。该技术首先将混凝土废料破碎成小于40毫米的颗粒，再在3 000℃温度下进行热处理。然后，在特殊机械作用下使这些废料相互碰撞、摩擦，达到水泥砂浆与石子的分离。石子分离后又恢复到天然骨料的状态，可生产新混凝土。分离出的砂浆则可用于路基的稳定化处理。① 日本有些地区将回收的建筑垃圾除去金属和砂土，加入熟石灰等制成圆形的块状物，供专用的垃圾发电炉使用，这种块状垃圾产生的热量平均约为普通标准煤的1/2。日本成熟的垃圾回收技术为建筑垃圾的资源化提供了技术保障，也为日本建筑垃圾产业链的发展带来了契机，使日本建筑垃圾的处理趋于标准化和规范化。

国内外经验表明，精细化、规范化和标准化的管理，重点是合理规划布局垃圾消纳场所，全面规范建筑物料、建筑垃圾运输作业秩序，有效解决城区建筑垃圾抛撒、建筑物料乱堆乱放、建筑施工车辆带泥污染城市道路等问题，科学处置建筑垃圾，推进建筑垃圾的资源化、再利用。

>>三、北京市建筑垃圾回收处理需做好的几个方面<<

以上国内外绿色科技在建筑垃圾领域的经验对北京市都具有一定的借鉴意义。北京市建筑垃圾的回收处理需借鉴国内外的成功经验，并充分考虑自身的实际情况，进一步做好顶层设计，打破现有的阻力和障碍，发挥市场在配置资源中的决定性作用，并加强环境立法。

---

① 朱红兵. 废弃水泥混凝土再生利用研究现状. 中国水运(学术版)，2007(2)

（一）破除体制机制障碍，推动绿色科技在建筑垃圾领域的应用

科学技术研究工作是建筑垃圾资源化的基础，没有合适的技术保证，建筑垃圾的资源化就无从谈起。国家和建筑施工企业应投入资金，立项开展建筑垃圾综合利用的深入研究与开发。

目前，建筑垃圾资源化技术从试验室到扩大化的规模生产仍有很多问题需要解决，技术创新的动力来源于创新能力的培养。需要建立统一的有约束力的政策扶植机制，使制约绿色科技应用的体制机制障碍得到根本性的完善。通过机制创新和推进科研体制改革两种途径来实现。机制创新，推行科研单位和资源化企业合作研发，鼓励建筑垃圾资源化企业的自主技术创新，形成有利于科研成果转化的机制，如将建筑垃圾资源化技术的发展列入各级政府产业发展和科研攻关计划，纳入财政预算，增加科技研发资金。

具体而言，可采取两种方案：一种是将政府建筑垃圾处理技术经费与有实力和研发能力的企业联合开发项目挂钩，联合攻关，按照双方合作完成的研发成果数量和质量，有关部门拨付科研经费，共同开发新产品、新技术、新工艺，推进科技进步。另一种是政府与大型龙头企业联办研究中心，将该中心以政府入股方式归入企业，对中心的公共研发成果实行政府采购制，专利归政府所有，向社会公开。

推进科研体制改革，推动科研机构企业化发展，支持科研院所、高等院校与企业结成战略联盟，允许科研单位或个人以技术专利权作价入股。打破科研单位、生产企业与高等院校的分割局面，形成专业化联合攻关、以成果的有偿使用为核心的科技研发平台，减少低效重复劳动，提高科技创新能力。

（二）加强源头减量控制，促进建筑垃圾综合利用的研究和开发

源头减量是防止建筑垃圾污染环境优先考虑的措施。对我国而言，应当鼓励和支持开展清洁生产，开发和推广先进的施工技术和设备，充分合理利用原材料等，通过这些政策措施的实施，达到建筑垃圾减量化的目的。应该重点在以下几个方面加强建筑垃圾综合利用的研究和开发：建筑垃圾综合利用的分选技术创新与设备研发；建筑垃圾减量化的综合措施；研究回填材料的组成、结构与性能以及对周围环境的影响；采用循环再生骨料开发绿色建材。总之，应该从源头上加以控制，大力开发和推广节能降耗的建筑新技术和新工艺，从而减少建筑垃圾的产生。在建筑物的设计过程中，考虑提高建筑物的耐久性，采用尽量少产生建筑垃圾的结构设计，使用环保型建筑材料，考虑建筑物将来进行维修和改造时建筑垃圾产生量要少，考虑建筑物在将来拆除时的再生问题。

（三）充分运用现有环境法规，保障绿色科技在建筑垃圾中的应用

在推进绿色科技应用的过程中，完善环境立法并加强管理至关重要。只有建立相配套的环

境治理法律、法规，才能真正推动绿色科技在北京市乃至全国的应用。我国现行建筑垃圾处理的法律责任还需进一步明晰，提高现行的违规处罚标准，增加企业违法的成本。2014 年修订后的《环境保护法》，进一步明确了政府对环境保护的监督管理职责，强化了企业污染防治责任，加大了对环境违法行为的法律制裁，增强了法律的可执行性和可操作性。

建筑垃圾的综合利用，对于节约资源、改善环境、提高经济效益和社会效益、实现资源优化配置和可持续发展具有重要意义。要充分利用现有法规，同时通过宣传、措施、行动，让全社会了解建筑垃圾再生利用的重要性，让民众认识到建筑垃圾是可利用的城市矿产资源，是人类生存可持续发展的必然选择。全面制定利用建筑垃圾生产建材的生产标准和技术规范，资源化生产企业在确保产品质量的基础上，力求品种更多样、性能更优越、销价更合理、使用更方便，使再生建材产品更有竞争力。政府部门要率先使用绿色建材产品，消除人们对再生材料的"不安全""不环保"的种种顾虑，完善引导与鼓励机制，提高全社会综合利用建筑垃圾的积极性。呼吁全社会都来关注和参与建筑垃圾的减量化、资源化和无害化，增强人们节约资源、保护环境的意识。综合利用建筑垃圾的途径是多种多样的，应当根据各地的具体情况，因地制宜地开展这项工作，采取积极措施，确保建筑业的可持续发展。

>>参考文献<<

1. 陈科家，孙慧. 从国际经验看中国建筑垃圾处理模式. 国际经济合作，2011(12)

2. 李南，李湘洲. 发达国家建筑垃圾再生利用经验及借鉴. 再生资源与循环经济，2009(6)

3. 李清海，孙蓓. 国内外建筑垃圾再生利用的研究动态及发展趋势. 中国建材科技，2009(4)

4. 朱红兵. 废弃水泥混凝土再生利用研究现状. 中国水运（学术版），2007(2)

5. 刘锦子. 浅谈绿色建筑材料的发展. 建材技术与应用，2006(5)

6. 王子彦，陈昌曙. 论技术生态化的层次性. 自然辩证法研究，1997(8)

7. 曹凤中. 实现从工业文明到生态文明观的跨越. 陕西环境，2001(4)

8. 王伯鲁. 绿色技术界定的动态性. 自然辩证法研究，1997(5)

9. 昊晓波，杨发明. 绿色技术的创新与扩散. 科研管理，1996(1)

10. 鲍健强. 绿色科技的特点和理性思考. 软科学，2002(4)

11. 陈昌曙. 关于发展"绿色科技"的思考. 东北大学学报（社会科学版），1999(1)

12. 包庆德，邱滟霞. 绿色科技：生态时代的规范与学界研究的进展. 科学学研究，2006(S2)

13. 王静. 建评结合的常州北港生态小区设计. 华中建筑，2006(12)

14. 陈昌礼，赵振华. 我国城市建筑垃圾减量化资源化的关键问题及对策分析. 建筑技术，2011(9)

15. 王雷，许碧君，秦峰. 我国建筑垃圾处理现状与分析. 环境卫生工程，2009(1)

16. 陈科家，孙慧. 从国际经验看中国建筑垃圾处理模式. 国际经济合作，2011(12)

17. 赵平，同继锋. 绿色建筑对建筑材料的要求. 中国建材科技，2003(6)

18. 张希黔，林琳，王军. 绿色建筑与绿色施工现状及展望. 施工技术，2011(8)

19. 北京师范大学科学发展观与经济可持续发展研究基地，西南财经大学绿色经济与经济可持续发展研究基地，国家统计局中国经济景气监测中心. 2013 中国绿色发展指数报告——区域比较. 北京：北京师范大学出版社，2013

20. 余谋昌. 生态哲学. 西安：陕西人民教育出版社，2000

21. 崔素萍，涂玉波. 北京市建筑垃圾处置现状与资源化. 固体废弃物在城镇房屋建筑材料的应用研究——中国硅酸盐学会房建材料分会 2006 年学术年会论文集，2006

22. 马仙芳. 浅谈绿色建筑施工在我国的现状和途径. 2010 年学术大会论文集，河南省土木建筑学会，2010

23. 何家霖. 社会主义和谐社会的绿色科技支撑体系研究. ［学位论文］. 合肥：合肥工业大学，2007

24. 李扬裕. 绿色科技及其支撑体系研究. ［学位论文］. 福州：福建农林大学，2003

25. 朱东风. 城市建筑垃圾处理研究. ［学位论文］. 广州：华南理工大学，2010

城市绿色能源研究

北京市能源消费结构演变、问题及对策研究

刘一萌

能源是人类进行任何生产生活活动所不可或缺的物质基础。能源的发展、能源与环境是当今世界共同关心的主题，也是我国社会经济发展所面临的重要问题。北京市作为一个能源资源极为有限而能源消耗量很大的国际性大都市，如何处理能源约束下的经济社会发展，保障能源供应，直接关系到北京市的经济发展和社会稳定。《北京市国民经济和社会发展第十二个五年规划纲要》明确提出了一系列节能减排指标，如万元地区生产总值能耗降低 16%、万元地区生产总值二氧化碳排放总量降低 8%、二氧化硫和化学需氧量的排放总量减少 8%、氮氧化物的排放总量减少 10% 等。在保持经济增长的同时实现这些节能减排目标，使得北京市实现能源、经济、环境的可持续发展，成为北京市面对的一个重要课题。

能源消费结构与消费模式对于加快建设资源节约型、环境友好型社会，促进经济的协调发展，具有举足轻重的作用。本文通过分析北京市能源消费结构的演变特征与问题，提出相应的能源消费对策，以对北京市未来的经济发展规划以及能源、产业政策优化等提供决策支持。

>>一、北京市能源消费结构演变及特征<<

北京地区能源消费的结构和消费模式近年来已有所改善，但是与发达国家和地区相比，仍有相当大的差距。统计资料表明，北京的万元 GDP 能耗不仅高于日本、欧洲，而且也高于一些发展中国家。北京地区能源消费的结构与消费模式，在国内具有一定的代表性。研究北京地区的能源消费状况，对于把握我国能源消费的总体特征具有一定的理论和现实意义。

(一)北京市能源消费总体情况

在 1980—2012 年的 30 多年间，北京市的万元地区生产总值能耗基本上呈逐年下降的趋势，

从 1980 年的 13.72 吨标准煤下降到 2012 年的 0.44 吨标准煤，年均下降率达到 5.5％。但是随着人口的增长和社会经济的发展，北京市能源消费总量①还是在逐年增加。2012 年，北京市能源消费总量达到 7 177.7 万吨标准煤，是 1980 年能源消费总量的 3.76 倍②。1980—2012 年间全市能源消费总量年均增长率为 4.3％，平均每年增长近 165 万吨标准煤。

与全国平均能源消费水平相比，北京市的能源消费水平较高，如图 16 所示。1980—2012 年，北京市人均能源消费量从 2.11 吨标准煤增加到 3.47 吨标准煤，而同期全国人均能源消费量分别为 0.61 和 2.68 吨标准煤。但从图 16 中可以看出，近年来二者的差距在逐渐缩小，1980 年全国人均能源消费量不到北京市同期消费量的 30％，而到 2012 年这一比例已超过 77％，表明在这一期间，北京市人均能源消费量的增速低于全国人均能源消费量的增速。这一方面说明，随着国民经济的增长，全国总体能源消费压力在逐年加大；另一方面也表明在经济发展的过程中，北京市能源使用效率的提升高于全国平均水平，这一趋势在 2003 年以后尤为显著。

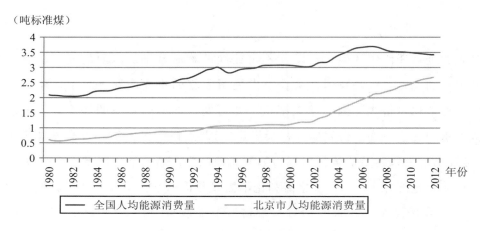

（吨标准煤）

图 16　1980—2012 年北京市与全国人均能源消费量比较

数据来源：《2013 北京统计年鉴》《2013 中国能源统计年鉴》。

从能源供应的角度来看，北京市的能源资源极为有限，本市的能源生产无法满足能源消费的需求，缺口很大，对能源的外地调入有较大程度的依赖。北京市自产煤炭主要是无烟煤，分布在门头沟和房山区，有少量的水力发电资源，石油和天然气尚未发现可供开采的工业储量。其中电力供应主要从华北电网调入，原油、天然气来自陕甘宁长庆天然气气田和华北油田，而原煤主要由山西、内蒙古、河北等地区调入。

（二）北京市分品种能源消费结构

近年来，北京市能源品种消费结构不断优化。煤炭、焦炭等高碳能源在能源消费总量中的

---

① 能源消费总量是指一定地域内（国家或地区）国民经济各行业和居民家庭在一定时期消费的各种能源数量的总和，是观察地区能源消费水平、构成和增长速度的总量指标，分为终端能源消费量、能源加工转换损失量和损失量三部分。

② 在此期间，北京市的总人口翻了一倍多，人均地区生产总值增长了 9.3 倍。

比重不断下降，煤品（包括煤炭和焦炭）消费比重由 2005 年的 46.69％下降到 2011 年的 24.62％。由于国民经济快速发展，人民生活水平不断提高，以及消费结构的升级换代，油品（包括汽油、煤油、柴油）和电力的消费增长速度较快。2011 年北京市油品消费量为 1 050.78 万吨，年均增速高达 10.88％。电力消费量为 853.68 亿千瓦时，年均增速达到 7.06％。油品、电力和天然气等清洁能源的消费比重逐年提高，油品消费比重由 2005 年的 15.03％上升到 2011 年的 22.05％，电力消费比重由 2005 年的 12.62％上升到 2011 年的 15％，天然气消费量由 2005 年的 32.04 亿立方米增长到 73.56 亿立方米，年均增速高达 14.86％，在能源消费中的比重也由 2005 年的 7.05％上升到 2011 年的 12.77％。其他品种能源的消费比重近年来也呈现上升态势，从 2005 年的 18.61％上升到了 2011 年的 25.56％（见图 17）。

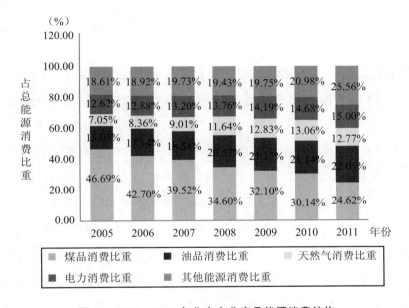

图 17　2005—2011 年北京市分产品能源消费结构

数据来源：2005—2012 年《北京统计年鉴》。

（三）北京市能源消费的产业行业结构演变

能源消费可以分为生产用能源消费和生活用能源消费两部分。生产用能源消费可分为三大产业的能源消费；生活用能源消费指居民生活中消费的能源。由图 18 可以看出，第一产业和居民生活用能源消费情况比较稳定，但第一产业能源消费占比较低且稳中有降，而居民生活用能源消费却是稳中有升，尤其是自 21 世纪以来上升较快，从 2000 年占比不到 13％增加到 2012 年的将近 20％。第二产业能源消费所占的比例一直呈快速下降的趋势，能源消费的产业结构由第二产业占主导地位的状况不再，2005 年第二产业的能源消费比例首次降到了 50％以下，北京市的能源消费产业结构逐渐演变成第二、第三产业共同占据主导地位的状况。2008 年以后，第三产业能源消费比例开始超过第二产业，到 2012 年达到 45.3％，而第二产业能源消费的比重已降至 33.8％。

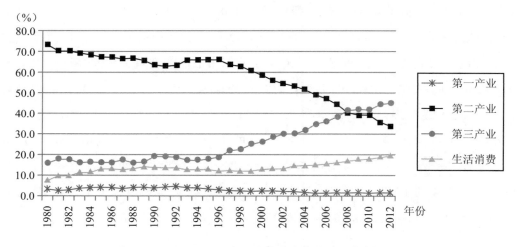

图 18 1980—2012 年北京市分产业能源消费结构

数据来源:《2013 北京统计年鉴》。

相对于生产用能源消费,生活用能源消费对经济发展的促进作用是间接的。在 2000—2009 年间,北京市居民生活用能源人均消费量一直处于增长状态,在 2009—2010 年间略有下降。2010 年人均生活用煤炭消费 150 千克,较 2009 年的 158.6 千克下降 5.4%;人均生活用电力消费 749.8 千瓦时,较 2009 年的 746.7 千瓦时增长 0.4%;人均生活用液化石油气消费 11.6 千克,较 2009 年的 13.2 千克下降 12.1%;人均生活用天然气消费 54.6 立方米,较 2009 年的 57.1 立方米下降 4.3%;人均生活用汽油消费 167.3 升,较 2009 年的 168.3 升下降 0.6%。

按照《国民经济行业分类》标准,将北京市所有主要行业分为四个大类:农业、工业、建筑业和服务业。服务业和工业是北京市能源消费较大的行业,居民生活消费次之,农业和建筑业能源消费较少。其中工业能源消费量不稳定,反复出现上升和下降的趋势,农业能源消费量基本上平稳增长,其他行业能源消费量均呈快速增长态势。2011 年,北京市农业能源消费量为 100.8 万吨标准煤,比 2005 年增长了 16.5%,年均增速为 2.5%;工业能源消费量为 2 275.7 万吨标准煤,比 2005 年下降了 10.5%,年均降速为 1.8%;建筑业能源消费量为 150.4 万吨标准煤,比 2005 年增长了约一半,年均增长率达到 7.3%;服务业能源消费量为 3 100.52 万吨标准煤,比 2005 年增长了 61.6%,年均增速为 8.33%;生活消费量为 1 398.7 万吨标准煤,比 2005 年增长了 60.5%,年均增速达到 8.2%。

(四)北京市能源消费的区县分布结构

表 12 是 2011—2012 年北京市各区县能源消费总量和人均消费量分布以及地区生产总值能耗变化情况。

表 12		2011—2012 年北京市各区县能源消费及能耗变化							
区县	能源消费总量（万吨标准煤）		常住人口（万人）		人均能源消费量（吨标准煤）		万元地区生产总值能耗下降率（%）	
	2012	2011	2012	2011	2012	2011	2012	2011
全市	7 177.7	6 995.4	2 069.3	2 018.6	3.47	3.47	4.75	6.95
首都功能核心区①	714.1	691.9	219.5	215	3.25	3.22	4.03	4.48
东城区	281.6	275.3	90.8	91	3.10	3.03	3.30	5.12
西城区	432.5	416.6	128.7	124	3.36	3.36	4.34	3.97
城市功能拓展区	2 630.6	2 538.8	1 008.2	986.4	2.61	2.57	4.56	15.67
朝阳区	1 093.3	1 043.8	374.5	365.8	2.92	2.85	4.07	4.21
丰台区	407.3	393.3	221.4	217	1.84	1.81	4.02	4.38
石景山区	332.5	342.6	63.9	63.4	5.20	5.40	9.25	48.10
海淀区	797.5	759.1	348.4	340.2	2.29	2.23	2.96	6.85
城市发展新区	2 937.9	2 843.2	653	629.9	4.50	4.51	4.88	5.45
房山区	898.5	899.4	98.6	96.7	9.11	9.30	7.37	4.34
通州区	296.0	290.0	129.1	125	2.29	2.32	6.73	4.01
顺义区	955.2	917.5	95.3	91.5	10.02	10.03	4.14	4.22
昌平区	364.8	359.4	183	173.8	1.99	2.07	8.41	4.29
大兴区	275.8	249.0	147	142.9	1.88	1.74	−0.83	4.46
北京经济技术开发区	147.6	127.9	—	—	—	—	−8.01	3.43
生态涵养发展区	439.7	420.2	188.6	187.3	2.33	2.24	5.16	5.44
门头沟区	70.3	67.0	29.8	29.4	2.36	2.28	5.96	13.24
怀柔区	106.9	103.8	37.7	37.1	2.84	2.80	5.81	3.74
平谷区	104.4	100.5	42	41.8	2.49	2.40	5.97	4.09
密云县	105.0	98.0	47.4	47.1	2.22	2.08	3.64	3.52
延庆县	53.1	50.9	31.7	31.9	1.68	1.60	4.07	3.67

注：1. 根据有关核算原则，在进行能源核算时，对部分无法进行区县分解的数据，由市统计局统一核算，故表中各区县及北京经济技术开发区能源消费量之和不等于全市能源消费量。2. 人均能源消费量基于各区县年度常住人口总量计算而得，因北京经济技术开发区的常住人口数据不可得，故未能计算其人均能源消费量。

数据来源：《2013 北京统计年鉴》。

从北京市分区县能源消费相关数据来看，除了石景山区以外，北京市其他各区县的能源消费在 2011—2012 年间几乎均有所上升，其中朝阳区、顺义区、房山区、海淀区四个区域是北京

① 2010 年 6 月，国务院正式批复了北京市政府关于调整首都功能核心区行政区划的请示，同意撤销北京市东城区、崇文区，设立新的北京市东城区，以原东城区、崇文区的行政区域为东城区的行政区域；撤销北京市西城区、宣武区，设立新的北京市西城区，以原西城区、宣武区的行政区域为西城区的行政区域。

市能源消费大区，能源年消费量一般都在 700 万吨标准煤以上。朝阳区能源消费量连续数年位居首位，2012 年朝阳区能源消费量为 1 093.3 万吨标准煤，顺义区能源消费量为 955.2 万吨标准煤，房山区能源消费量为 898.5 万吨标准煤，海淀区能源消费量为 797.5 万吨标准煤。2012 年石景山区能源消费量为 332.5 万吨标准煤，比 2010 年下降了近一半，与 2005 年相比年均下降率达到 13%。

根据北京市区县功能定位，首都功能核心区包括原东城、西城、崇文、宣武四个中心城区。合并后新设立的东城区，辖区范围为现东城区和崇文区，面积为 41.84 平方千米，常住人口 86.5 万人。合并后新设立的西城区，辖区范围为现西城区和宣武区，面积为 50.70 平方千米，常住人口 124.6 万人。图 19 为根据功能区划分的北京市能源消费情况。

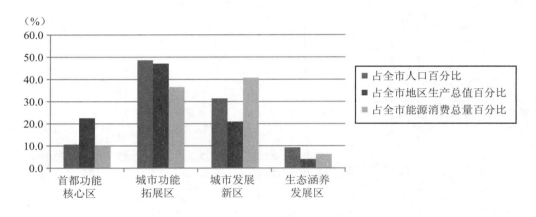

图 19 北京市按照功能区划分的能源消费结构

数据来源：《2013 北京统计年鉴》。

>>二、北京市能源消费结构存在的主要问题<<

(一)能源消费增速过快，供需长期失衡

北京市 2012 年常住人口达 2 000 多万，随着城市化进程的加快，居民消费结构升级，住房、汽车等新一代高档耐用消费品的需求迅速增加。近几年，私人小汽车、大功率家用电器已进入居民家庭；天然气、煤气等优质能源在居民生活中得到了广泛应用。2012 年北京市私人机动车拥有量达到 371.7 万辆，比 2005 年增长近 1.1 倍。社会经济的发展和居民生活水平的提高，大大推动了能源消费量的增长。2012 年，北京市能源消费总量由 2005 年的 5 521.94 万吨标准煤增长到 7 177.7 万吨标准煤。但北京市能源生产能力较弱，能源外购目前也越来越难，能源供应与需求长期失衡。有关资料表明，北京市现有热电厂长期超负荷运行，已处于"吃干用尽"的状态，燃气管网设施能力也已达极限运行状态，难以满足全市能源快速增长的需求。

(二)能源严重依赖外部，供应体系脆弱

北京市属于能源资源严重短缺地区，能源自给能力严重不足，对外依存度高，每年都需从山西、河北、内蒙古等周边地区大量调入能源。2012年，北京市能源消费总量98％以上依靠外部供应。100％的天然气与石油原油、80％的煤炭、70％的电力、70％的成品油需从河北、山西、内蒙古、宁夏、河南等地输入。北京能源供给对外依赖性强存在一定风险，供应体系也非常脆弱，容易受到各种因素的影响。因此，必须加强能源输配和储备基础设施的建设，构建长远的能源发展战略。

(三)能源消费结构不合理，清洁能源比重低

北京市能源结构已从燃煤为主转向电力、天然气等优质能源为主，但城市清洁能源利用水平还需进一步提高。尽管煤炭终端使用的比重有所下降，但消费总量却一直保持增长趋势，而且在燃料消费结构中仍然处于主体地位，大量燃煤发电和供热严重影响北京市及其周边地区的环境。天然气占能源消费总量的比重仅为世界平均水平的一半，还存在相当大的差距；煤炭总量削减仍有较大空间。

另外，北京市新能源和可再生能源的发展还处于起步阶段，目前可再生能源利用总量小、比重低，产业规模普遍偏小，政策标准不完善。可再生能源的消费占能源消费总量不到3％。北京市新能源发展过程中面临许多问题：一是缺乏足够的经济鼓励政策和激励机制，政策的连续性和稳定性差，没有形成具有一定规模的、稳定的市场需求，影响投资者的积极性。没有行之有效的投融资机制，使新能源技术的推广应用受到很大限制。二是资源勘查水平低，影响开发利用规划的制订，加大了投资风险。受技术水平的限制，新能源开发成本相对较高，与其他能源相比缺乏竞争力，其环保和社会效益在目前的市场条件下难以体现出来。三是新能源的开发利用缺乏强有力的法规保障，尚未确立起在能源发展中的战略地位。

(四)电力和天然气能源季节性消费特征明显，运行调控难度大

北京四季气候变化明显，居民各类能源消费也呈现出季节性变化。夏季炎热，居民空调用电量大，春季人均电量最小，导致电网用电峰谷差逐年加大，高峰时段负荷比平均高出30％以上。天然气供暖季节性消费特性也非常突出，冬季供气不足，高峰和低谷差别达到8∶1。峰值高、持续时间短，季节性平衡难度大，对采气、输气、供气的各个环节造成负担，增加运营难度，运行调控也非常困难。

>>三、北京市优化能源消费结构的对策<<

（一）重点加强天然气、电力、太阳能等清洁能源基础设施的建设——

2011 年，北京市天然气和电力消费总量占比达到 28％（其中：天然气 13％，电力 15％），首次超越煤炭在能源结构中的比重，标志着北京市能源结构正处于从高碳能源转向清洁能源的结构转型时期。

1. 天然气基础设施的建设

北京市天然气全部依靠外部供应。2012 年，全市天然气消费总量为 84 亿立方米，全部依靠外部输送。天然气基础设施建设的重点任务：一是加强气源建设，形成多元化供气格局；二是加强天然气管网建设；三是加快燃煤锅炉的改造力度，建设大型燃气热电中心；四是建设燃气冷热电三联供和分布式能源设施。

2. 电力基础设施的建设

一是要提高供电能力。重点解决北京 500 千伏电网主变供电能力不足问题，以及 220 千伏和 110 伏千伏变压器、线路存在负载过高和不满足 N－1 现象。二是要进一步完善网架结构，提高网架的稳定性和安全性。三是要提高供电的可靠率，供电可靠率要提高到世界城市先进水平。

3. 太阳能、地热能、生物质能和风能基础设施建设

北京市全年平均气温 13.1℃，年日照时数为 2 594 小时，太阳能资源比较丰富，适合于太阳能热水、太阳房、光伏发电等技术的应用。北京市有丰富的地热资源，年可开采量在 2 000 万立方米以上，目前开发利用了约 1/2，包括小汤山地热田、北京东南城区地热田、良乡地热田和李遂地热田。生物质能资源主要分布在北京郊区，主要有薪炭林、农作物秸秆、畜禽粪便、其他植物残体、农村生活垃圾等。北京西北部延庆官厅水库周边及密云水库地区蕴藏的风能也比较丰富，总能量可达 830 兆瓦。假如装机 10 万千瓦，年发电量可达 1.75 亿兆瓦，可替代 6.95 万吨标准煤。

（二）从产业调整看，重点加强第三产业和服务业能源基础设施的建设——

2000—2012 年间，北京市第一产业能源消费比重最低，呈下降趋势；第二产业能源消费比重最高，也呈下降趋势；第三产业能源消费增长最快，占总能源消费的比重逐年提高；生活消费相对比较稳定，占总能源消费的比重每年略有增加。产业结构调整以及工业技术节能效果明显，而第三产业和居民生活消费比重上升较快，意味着现代化、都市型的能源消费特征更趋明显。因此，必须加强第三产业和服务业领域能源基础设施的建设。第三产业和服务业能源基础设施的建设，主要是为计算机信息产业、物流服务业、金融服务业等现代服务业提供能源保障

建设，提高能源保障和服务水平。

严格产能淘汰和项目准入标准：一是在继续淘汰退出一批高耗能、高耗水、高污染企业的同时，严格控制不符合北京市产业定位的企业项目入驻。二是重点发展生产性服务业高端环节。大力发展总部经济，重点发展研发设计、品牌建设和产品营销等产业高端环节。三是积极推进文化创意产业。重点发展软件与信息服务、动漫游戏、新闻出版、影视音像、设计服务、文化教育培训，以及艺术、旅游和休闲娱乐等产业领域，积极探索原创性、服务型、高端型、总部型的文化创意产业发展之路，占领产业战略制高点。

(三)从区域分布看，重点加强城市发展新区和城市功能拓展区能源基础设施的建设

北京市四类主体功能区分别是首都功能核心区、城市功能拓展区、城市发展新区以及生态涵养发展区。从2012年北京市分区域统计数据来看，城市发展新区的能源消费量最多，占全市能源消费总量的比重达到了40％，比2005年上升了10.5个百分点。城市功能拓展区能源消费量仅次于城市发展新区，占全市能源消费的比重为37％，比2005年下降了15个百分点。

城市发展新区能源基础设施建设应主要建设高起点、现代化的能源基础设施，实现经济增长与节能降耗、经济发展与环境协调相统一，避免走过去的老路。城市功能拓展区能源基础设施建设应主要围绕城市功能建设能源基础设施重点项目，重点支持科技园区、高新技术产业区、文化产业园区等功能区能源基础设施建设。

(四)从能源运行看，重点加强传输管网维护、技术升级改造和节能减排等基础设施领域的建设力度

传输管网维护应以能源传输管网为重点，定期排查，对超期服役的传输管网、存在安全隐患的管线、被占压的管线进行更新、改造，避免出现跑、冒、滴、漏等现象。改造措施包括建设骨干网(站)、更换管道、管线、更换阀门等。

技术升级改造要通过"煤改电""煤改气"等措施，改变以高碳能源为主的能源结构；淘汰落后生产工艺流程，应用现代高科技手段，提升北京市能源基础设施领域的建设水平。北京城市工业、建筑、供热、交通等领域的节能潜力十分巨大，能源合理利用市场空间广阔，应主要通过能源合同管理等措施，挖掘节能潜力，提升北京能源基础设施的建设水平。

(五)倡导全面节能观念，建立以价格杠杆和市场为导向的长效节能机制

将科学发展观思想深入贯彻到经济和社会发展中去，建立和完善节能法规、标准，倡导全面节能观念；建立节能降耗减排的硬约束指标，通过提高能源的效率来削减能源需求；积极发展城市公共交通，降低交通能耗；提高居住建筑节能标准，制定并实施公共建筑和工业建筑节

能标准；建立严格的供热节能标准，强制推广节能材料和技术并落实到管理措施中去，同时积极推进采暖供热收费改革，降低采暖能耗。

改革能源价格的形成机制和价格结构，完善和细化能源梯次价格，限制低成本能源消费，由市场机制形成能源的合理价格，充分体现能源开发过程中的环境成本，体现资源的稀缺程度和市场供求关系；大力发展专业化节能服务公司，走节能服务市场化之路。利用市场机制挖掘节能潜力，促进节能产业的兴起与形成，形成有效的市场化节能运作机制。改变节能改造大都由企业自身实施的状况，由专业的节能服务公司负责企业节能项目的投资、设计、购置、安装、监测等一系列工作，解决企业在节能改造过程中遇到的财务投资和技术成果转化等难题，使长效节能理念市场化、专业化。

>>参考文献<<

1. 李晓西，胡必亮，林卫斌. 中国能源改革战略："两只手"协同作用. 经济研究参考，2013(7)

2. 林卫斌. 经济增长、能耗强度与电力消费. 经济科学，2010(5)

3. 石峰，陈首丽. 北京地区能源消费特征分析. 消费经济，2009(3)

4. 谭忠富，宋艺航. 北京市能源、经济协调关系分析与需求预测. 华北电力大学学报（社会科学版），2011(4)

5. 田闻旭，等. 节能减排目标下北京能源消费布局优化分析. 中国能源，2010(9)

6. 王朝华. 北京新能源发展现状与对策分析. 经济论坛，2012(9)

7. 王卉彤，慕淑茹. 北京市能源消费总量、结构与碳排放的趋势研究. 城市发展研究，2010(9)

8. 杨松. 北京能源基础设施建设的重点任务——北京能源消耗结构视角. 全国商情（理论研究），2014(1)

9. 张峰，刘伟. 北京市能源消费预测与政策建议. 中国人口资源与环境，2008(3)

10. 张生玲，林永生. 北京市能源供求分析与对策. 城市问题，2009(9)

11. 张建民，唐冬. 北京市"十二五"能源发展问题研究. 中国能源，2013(1)

12. 北京市统计局，国家统计局，北京调查总队. 北京统计年鉴. 北京：中国统计出版社，2005—2013

13. 国家统计局能源统计司. 2013 中国能源统计年鉴. 北京：中国统计出版社，2013

14. 北京师范大学科学发展观与经济可持续发展研究基地，西南财经大学绿色经济与经济可持续发展研究基地，国家统计局中国经济景气监测中心. 2013 中国绿色发展指数报告——区域比较. 北京：北京师范大学出版社，2013

15. 李晓西，林卫斌，等. "五指合拳"——应对世界新变化的中国能源战略. 北京：人民出版社，2013

16. 北京市国民经济和社会发展第十二个五年规划纲要. 北京市发展和改革委员会网站. http://www.bjpc.gov.cn/fzgh_1/guihua/

17. 北京城市总体规划（2004—2020 年）. 北京市发展和改革委员会网站. http://www.bjpc.gov.cn/fzgh_1/csztgh/200710/t195452.htm

国际化大都市能源消费方式比较分析

林卫斌　　罗时超　　谢丽娜

>>一、引言<<

北京和上海作为我国最重要的两大超级城市，均提出了到 2020 年基本建成国际化大都市的战略目标。[①] 所谓国际化大都市，是指那些具有超强的经济、政治、科技、文化实力，并与国际上多数国家发生经济、政治、科技和文化交流关系，有着全球性影响力的国际一流城市。国际化大都市人口规模大、密度高，商业服务业高度发达，是社会生产力高度集聚的一个空间组合形态。[②] 而能源是保障城市生产力集聚发展的重要物质基础。当然，由于其城市功能的多样化和全面性，国际化大都市必然有其特殊的能源消费方式，形成独特的能源消费体系。那么，作为以建设国际化大都市为目标的北京和上海，其能源消费方式与发达的国际化大都市相比存在哪些差异呢？

本文选择纽约、伦敦和东京三个全球性国际化大都市作为比较对象，从数量和结构两个方面解析一个地区的能源消费体系，并在此基础上从集约度和清洁度两个维度分析北京和上海的能源消费方式与三大国际化大都市相比较所存在的差距。比较分析和寻找差距，有助于北京和上海明确在建设国际化大都市的进程中能源消费方式转变的方向和目标，同时也能为我国推动能源革命提供参考。党的十八大报告明确提出要"推动能源生产和消费革命"；在 2014 年 6 月召

开的中央财经领导小组会议上，习近平总书记进一步要求"抓紧制定 2030 年能源生产和消费革命战略"。所谓能源生产和消费革命是指能源的生产方式和消费方式发生根本性的变化。其中，能源消费方式的变革就是要求构建集约、清洁的能源消费体系。

本文的结构安排如下：第二部分分析能源消费方式的内涵和外延，据此构建比较分析不同地区能源消费方式的分析框架；第三部分比较分析北京和上海与三大国际化大都市能源消费体系的基本特征的差异；第四部分从集约度和清洁度两个方面分析北京和上海能源消费方式先进性与三大国际化大都市的差距；最后是结论与启示。

>>二、能源消费方式的内涵和外延<<

所谓能源消费方式，是指一个地区利用能源支撑其经济社会发展的方法和形式，并由此形成该地区能源消费体系的模式和特征。正如人们通常地用"粗放型"或者"集约型"来评价经济增长方式的先进性，我们也同样需要对能源消费方式的先进性进行模式性的概括。那么，如何评价一个地区能源消费方式的先进性呢？主要看两点：一是否集约，或者说是否为资源节约型；二是否清洁，或者说是否为环境友好型。

具体到外延上，分析一个地区的能源消费体系主要从能源消费的数量和结构两个方面展开。其中数量方面包括能源消费总量、人均能源消费量、人均生活能源消费量、能源消费密度（单位土地面积能源消费量）和能源消费强度（单位产值能源消费量）等。结构方面则包括分部门能源消费结构和分品种能源消费结构，前者是指能源消费量在不同的生产、生活部门的分布，后者是指能源消费总量中煤炭、石油、天然气和电力等不同能源品种所占的比重。

(一)能源消费总量与密度

能源消费总量反映了一个地区能源消费总体情况。当然，分析一个地区的能源消费情况时，还应该考虑该地区的规模大小，包括人口规模和土地面积。这就要求考察另外两个指标：人均能源消费量和能源消费密度（即单位土地面积能源消费量），其中能源消费密度等于人均能源消费量与人口密度（单位土地面积人口数）的乘积。需要指出的是，能源消费总量、人均能源消费量和能源消费密度三个指标主要反映一个地区能源消费的基本情况，我们并不能根据其绝对值的大小来反映该地区能源消费方式的先进性。

此外，能源消费包括生产用能和生活用能两部分。除了人口数外，一个地区的生活能源消费量主要受两个因素影响：一是经济发展水平，一个地区的经济发展水平越高，其居民的收入水平和生活水平也就相应地越高，也就可能消费更多的电力、汽油等能源；二是气候条件，主要涉及供热和制冷的用能需求，在夏季，天气炎热的地区具有更大的空调制冷需求，而在冬季，天气寒冷的地区具有更大的供热需求，这就需要消耗更多的能源。因此，在气候条件相近的情况下[①]，人均生活能源消费量的大小主要反映一个地区经济发展水平的高低。人均能源消费量是能源消费体系中的一个重要维度，但我们同样地不能简单地依据其绝对值的大小来判断一个地区能源消费方式是否集约。

（二）能源消费强度

能源消费强度是指单位地区生产总值的能源消费量，是衡量能源利用效率的综合指标，是判断一个地区能源消费方式是否集约的主要依据。一个地区的能源消费强度是其各细分行业的能耗强度的加权平均，权重为细分行业的产值占地区生产总值的比重。因此，能源消费强度的大小实际上包含着两种效应：结构效应和强度效应。在产业结构相同的情况下，技术水平和能源利用效率越高的地区，其各行业的能源消费强度就越小，总体能源消费强度也就越小；而在技术水平和能源利用效率相同的情况下，高耗能产业产值比重越高的地区，经过加权平均后的总体能源消费强度也会越大。由此可见，判断一个地区能源消费方式是否集约，主要看两个方面：一是在各行业各部门能源是否得到高效的利用，二是能源消费是否集中到低耗能行业部门，而这两个方面都综合反映到能源消费强度上。

（三）分部门能源消费结构

能源消费包括终端消费、加工转换损失和运输过程中的损耗三部分，终端消费是主体部分。能源的终端消费主要包括工业生产用能、交通运输用能、商业活动用能和居民生活用能等。而加工转换损失和运输损耗则分别计入工业能源消费和交通运输业能源消费。分部门能源消费结构是一个地区能源消费特征的重要方面，同时也体现了该地区的产业结构特征，进而反映其能源消费方式的集约程度。特别地，由于工业部门相对于服务业的能耗水平较低，工业用能比重较高的地区通常都具有较大的能源消费强度。

（四）分品种能源消费结构

能源消费品种多样，总体看可以归结为煤炭、石油、天然气、电力和热力等。分品种能源消费结构是指能源消费总量中不同能源品种所占的比重，它是衡量一个地区能源消费方式是否清洁的重要指标。特别地，由于煤炭和石油等能源品种在利用过程中所排放的环境污染物较多，煤炭和石油消费比重较低的地区，其能源消费方式无疑更加清洁。

综上所述，衡量一个地区的能源消费方式的主要指标及其性质如表13所示。

[①] 本文所选择的伦敦、东京和纽约三个国际城市均位于北温带，与北京、上海的纬度较为接近；从平均气温看，伦敦、东京和纽约1月平均气温分别为3.5℃、5.2℃和−0.4℃，北京、上海1月平均气温为−4.3℃、3.7℃。由此可以最大限度地减少因地理气候因素对能源消费产生的影响。

表 13	能源消费方式的比较指标及其性质
指标	性质
能源消费总量	反映一个地区能源消费总体情况
人均能源消费量	反映一个地区能源消费基本情况
能源消费密度	反映一个地区能源消费基本情况
人均生活能源消费量	反映一个地区经济发展水平和气候条件
能源消费强度	反映一个地区综合能源利用效率，是判断该地区能源消费方式是否集约的核心标准
分部门能源消费结构	反映一个地区能源消费基本情况，从结构上体现该地区能源利用的集约程度
分品种能源消费结构	是判断一个地区能源消费方式是否清洁的核心标准

>>三、大都市能源消费体系的基本特征差异分析<<

第二部分对能源消费方式内涵和外延的解析为比较大都市能源消费方式提供了分析框架和指标体系，这些指标从性质上可以分为两大类：一类是反映能源消费体系的基本情况，但不能简单根据其绝对值判断能源消费方式的先进性的指标；另一类是能够综合判断能源消费方式先进性的指标。本文接下来对国内外大都市能源消费方式的比较也依据这两类指标展开，首先是对能源消费体系基本情况的比较分析。本文所比较分析的各大都市的范围界定[①]如下：纽约是指纽约市（New York City），它由 5 个区组成；伦敦是指大伦敦，包括伦敦市和 32 个伦敦自治市；东京即东京都，是由 23 个特别行政区和 26 个市、5 个町、8 个村所组成的自治体；北京和上海均指整个直辖市范围。鉴于数据的可得性，北京和上海用 2012 年的数据，纽约用 2011 年的数据，而伦敦和东京则用 2010 年的数据。

（一）北京和上海的能源消费总量明显大于三大国际化大都市，但密度较低

从能源消费总量看，上海和北京的能源消费总量远大于纽约、伦敦和东京等全球性国际化大都市，其中上海的能源消费总量超过 1 亿吨标准煤（11 362 万吨），而伦敦的能源消费总量则不足 2 000 万吨标准煤（1 747 万吨）。当然，较大的上海和北京的能源消费总量在很大程度上是由于其城市规模大所导致的。如表 14 所示，无论是人口规模还是土地面积，北京和上海均明显大于全球性国际化大都市。从人均能源消费量看，上海为 4.8 吨标准煤/人，仍然高于纽约、东京和伦敦的水平；而北京的人均能源消费量则低于纽约，高于东京和伦敦。从能源消费密度看，

---

① 伦敦市是指英格兰的大伦敦地区内一个地理上较小的城市，它是伦敦历史上的中心区域，大伦敦则包括伦敦市和 32 个伦敦自治市；东京即东京都，包含东京 23 区、三多摩地域以及太平洋上的伊豆群岛、小笠原群岛；纽约是指纽约市，它由 5 个区组成，即布朗克斯区、布鲁克林区、曼哈顿、皇后区、斯塔腾岛，纽约都会区则是以纽约市为中心，包括纽约州上州的六个郡与长岛的两个郡，新泽西州的十四个郡，康涅狄格州的三个郡，以及宾夕法尼亚州东北部的一个郡所组成，全部地区由城区与郊区所组成。

纽约以近 4.6 万吨标准煤/平方千米的能源消费密度居于首位，上海的能源消费密度与东京接近，伦敦的能源消费密度为 1.1 万吨标准煤/平方千米，而北京的能源消费密度远低于其他大都市，不到 0.5 万吨标准煤/平方千米，仅为纽约的 1/10 左右。北京的能源消费密度较低有其自身的原因，在行政区划上，北京尚有市区和郊区之分，市区一般建筑密集、人口集中，而郊区却还有大范围的非建筑用地，如农业用地、林业用地等，因此北京市的人口密度远远低于其他大都市，这就导致较低的能源消费密度，尽管其人均能源消费量大于东京和伦敦。而纽约和东京等主体均为繁华的都市地区，高楼林立，人口密度非常大，因此能源消费密度较高。伦敦虽然主体上也是繁华的都市地区，但其能源消费密度并没有太高，在几大都市中，仅高于北京。究其原因，一方面是由于包括伦敦在内的大部分欧洲城市建筑高度整体上都比较低，其在设计之初即融入了环境、文化方面的考虑，伦敦的人口也没有其他几个大都市那样集中；另一方面，伦敦的人均能源消费量在所选择的五大都市中是最低的。

表 14   几大都市能源消费总量与密度

指标	单位	2012 年北京	2012 年上海	2010 年伦敦	2010 年东京	2011 年纽约
能源消费总量	万吨标准煤①	7 177.7	11 362.2	1 747.0	4 200.8	3 604.5
人口	万人	2 044.0	2 363.9	806.1	1 315.9	824.5
面积	平方千米	16 410.5	6 340.5	1 580.0	2 187.7	783.8
人均能源消费量	吨标准煤/人	3.51	4.81	2.17	3.19	4.37
人均生活能源消费量	千克标准煤/人	684.3	483.0	889.2	1 069.3	1 382.8
能源消费密度	吨标准煤/平方千米	4 373.8	17 920.0	11 056.9	19 202.2	45 824.5

数据来源：北京、上海数据分别来自《2013 北京统计年鉴》和《2013 上海统计年鉴》，其中人口数均为 2011 年年末和 2012 年年末的平均值。伦敦 2010 年人口数根据 2010 年总产值和人均产值计算得出，产值数据来自英国国家统计局；面积数据来自伦敦市政府网站；能源数据来自伦敦政府网。东京面积数据来自东京都统计局；人口和能源数据来自日本经济产业省相关网站。纽约的面积数据来自纽约州 2013 *New York State Statistical Yearbook*，为 2010 年的面积；能源数据来自 Inventory of New York City Greenhouse Gas Emissions（December 2012），纽约市经济发展公司（NYCEDC）网站公布了 2011 年分行业能源消费情况，并据此计算生活能源消费量。

（二）北京和上海的人均生活能源消费显著低于三大国际化大都市

虽然上海和北京的人均能源消费量处于较高水平，但其人均生活能源消费量却大大低于纽约、东京和伦敦的水平。比如，北京的人均生活能源消费量为 684.3 千克标准煤，仅为伦敦的 77%，东京的 64%，还不到纽约的一半。上海的人均生活能源消费量则仅为纽约的 35%。

人均生活能源消费更能体现一个城市的经济发展水平。随着一个地区发展水平的提高，居民会更加关注自身生活质量，现代化的各种电器设备的使用也会更加频繁，因而人均生活能源消费也将持续增长。不妨将人均生活能源消费量与体现经济发展水平的人均 GDP 两个指标放在

---

① 在进行不同单位的能源转换时，统一按照 1 千卡＝4 186 焦耳，1Btu＝1 055 焦耳的标准折算。

一起进行对比（见图20）。不难看出，人均生活能源消费与人均GDP呈正相关关系，也就是说，经济发展水平越发达，其人均生活能源消费量也会越高。

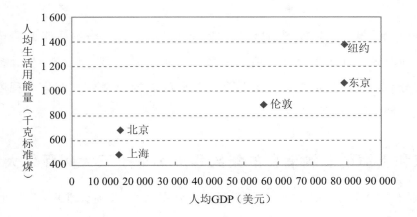

图20　几大都市人均生活能源消费与人均GDP散点图

数据来源：北京、上海的人均GDP分别来自《2013北京统计年鉴》和《2013上海统计年鉴》；伦敦人均GDP数据来自英国国家统计局；东京GDP数据来自《东京都统计年鉴》（平成24年）；纽约GDP数据来自纽约市政府网站。

（三）北京和上海的工业用能比重显著高于三大国际化大都市

从分部门能源消费结构看，上海和北京的工业用能比重显著高于纽约、伦敦和东京等全球性国际化大都市。上海的工业用能比重超过50%，北京的工业用能比重超过30%。纽约、伦敦和东京的能源消费结构体现了两个特点：一是商业用能要高于工业用能，即能源的使用更多的是用于商品流通而非商品生产；二是生活用能比重较高，一般为1/3甚至更高。

对于纽约、伦敦和东京等大都市，商业用能高于工业用能反映在城市的产业当中，是其第三产业占比高。除了一些为城市居民生产和生活提供必要的保障性的工业生产，如电力热力供应等，这些大都市的产业均以金融、教育、信息、医疗卫生等现代服务业为主。在这一方面，伦敦等大都市第三产业的比重基本上在90%左右。

表15　　　　　　　　　　　　　几大都市分部门能源消费结构

	工业用能	商业用能	生活用能	交通用能	其他
北京	32%	28%	19%	17%	3%
上海	51%	15%	10%	18%	6%
伦敦	工业、商业用能合计为37%		41%	22%	0%
东京	6%	56%	33%	5%	0%
纽约	11%	26%	32%	18%	14%

注：由于北京和上海在按行业区分能源消费情况时与国外的大都市有所不同，为了统一标准，本文将第三产业下交通运输、仓储和邮政业作为交通用能，第三产业总用能减去交通运输、仓储和邮政业用能作为商业用能。在计算占比时，用的是能源消费总量而不是终端能源消费量。对于上海，中间投入以及损失量、第一产业用能、建筑业用能等都算在"其他"里面；对于北京，因其统计年鉴中按行业分能源消费总量已经将中间投入以及损失量算入各行业中，故"其他"里面只包括第一产业用能、建筑业用能。纽约的"其他"指的是政府及机构用能。伦敦只公布了工业和商业用能合计的占比。

>>四、大都市能源消费方式的先进性分析<<

第三部分从能源总量、人均能源消费量、能源消费密度、人均生活能源消费量和分部门能源消费结构等方面对国内外大都市能源消费体系的基本差异进行了比较分析。接下来本文将从能源消费强度和分品种能源消费结构分析北京和上海的能源消费方式在集约程度和清洁程度方面与三大国际化大都市的差距。

（一）北京和上海的能源消费的集约程度远低于三大国际化大都市

从表 16 可以看出，北京和上海的能源消费强度分别为 2.53 吨标准煤/万美元和 3.55 吨标准煤/万美元，明显大于伦敦、东京和纽约的能源消费强度。其中，上海的能源消费强度是伦敦的 9 倍多。这说明，北京和上海的能源消费的集约程度远低于三大全球性国际化大都市。

表 16　　　　　　　　　　　　几大都市能源消费强度

指标	单位	2012 年北京	2012 年上海	2010 年伦敦	2010 年东京	2011 年纽约
能源消费总量	万吨标准煤	7 177.7	11 362.2	1 747.0	4 200.8	3 604.5
GDP	亿美元	2 832.4	3 197.1	4 485.3	10 422.2	6 545.4
能耗强度	吨标准煤/万美元	2.53	3.55	0.39	0.40	0.51

数据来源同表 14 和图 19。

根据前面的分析，能源消费的集约程度体现在两个方面：一是能源利用效率；二是产业结构。从产业结构看[①]，三大全球性国际化大都市的共同特征都是第三产业占据绝对比重，工业占比一般都低于 10%。而北京和上海的工业占比相对较高，北京汽车制造业、电力热力生产供应、电器机械制造等较为发达，上海工业产业中黑色金属冶炼、化学原料和化学制品制造业、石油加工、炼焦和核燃料加工等传统高耗能行业还占有较大比重。特别是上海，2012 年其工业增加值占地区生产总值的比重超过 35%。这就意味着，三大全球性国际化大都市的产业结构更加有利于能源的集约利用，而北京和上海的产业结构则对能源投入的依赖程度较高，这也是为什么北京和上海的能源消费强度远远大于伦敦、东京和纽约的重要原因。

---

① 分析能源利用效率需要从细分行业的能源消费强度或者产品单耗入手，受数据限制，本文不涉及这方面的分析。

表 17		几大都市能耗强度与产业结构				
指标	单位	2012 年 北京	2012 年 上海	2010 年 伦敦	2010 年 东京	2011 年 纽约
能耗强度	吨标准煤/万美元	2.53	3.55	0.39	0.40	0.51
工业占比	%	18.4	35.2	4.3	7.2	
第三产业占比	%	76.5	60.4	91.0	86.6	

数据来源：北京、上海产业结构数据分别来自《2013 北京统计年鉴》和《2013 上海统计年鉴》；伦敦产值数据来自英国国家统计局；东京产值数据来自《东京都统计年鉴》(平成 24 年)。

(二)北京和上海的能源消费的清洁程度明显低于三大国际化大都市

从分品种能源消费结构看，北京和上海与三大全球性国际化大都市存在显著的差异。如表 18 所示，北京和上海的能源消费总量中煤炭消费量所占的比重分别为 23% 和 35%，而伦敦、东京和纽约的煤炭消费占比几乎为零。三大全球性国际化大都市的能源消费以清洁能源为主，其中伦敦和纽约的能源消费以天然气为主，其天然气占比分别达到了 47% 和 55%；东京则体现了以电力消费为主的结构特点，电力占比高达 61%。由于天然气和电力在使用过程中排放少、污染程度低，因此可以说以天然气和电力消费为主的消费模式是较为清洁的。这也反映了北京和上海在消费的能源品种上清洁程度还有待提高。随着居民生活水平的提高，对于高质量的环境的追求会促使人们选择天然气、煤气等优质能源消费，这会使得清洁能源在能源消费中的比重提升。这也是纽约、伦敦和东京等大都市之所以天然气、电力比重较高的原因。

表 18		几大都市分品种能源消费结构			单位：%
	煤炭	石油	天然气	电力	热力
北京	23.0	28.8	17.1	15.6	3.9
上海	35.0	27.2	7.7	14.6	2.3
伦敦	0.0	23.2	47.4	29.3	0.0
东京	0.2	20.7	16.3	61.1	1.7
纽约	1.2	28.1	55.2	15.4	0.0

注：北京和上海仅有实物量的分品种能源数据，在转换时均按照中国国家统计局公布的折合标准煤参考系数折算。

>>五、结论与启示<<

本文从数量和结构两个方面解析了能源消费体系，并基于此框架比较分析了以建设国际化大都市为战略目标的北京和上海与纽约、伦敦和东京三大国际化大都市在能源消费方式上的差异，特别是从集约和清洁两个维度评价了能源消费方式的先进性并分析了国内外大都市的差距。本文的基本结论和启示如下：

第一，北京和上海的能源消费总量明显大于纽约、伦敦和东京三大国际化大都市。一方面是由于北京和上海的城市规模较大；另一方面是由于北京和上海的工业耗能比重较高。从能源消费密度看，上海与东京基本接近，高于伦敦，但远低于纽约。而北京的能源消费密度仅为纽约的 1/10 左右。

第二，北京和上海的人均生活能源消费量远低于纽约、伦敦和东京，其中上海的人均生活用能量仅为纽约的 35%。这从一个侧面反映出与发达的国际化大都市相比，北京和上海的经济发展水平仍有较大的差距。

第三，北京和上海的能源消费强度远远高于纽约、伦敦和东京，其中上海的能源消费强度是伦敦的 9 倍多，这表明北京和上海的能源消费集约程度远低于三大国际化大都市的水平。

第四，分品种看，北京和上海的能源消费以煤炭和石油为主，而纽约、伦敦和东京则以天然气和电力等清洁能源为主，这表明北京和上海的能源消费清洁程度远低于三大国际化大都市的水平。

总体上看，北京和上海在建设国际化大都市的过程中，需要侧重推动其能源消费方式的转变，注重提高能源消费的集约度和清洁度。一方面，在降低工业能耗的同时，需要侧重建筑和交通领域的节能降耗，因为这两个领域是未来能源消费的主要增长点；另一方面，需要下定决心控制煤炭消费，寻找通过天然气和电力替代煤炭的技术路径。

>>参考文献<<

1. 刘红梅，王克强. 国际性大都市能源战略经验借鉴. 上海师范大学学报（哲学社会科学版），2010(1)

2. 张军，刘君. 中国能源消费模式的转变及其解释. 学术月刊，2008(7)

3. 中国能源研究会. 2013 中国能源发展报告. 北京：中国电力出版社，2013

4. Jonathan Dickinson, Jamil Khan, Douglas Price, Steven A. Caputo, Jr. and Sergej Mahnovski. Inventory of New York City Greenhouse Gas Emissions, 2012

北京市天然气发展与冷热电三联供利用模式初探

张生玲　郝泽林

近年来，能源供应与环保问题已经成为制约中国经济发展的主要瓶颈。天然气作为一种清洁、高效的能源，是政府推动能源优质化的重点领域，著名的西气东输工程的竣工标志着中国天然气时代的开始，也为受到发达国家高度重视的、能够提高能效和改善环境的燃气冷热电三联供分布式能源系统（Combined Cooling Heating and Power，CCHP）提供了资源基础。北京市作为中国的首都，天然气应用取得了长足的发展，但雾霾等大气污染状况频发，对能源需求清洁化的要求更为强烈。可见，天然气在北京市的生产和生活两个方面发挥着重要作用，对此问题进行深入研究非常必要。从供给方面看，北京市的天然气来源在空间上逐步扩展，从国内到国外，从陆地到海洋，同时也建立了相应的气体储备设施，供应充足；从需求方面看，北京市天然气需求存在较大的城乡差异、时间差异以及产业差异，需要提出相应的解决措施，优化天然气的消费结构，提高天然气的使用效率和使用范围，而天然气冷热电三联供分布式能源的先进技术的利用，能够有效缩小这些差异。它是以天然气为主要燃料带动燃气轮机或内燃机发电机等燃气发电设备运行，产生的电力满足用户的电力需求，系统排出的废热通过余热回收利用设备（余热锅炉或者余热直燃机等）向用户供热、供冷的模式，能够经过能源的梯级利用使能源利用效率从常规发电系统的 40% 左右提高到 80% 左右，因此，能够大量节省一次能源，是一种非常适合北京市能源利用的新模式。

>>一、北京市能源消费结构分析<<

数据显示，煤炭在我国的能源结构中一直占据主导地位，是造成严重大气污染的重要根源之一，改善环境的紧迫性更加凸显。随着我国西部天然气气田的开发及天然气的进口，我国迎来了利用天然气改善环境的契机，在这种情况下，出现了以天然气等清洁能源改善以燃煤为主的能源消费结构的调整方案。我国清洁能源的比重逐年增加。以天然气为例，2006 年全国消费量为 561 亿立方米，2012 年为 1 438 亿立方米，年均增长 26%。

北京作为中国的首都，人口多，经济发展快，环境压力大，迫切需要能源轻型化。在《北京市"十二五"时期能源发展建设规划》中提出了实现天然气跨越式发展的目标，从 2010 年到 2015 年实现天然气的利用总量翻一番，达到 180 亿立方米，占能源消费的比重由 2010 年的 13% 提高到 20% 以上，天然气消费进入快速发展的轨道。具体来看，2012 年北京市能源消费达到 7 177.7 万吨标准煤，其构成如图 21 所示，天然气在能源消费中的比重已经达到了 16.68%，"十二五"能源发展规划的目标有望顺利实现。

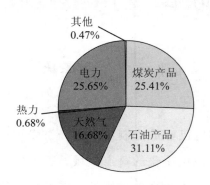

图 21　2012 年北京市能源消费结构图

数据来源：《2013 北京统计年鉴》。

然而，我们也应当看到，北京市作为我国天然气最为普及的城市，仍与世界平均水平有着一定的差距。2012 年天然气在世界能源消费中所占的比重为 24%，主要发达国家天然气所占的比重更高。具体来看，日本 2012 年天然气在其能源消费结构中占 22%，其比例一直在不断上升；欧洲天然气占其总能源的消费比例达到了 33.29%，这一比例一直保持稳定；美国也达到了 29.6%。鉴于主要发达国家天然气占总能源消费的比重和我国天然气储量情况，未来包括北京市在内的我国大部分地区天然气消费依然有着很广阔的发展前景，对于我国经济的拉动作用不可小觑。

>>二、北京市天然气利用特点<<

（一）天然气供需协调增长

北京市利用天然气的历史可以分为两个阶段：一是 1987—1997 年，由华北油田供应天然气，到 1997 年天然气年用量只有 1.8 亿立方米，其主要用途是民用。二是 1997 年由陕京一线向北京供应天然气至今，与前一阶段相比，这一阶段天然气的使用量增长非常迅速。其中，除 2006 年，北京市天然气的供给量一直大于天然气的销售量，2012年，销售量近90亿立方米，供应量近94亿立方米，说明天然气的来源充足，而且用途更加广泛。图22是北京市天然气销售量和供给量的增加情况。

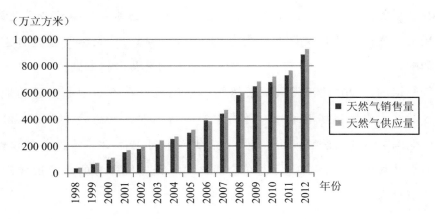

（万立方米）

图22 北京市历年天然气销售量和供应量

数据来源：《2013北京统计年鉴》。

从图23可以看出，1997年以来，北京市天然气的销售和供给一直呈现双重增长的势头，且两者的增长速度也基本保持协调，特别是2008年以来，达到高度协调。从销售和供给的绝对量的角度分析，天然气供应充足，有一定结余。截至2012年年底，北京市节余天然气41 378万立方米。至于2006年天然气的销售量大于供给量主要是由于以下原因：一是2006年北京市天然气的销售量增长率比供应量的增长率高出11.3%，远远高于其他年份的差距；二是北京市环保标准的提高，造成天然气的需求在短期迅速增加，而天然气供给的基础设施建设有一定的滞后性，供应量无法满足销售量。

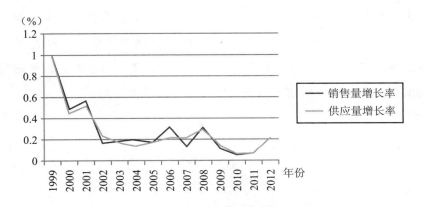

（%）

图23 北京市历年天然气销售量和供给量增长率

数据来源：《2013北京统计年鉴》。

(二)燃气管道建设发展迅速

北京市利用天然气的规模是随着管道建设的发展而逐渐增加的。1997年陕京一线管道建设成功，天然气供应能力大大增强，北京市开始大规模地使用天然气。随后2005年陕京二线管道建成投产，2010年陕京三线管道也全线贯通。已建成的管道年设计输运能力达到303亿立方米，其中，陕京一号线33亿立方米，陕京二号线120亿立方米，陕京三号线150亿立方米。目前，陕京四号线也在建设的过程中，设计年输气能力达200亿立方米，一旦建成，北京市16个区县将全部能够使用天然气。此外，陕京五号线也在规划的进程中。天然气管道的建设有力地保证了北京天然气的输送，为天然气的广泛利用提供了坚实的公共设施基础。

不仅天然气管道的建设在逐渐发展，天然气的来源地也在不断地向更远的地区拓展，1997年以前北京的天然气主要来自华北地区，随后主要来自山西、陕西等中西部省份，然后又拓展到新疆，目前中亚国家，如哈萨克斯坦、土库曼斯坦等国也成为北京天然气的供给源头。同时，我国与俄罗斯的天然气供应的合作项目也在洽谈之中，天然气资源的来源形成国内、国外同时并进的态势，气源较为充分。

（三）天然气利用方式走向多元化

北京市利用天然气的方式也发生了巨大的变化，从1997年前的居民用气为主，扩展到社会生活的各个方面。天然气不仅被用于工业原料、火力发电、供暖以及交通运输等生产生活诸多方面，而且在百姓的日常生活和经济活动中也发挥着重要的作用。从2012年北京市天然气的用途结构中我们可以看出，公共服务在天然气的使用中占据着主体地位，发电、供热是天然气的主要用途，占到了37.77%，即北京市天然气用量的1/3以上被转化为电能和热能供给社会生产和生活的各个领域。而在终端利用天然气的方式中，以酒店业、交通运输业等为主的第三产业占比达到了32.78%，第三产业是北京市未来发展的主要方向，天然气的普及会对该产业有着极大的助推作用。第二产业占比为11.83%，主要以天然气为工业原料和能源来源，但是，在北京市产业调整的背景下，第二产业在经济中所占的比例将会逐渐降低，未来也很难是天然气发展的主要产业领域。城镇居民生活消费天然气占比12.24%，随着北京市人口的增加和城市面积的扩大，天然气在生活消费领域的应用依然会有所发展，参见图24。

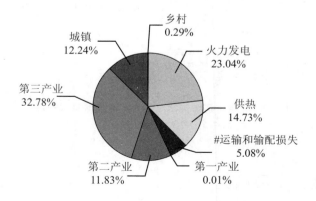

图24　2012年北京市天然气使用结构图

数据来源：《2013北京统计年鉴》。

(四)天然气消费城乡之间存在较大差距

从图 23 可以看出，北京市天然气普及应用存在着很大的城乡差距。在天然气的生活消费中，城镇消费占比为 12.24%，而乡村消费只有 0.29%。这一方面是由于两者的人口规模不同，2012 年北京市城镇常住人口为 1 783.7 万，农村常住人口为 285.6 万。比例为 6.25：1；另一方面是由于基础设施的建设有着较大的差距，例如北京市延庆县 2012 年才正式通入天然气管道，天然气的普及自然要落后于城市的中心区域。与发达国家基础设施的建设城乡地区差异较小相比，北京作为中国的首都，城乡基础设施差距依然很大，仍有很大的发展空间。

(五)天然气消费季节性差异明显

客观来看，天然气消费存在季节性差明显异。北京市的天然气消费高峰集中在冬季，此时由于采暖的需求，天然气的用量大增。夏季制冷的手段多是采用电力，天然气需求随之减少。这种天然气消费的波动性给天然气的供给造成了相应的困难，可能造成天然气短期内的供给短缺。另外，季节性需求问题造成了天然气供应成本的增加，一方面，政府不得不建设相应的储气设施，会造成社会资本的闲置和浪费，同时天然气储存过程中也会有相应的储存损耗，不利于天然气供应成本的降低；另一方面，夏季电力消耗增加，而冬季用电减少，也会造成电力资源的浪费。

>>三、北京市天然气冷热电三联供利用模式的优势分析<<

(一)北京市利用天然气具有明显的规模效应

北京市作为我国经济、政治和文化中心，其产业结构一直在随着经济的发展做出相应的调整，2012 年，第三产业比重达到了 76.4%，已经成为北京市经济发展的主要领域，传统工业已经从北京市迁移到其他地区。与此相应的是，更多的高科技产业和服务业成为北京市发展经济的主要领域，而这些领域正是天然气运用最为广泛的领域。数据显示，在 2012 年北京市能源使用结构中，火力发电和供热占据了北京市天然气消费的 37.77%，而以交通业、酒店业等为主的第三产业占比达到 32.78%。

目前北京将主要区县分为四种模式：首都功能核心区、城市功能核心区、城市发展新区和生态涵养发展区。四个区域的人口集中度、产业结构以及能源消费量均有所不同，见表 19。

表 19　　　　　　　　　2012 年北京市功能区能源使用情况

区县	能源消费总量（万吨标准煤）	万元地区生产总值能耗下降率（%）	每万元 GDP 消耗煤炭数（吨）	个人年消耗能源数（吨）
全市	7 177.7	4.75	0.401 5	3.468 7
首都功能核心区	714.1	4.03	0.176 6	3.253 3
城市功能拓展区	2 630.6	4.56	0.312 8	2.609 2
城市发展新区	2 937.9	4.88	0.787 9	4.499 1
生态涵养发展区	439.7	5.16	0.615 2	2.331 4

数据来源：《2012 北京统计年鉴》。

从表 19 可以看出，在北京市的四种模式中，首都功能核心区的 GDP 能效最高，而城市发展新区的 GDP 能效较低。未来北京市天然气的应用应该偏向于城市发展新区，改善城市发展新区的产业结构，构造合理的能源结构，实现环境和经济建设的协调发展。同时，从个人年消耗能源来看，城市发展新区的人均能源消费也是最高的，相对而言，产业集中度高的首都核心功能区和城市功能扩展区人均消费能源较低，其可能原因是居民区、企事业单位的集聚，为天然气的规模化应用提供了便利的条件，同时也为新技术的采用提供了合适的对象。由于天然气的运输主要是依靠管道运输实现的，如果用户过于分散，会增加管道建设的成本和运输损耗量，而市场主体的相对集中就会有助于成本的节约和新技术的推广。

（二）北京市天然气利用科研技术手段全国领先

北京市拥有全国领先的科研资源，对天然气的研究利用有较好的技术支撑。在天然的应用过程中，决定其能否顺利发展的往往是技术因素。这是因为，利用天然气的过程涉及天然气的利用设备、天然气使用过程的安全性问题、天然气使用的能效问题，等等，都需要强大的科技实力作为保证。比如，目前在全国范围内推广的天然气分布式能源系统，其初始设备的核心技术就掌握在国外的相关企业中，即使已和中方开展合作，依然不能摆脱外方对于价格的控制。根据一些国内分布式能源企业的反馈，其购买核心设备的成本通常会占到初始总投资的一半左右，这是个相当高的比重。因此，未来发展天然气分布式能源系统的关键措施是促进技术的进步，设备的国产化，降低天然气分布式系统的准入门槛。从这个角度看，北京市作为我国科研实力最为雄厚的城市，依托于研究机构和广大高校，以及广泛的市场和实践场所，研发天然气设备和天然气节能技术，不仅仅有助于北京市天然气使用的普及化，同时也可以为全国的天然气发展提供积极的引导作用，有助于我国在天然气产业方面竞争力的不断增强。

（三）北京市天然气冷热电三联供系统应用模式不断推广

天然气冷热电三联供系统是一种建立在能量的梯级利用概念基础上，以天然气为一次能源，产生热、电、冷的联产联供系统。世界各国利用天然气几十年的经验表明，大力发展天然气冷热电联产是合理利用天然气资源最有效的途径之一。其特点表现在以下几个方面：

第一，能源综合利用率较高。由于冷能、热能随传输距离的增大，损耗会加大，在目前技术水平下集中供电方式发电效率虽然最高可以达到40%～50%，但是由于距离终端用户过远，其余50%～60%的能量很难充分利用。而冷热电三联供由于建设在用户附近，不但可以获得40%左右的发电效率，还能将中温废热回收利用供冷、供热，其综合能源利用率可达80%以上，比燃气锅炉直接燃烧天然气供热高得多。另外，与传统长距离输电相比，它还能减少6%～7%的线损。

第二，对燃气和电力有双重削峰填谷作用。我国大部分地区冬季需要采暖，夏季需要制冷。大量的空调用电使得夏季电负荷远远超过冬季，一方面给电网带来巨大的压力，另一方面造成冬季发电设施大量闲置，发电设备和输配设施利用率降低。以北京为例，目前50%以上的天然气消费量用于冬季采暖，而夏季天然气最大日使用量仅为冬季的约1/9，造成夏季天然气管网的利用率极低，还需要设法储存。采用燃气三联供系统，夏季燃烧天然气制冷，增加夏季的燃气使用量，减少夏季电空调的电负荷，同时系统的自发电也可以降低大电网的供电压力。

第三，具有良好的经济性。三联供系统和燃气锅炉供热方式每消耗1立方米天然气所能得到的经济效益如表20所示。

表20　　　　　　　　　　　　　　每立方米天然气供热经济性比较

方案	蒸汽价(元/千瓦时)	电价(元/千瓦时)	供热量(千瓦时)	供电量(千瓦时)	产出(元)
燃气锅炉	0.231	0.95	8.778		2.026
冷热电三联供			3.932	2.906	3.669

数据来源：周凤起，《冷热电三联供　天然气利用新方向》，载《建设科技》，2006(17)。

第四，具有良好的环保效益。天然气是清洁能源，燃气发电机均采用先进的燃烧技术，燃气三联供系统的排放指标均能达到相关的环保标准。根据相关研究，与煤电相比，天然气发电的环境价值为8.964分/千瓦时。考虑了环境价值后，三联供系统将具有更好的经济性。根据美国的调查数据，采用冷热电三联供系统分布式能源，写字楼类建筑可减少温室气体排放22.7%，商场类建筑可减少温室气体排放34.4%，医院类建筑可减少温室气体排放61.4%，体育场馆类建筑可减少温室气体排放22.7%，酒店类建筑可减少温室气体排放34.3%。

第五，增强建筑物能源供应的安全性。冷热电三联供系统安装、运行相对比较简单、便捷，可以大幅度提高建筑物用能的电力供应安全性。尤其对于学校、医院等本来就需要备用电源，采用三联供可以兼做备用电源。

天然气冷热电三联供系统是以天然气为燃料，利用小型燃气轮机、燃气内燃机、微燃机等设备将天然气燃烧后获得的高温烟气首先用于发电，然后利用余热在冬季供暖；在夏季通过驱动吸收式制冷机供冷；同时还可提供生活热水，充分利用了排气热量。分布式冷热电三联供贴近用户进行能量转换，将温度向下利用，利用发电后的余热，而不是用电来交换，通过提高能源的综合利用效率来弥补发电效率的降低。虽然分布式热电联产设备的发电效率一般在28%～

43%，但综合利用效率在 75%～90%。而且气体燃烧生成氮氧化物量极小，排放量也很小，极易被周围植被吸收，是改善大气环境的有效措施。这种模式非常适合北京，并且逐步得到广泛应用。一是北京燃气集团调度大楼燃气轮机三联供系统示范工程。为开发天然气资源合理利用的途径，北京市燃气集团在新建的指挥调度中心大楼建设以天然气为燃料的燃气发电、供热、供冷的三联供系统，满足大楼用电、采暖、空调的需要。这是北京市第一个利用天然气冷热电三联供的示范工程。根据建筑物的使用性质和冷、热、电负荷的运行规律分析预测的结果，燃气集团大楼的用电量在 100～1 000 千瓦，平均用电量在 400～800 千瓦；需冷量在 500～3 000 千瓦；采暖需热量在 550～2 700 千瓦。二是北京次渠门站微燃机三联供系统示范工程。次渠城市接收站办公楼作为接收站工作人员办公用房，建筑面积 3 000 平方米，为地面上 5 层建筑物，于 2002 年 11 月建成。原设直燃机房，内设两台直燃机作为冬季供暖、夏季供冷的冷热源。北京市燃气集团于 2002 年 8 月决定在该直燃机房基础上改造成为微燃机冷热电三联供。整个规划区域的生产、办公用电设计电负荷为 320 千瓦，供热、供冷的面积为 2 800 平方米。三是清华大学节能楼三联供系统。清华大学的超低能耗示范楼，采用内燃机热电联供系统（燃料为天然气），系统总的热能利用效率可达到 85%，基本供电由内燃机供应，尖峰电负荷由电网补充。发电后的余热冬季用于供热，夏季则当作低温热源驱动液体除湿新风机组，用于溶液的再生。

（四）北京市有急切的环保需求，政策鼓励天然气的发展

近年来，北京市的空气质量问题严重，雾霾的频繁发生严重威胁着人们的身体健康，严重影响着我国的国际形象和社会的稳定性。究其原因，主要是因为北京市的能源结构中煤炭依然占据着主体地位，改变北京市的能源消费结构，大力发展天然气使用，开发如冷热电三联供天然气应用模式和示范工程，已经成为北京市能源政策的主要目的。这是因为，天然气冷热电联产技术可以实现能源的梯级利用，同时还可以有效调节天然气、电力的季节性峰谷差，增强城市电力供应的安全可靠性，是城市能源消费结构中一种有益的不可缺少的补充。但是需要谨慎看待这一系统的节能、环保、经济性能；在合适的地点进行合适的系统配置，确定合适的运行方式对于天然气冷热电联产系统的节能、环保、经济具有决定性影响，这不仅要求设计人员充分了解现场的周边条件，还要掌握逐时模拟的设计理念，现有的工程技术设计方法还不能适应这一要求，需要大力扶持高度专业化的行业咨询设计机构。为了更好地促进中小型天然气冷热电联产产业的发展，政府部门除了应该制定科学合理的电力并网、环保方面的法律、法规外，还应该加大对相关技术的基础研究的投入，利用大力发展天然气的高效清洁利用的契机带动相关高新产业的发展。

>>四、北京市天然气发展前景广阔<<

《北京市"十二五"时期能源发展建设规划》以及《北京市"十二五"时期环境保护和建设规划》中均对天然气在能源消费中的重要作用有所提及。其中，前者提出天然气占能源消费的比重在2015年提高到20％以上。而后者则提出了实施清洁能源替代战略，2015年全市燃煤总量控制在2 000吨内的具体指标，天然气利用前景更加广阔。

(一)天然气来源更加广泛

目前，我国的天然气多数来自国内气田的生产，但是我国的天然气产量较小，2012年我国的天然气产量为1 072.20亿立方米，同比增长4.1％，而当年全国消费天然气1 438.44亿立方米，同比增长9.9％，存在着366.24亿立方米的差额。天然气的消费速度远远快于生产的速度。而北京市2012年消费天然气88.34亿立方米，占我国天然气消费的6.14％，是我国天然气占比最大的城市。有鉴于此，未来北京市的天然气来源发展方向应是国内与国外共同发展，同时积极寻找其他清洁的替代能源，如扩展新能源的利用、发展煤制气和利用液化石油气。

(二)整体与局部协调发展

应当注意的是，北京市天然气行业的发展和全国天然气行业的发展是局部与整体的关系，北京市天然气行业的发展对全国具有引导性的作用，为我国整体的能源结构的调整树立发展的方向。同时也不能忽略其他地区天然气行业的发展，天然气作为清洁能源最终的目的是改善能源结构，保护大气系统与生态环境，而大气系统与生态环境是一个相互影响、互相关联的整体，其他地区的环境保护水平也会影响到北京市环境保护和生态建设，需要多方面、多地区协同发展。

(三)冷热电三联供系统引领未来天然气发展方向

天然气对于传统能源的替代要逐渐地从简单化替代发展到多层次利用，扩展天然气利用的纵向梯度，提高能源的利用效率。未来北京市的天然气利用效率的提高将是北京市建设天然气利用项目的重要目标，其中冷热电技术的推广成为最有前途的综合利用天然气的技术手段。鉴于分布式能源的优势，国家也制定了相应的政策予以鼓励，2011年出台的《关于发展天然气分布式能源的指导意见》就提出中央财政将对天然气分布式能源发展给予适当支持，各省、区、市和重点城市可结合当地实际情况研究出台具体支持政策，给予天然气分布式能源项目一定的投资奖励或贴息，以及税收、气价方面的优惠。发展三联供具有明显优势：一是北京市天然气外部气源充足、市内管网设施完善。"十二五"期间，中石油将继续加大为北京市供气的长输系统建设，在现有陕京一线、二线、三线的基础上，陕京四线、大唐煤制气、唐山 LNG、地下储气库等供气设施将陆续建成，届时北京市将成为中石油京津冀地区输气网络系统的核心。二是北京市的气候特点适于发展三联供项目。北京市特有的气候条件，冬、夏季节较长，且冬、夏季冷暖负荷均衡，非常适合三联供项目。三是北京市大型公共建筑的应用更能体现三联供的特点。"十二五"期间，北京市将建设十大高端功能区，新增建筑超过 1 亿平方米。这些园区多为大型、特大型公共建筑，能源供应有"保障高、密度高、品质高"的需求特征，非常适宜使用燃气冷热电三联供系统。四是北京市电力、燃气供应特点适宜三联供的发展。北京市夏季是用电高峰，用气低谷，三联供项目在北京市的推广将会大幅度地削减北京市的夏季用电高峰同时填补用气低谷，对北京市的总体能源平衡起到巨大的作用，有助于提高能源供应体系的安全保障。五是北京市发展三联供项目示范作用显著。北京市政治、经济、技术等综合实力在国内均处于领先地位，如果率先成为三联供项目的示范推广城市，其全国性示范作用是国内其他城市无法比拟的。

（四）城镇化快速发展有助于消除天然气利用城乡基础设施差距

未来北京市的天然气管道的建设要逐步向郊区发展。向乡村地区发展，根据城市经济圈的理论，当经济发展到一定水平时，人口会相应地向郊区进行迁移，而相应的天然气管道建设是消除城乡天然气消费差距的重要措施。提高农村地区清洁能源的利用率，短期内可能经济效益不明显，但却有利于周边地区的城镇化、经济发展以及核心区人口的转移，能够发挥天然气利用的规模效应，有效地提高能源的利用率，降低基础设施的建设费用、有利于新的节能技术的推广以及节约土地资源。例如，住宅区的集中可以进行集中供热和集中供气，推广冷热电三联供技术的应用，等等。

（五）政府引导性作用有助于天然气长效发展

相比传统的煤炭发电，天然气发电存在投资费用过高的问题，一些天然气新技术的利用和推广往往有着过高的资金门槛，成为普及天然气的一个非常重要的瓶颈。如果通过科学技术的研发，能够降低天然气设备的投资和维护成本，不仅可以积极扩宽天然气的使用领域，同时也可以成为我国经济新的增长点。这就需要政府加大引导力度，如采取行政命令和财政补贴的方式。行政命令的方式有助于社会短期内清洁能源使用比例的提高，但往往可能导致市场的混乱、效率的低下。天然气的使用率短期提高了，但能源的利用效率没有提高，造成能源的浪费。适当的财政补贴是政府引导企业行为的有效方式，通过降低清洁能源使用成本，促进企业自身做出决定，合理规划能源消费，使社会福利和经济效益最大化。

>>参考文献<<

1. 陆华，周浩. 发电厂的环境成本分析. 环境保护，2004(4)

2. 伍丁苹，关于天然气发电的政策建议. 电力技术经济，2004(2)

3. 周浩，魏学好. 天然气发电的环境价值. 热力发电，2003(5)

4. 余建平. 调峰电站技术经济特性的分析与探讨. 华东电力，2002(5)

5. 闫廷满. 燃机电厂管道天然气的调峰探讨. 东方电气评论，2002(2)

6. 彭显刚，张聪慧，王星华，等. LNG 调峰电厂负荷优化分配的应用探讨. 电力系统保护与控制，2010(14)

7. 中国能源研究会. 2013 中国能源发展报告. 北京：中国电力出版社，2013

8. 张生玲，等. 能源资源开发利用与中国能源安全研究. 北京：经济科学出版社，2011

绿色北京新支撑：电动汽车智能充换电服务网络的发展

董晓宇

在新工业革命背景下，发展电动汽车正成为我国实现节能减排目标以及寻求汽车工业战略转型的重大举措。智能充换电服务网络作为电动汽车产业配套的重要基础设施，是推动电动汽车产业发展进而构建城市绿色交通的重要前提条件。我国电动汽车产业和能源补给模式目前基本上与国外处于同一起跑线上，国内充电设施建设以北京、上海、深圳、杭州等地发展速度最快，我国充换电站及充电桩数量已居世界第一，成为世界上电动汽车充电装置最多的国家。北京市电动汽车智能充换电服务网络的发展对城市绿色交通的构建起到了积极的推动作用，将逐渐成为绿色北京的新支撑。

>>一、发展智能充换电服务网络的意义<<

（一）适应电动汽车产业快速发展的需要

随着我国经济的快速发展，人们生活水平日益提高，汽车数量越来越多。根据国家统计局发布的《2012年国民经济和社会发展统计公报》，2012年年末全国民用汽车保有量达到12 089万辆（包括三轮汽车和低速货车1 145万辆），其中私人汽车保有量9 309万辆，增长18.3%。民用轿车保有量5 989万辆，增长20.7%，其中私人轿车5 308万辆，增长22.8%。我国已连续两年成为世界第一汽车消费大国，国内90%的新增原油需求量来自汽车产业。当前汽车耗油约占整个中国石油消费量的1/3，预计到2020年这个比例将上升到57%。由于我国是一个石油进口国家，庞大的汽车耗油需求量给我国的能源供应带来了沉重的压力，也威胁到了我国能源供应安全。燃油汽车尾气带来的环境污染越来越严重，北京城市大气环境中的氮氧化物有将近一半来自汽车排放,一氧化碳也有80%以上来自汽车排放。

美国、德国、日本等发达国家正在加快电动汽车的研发和推广。《中国的能源政策(2012)》白皮书中明确指出,中国能源必须走科技含量高、资源消耗低、环境污染少、经济效益好、安全有保障的发展道路。国家《关于加快培育和发展战略性新兴产业的决定》将以电动汽车为重点的新能源汽车列入七大新兴战略性产业,《节能与新能源汽车产业发展规划(2012—2020年)》明确以纯电驱动作为新能源汽车发展和汽车工业转型的主要战略方向。加快电动汽车推广和产业发展已成为提高国家能源自由度,保护和修复环境,促进经济发展转方式、调结构,实现汽车产业跨越式发展的重要举措,更是努力实现能源与经济、社会、生态全面协调可持续发展的必然需要。

(二)实施电能替代治理环境污染的需要

我国是能源生产和消费大国,经济发展对资源消耗的依赖程度比较高,环境污染问题日益突出。从终端能源消费结构看,煤炭、石油、天然气等化石能源比重较高,而反映国家生产活动与生活水平现代化程度的电气化水平还比较低,能源消费结构不尽合理。我国经济发展与资源环境的矛盾日益突出,严重雾霾频发,节能减排成为发展面临的重大任务。因此,在能源生产、运输、消费各环节全面实施电能替代显得尤为重要。

我国将逐步实施"以电代煤、以电代油、电从远方来"的能源消费新模式。发展智能充换电服务网络是推动电动汽车能源清洁化的重要举措,是开展电能替代工作的重要途径。通过在终端用能环节大力实施电能替代,有利于提高电能在终端能源消费结构中的比例,促进我国能源消费结构优化;有利于提高能源利用效率,实现节能减排,减少城市污染物排放,改善生活环境。

现在我国已成为世界最大的汽车市场,2020年我国轿车保有量预计将达到1.2亿辆,如果20%是小型电动汽车,每年可节省汽油约2 300万吨,相当于提炼近1亿吨原油。因此,电动汽车的普及将对我国能源安全产生深远影响,也是解决我国大中城市空气严重污染的重要途径。

(三)推动绿色交通体系构建发展的需要

绿色交通是21世纪以来世界各国城市交通发展的主要潮流。欧盟和美国都把多模式交通、服务品质、生活品质和环境保护等作为发展交通的核心价值。北京拥有发达的地面公交、轨道交通及城市交通管理系统,但在城市交通发展中仍存在机动车保有量增长较快、交通拥堵等问题。机动车尾气、交通噪声污染严重,影响城市社会经济发展。随着北京市城市规模和经济总量的不断扩大以及全市交通运输总能耗的不断增加,北京市迫切需要构建以"人文交通、科技交通、绿色交通"为特征的新北京交通体系,通过科学规划统筹基础能力建设,优先发展公共交通,推进清洁能源利用,推广节能技术等多种措施,为推动绿色交通发展创造良好的条件。

北京市作为"十辆千城"节能与新能源汽车示范推广应用工程示范城市之一，智能充换电服务网络的建设符合"绿色北京"实际。布局合理、安全可靠、技术先进的充换电服务网络将成为持续治理雾霾天气的重要利器，为市民绿色环保出行提供新的选择，推动电动汽车从公共交通领域迈进大众消费市场。未来，应以高科技园区和高校为主，兼顾机场、火车站、办公场所等公共领域，开展充电设施建设，满足租赁及社会车辆的充电需求，让更多的市民有机会体验"绿色"出行。按照《北京市 2013—2017 年清洁空气行动计划》的要求，到 2017 年北京市电动汽车将达到 7 万辆，新建充换电站 181 座、充电桩 21 330 个。建成后，可每年压减燃油 8.76 万吨，折合减少燃煤 12.89 万吨。①

>>二、北京市智能充换电服务网络的发展现状<<

(一)北京市电动汽车的发展历程

1. 起步阶段

2003 年年底之前处于可行性研究的起步阶段，主要开展关键技术的研发、示范运行运营模式的研究以及小批量试制、试验运行阶段。在该阶段，2 辆铅酸电池电动客车投入 121 路公交线路进行载客运营，累计完成运营里程 6 万千米，积累了大量的实验数据和一定的运行经验。

2. 示范阶段

2003 年年底至 2008 年年底处于适度规模的运行示范阶段，主要通过组织电动汽车"一线一区"示范运行，全面考核电动汽车的技术经济性能和整车可靠性，为进一步完善整车的优化设计、管理的运行经验以及相关政策的出台积累第一手翔实数据和依据，同时也为 2008 年奥运电动汽车的应用提供重要的技术和管理经验。奥运期间，投入纯电动公交车 50 辆，配备了可快速更换的动力电池组 80 组，累计运行 12 万千米、载客 14 万人次。

3. 实用化运行阶段

2009 年至今处于较大范围的实用化运行阶段，纯电动汽车的运营及管理基本围绕绿色交通主题，对电动公交车的研发及产业化、运营体系的建立等多方面进行研究与应用，基本形成了具有北京特色的大规模集中充电和快速更换式能源供给模式。

自 2008 年 3 月开始，科技部和北京市科委各投资 200 万元启动了电动环卫车的研发工作，于 2008 年 10 月中旬完成了 4 台电动环卫车的研发和生产工作(电动扫路车 1 台、电动吸尘车 1 台、电动挤压车 1 台、电动洒水车 1 台)，并在中南海、金融街、西长安街周边进行作业，作业效果良好，收到了良好的社会效益。

在电动乘用车方面，北京正采用多种技术路线同步推进电动乘用车开发。一是迷你电动乘

---

① 国网北京电力公司促进城市绿色出行. 国家电网报，2013-09-23

用车。2009 年 8 月，北京市提出开发迷你电动乘用车，组织北汽福田公司与美国 ACP 公司、北京理工大学、北京阿尔特公司等单位合作，四种技术路线同步开发迷你电动乘用车。二是基于萨博国产化平台的电动乘用车。一方面，北汽控股利用其在整车集成、整车控制、整车开发等方面的优势，自主研发基于萨博国产化平台的纯电动乘用车；另一方面，北汽控股与法国雷奥、美国 ACP、日本日产公司合作，开发基于萨博 93 国产化平台的纯电动乘用车。同时，北汽控股还在开发北京自主品牌 C30DB、M30RB 等系列纯电动乘用车。

(二)鼓励电动汽车产业发展的政策

为加快北京市新能源汽车产业发展，2011 年 12 月，北京市发布了《北京市纯电动汽车示范推广市级补助暂行办法》，明确了北京市新能源汽车补贴办法和标准。发改委又先后出台《北京市纯电动小客车示范运行管理办法》以及相关配套细则。这些细则包括《北京市纯电动小客车示范运行生产企业及产品审核备案管理办法》《北京市纯电动小客车自用充电设施建设管理细则》《北京市纯电动小客车示范运行补助资金管理流程》等。

1. 在车辆购置方面

北京市购置新能源小客车财政补贴享受中央财政和北京市财政两级补贴，中央财政补助按照《关于继续开展新能源汽车推广应用工作的通知》(财建〔2013〕551 号)的相关规定执行，中央财政补助以纯电动模式下工况法续驶里程 R(千米)为标准，2013 年具体补助标准为：

(1)纯电动小客车：$80 \leqslant R < 150$ 时，每辆补助 3.5 万元；$150 \leqslant R < 250$ 时，每辆补助 5 万元；$R \geqslant 250$ 时，每辆补助 6 万元。

(2)插电式混合动车(含增程式)小客车：$R \geqslant 50$ 时，每辆补助 3.5 万元。

(3)燃料电池小客车车：每辆补助 20 万元。

2014 年和 2015 年，纯电动小客车、插电式混合动力(含增程式)小客车中央财政补助标准在 2013 年标准的基础上分别下降 10% 和 20%；2016 年和 2017 年补助标准按照 2015 年标准执行。

表 21　　　　　　　　　　各类型车辆中央财政补助标准

车辆类型	纯电续时里程 R（工况法、千米）	补助标准(万元)		
		2013 年	2014 年	2015 年
纯电动小客车	$80 \leqslant R < 150$	3.5	3.15	2.8
	$150 \leqslant R < 250$	5	4.5	4
	$R \geqslant 250$	6	5.4	4.8
插电式混合动力小客车	$R \geqslant 50$	3.5	3.15	2.8
燃料电池小客车	—	20	18	16

在完成北京市车辆注册登记后，由生产企业据实在每季度末向北京市新能源汽车发展促进中心申请中央财政补助资金。实行公务用车编制管理的单位购买新能源小客车，只享受中央财政补助，不享受地方财政补助。

2. 在车辆使用方面

2013 年 6 月，市财政局下发文件《关于〈北京市纯电动汽车示范推广市级补助暂行办法〉有关事项的补充通知》（京财经〔2013〕1071 号），文件明确将《关于印发〈北京市纯电动汽车示范推广市级补助暂行办法〉的通知》（京财经〔2011〕2730 号）中规定的价格执行标准有效期延长至 2016 年 12 月底，并确定 3 吨（2 吨加强型）环卫车电池租赁价格。其中，充电价为执行一般工商业电价类的非工业部分电价 0.814 5 元/度，充换电服务费和电池租赁如表 22 所示。

表 22 公交、环卫车每年收费标准

车型	充换电服务费（万元/年）	电池租赁费（万元/年）
公交车	3.3	19
2 吨环卫车	—	2.65
3 吨环卫车	—	3.1
8 吨环卫车	1.6	10.5
16 吨环卫车	3.3	21

3. 在充换电设施建设方面

根据北京市科委 2010 年 9 月发布的《北京市关于加强自主创新推进新能源汽车产业发展的若干政策》要求，对充换电设施建设给予了政策支持。在缩短项目建设周期方面，市政府同意充换电站建设项目全部进入政府审批"绿色通道"，节约了充换电站的建设工期。在缩短项目建设成本方面，市财政按照充换电站建设总投资 30% 的高限额度进行补贴，节约了项目建设成本；根据北京市新能源汽车联席会要求，市政府决定充换电站用地全部无偿使用，由各区县政府予以政策支持，从而避免了高昂的拆迁征地费用。

（三）公共领域充换电服务网络发展状况

2004 年，根据示范运行工作的需要，在北京公交 121 路终点站建立了电动公交客车充电站，拥有共计 28 台 30 千瓦的充电机，是国内最早建立的大型电动汽车充电站之一；2008 年，成功建设了奥运电动客车的换电站（北土城站），占地 5 000 平方米，拥有共计 240 台 7～9 千瓦的充电机、动力电池存储和自动更换平台，是目前国际上技术水平最高的电动汽车换电站。

截至 2013 年年底，北京市已建设北土城、航天桥、马家楼、高安屯等 76 座充换电站、1 281 个一桩双充交流充电桩、89 台直流充电桩、9 台壁挂式交流充电桩，共计充电接口 2 660 个，能够满足 3 987 辆电动公交车、环卫车、出租车和乘用车的充换电需求，基本形成可以满足北京地区电动汽车充换电实际需求的服务网络。已达到实际正常运营条件的充换电站 27 座，累计完成电动汽车交流充电电量 1 373.94 万千瓦时，服务车次 38.19 万次，服务里程 2 528 万千米。

高安屯电动汽车充换电站为国家电网四大智能充换电服务网络工程之一[①]，采取循环低碳的

---

① 其他三项工程为浙江示范工程、青岛薛家岛电动汽车智能充换储放一体化示范电站、苏沪杭城际互联工程。

设计理念，是一座使用多种能源的充换电站。电力来自附近一座垃圾焚烧发电厂，同时电站屋顶装有光伏发电设备。高安屯充换电站屋顶安装了 1 280 块太阳能电池组件，年均发电量 26.72 万千瓦时，相当于每年少排放 400 吨二氧化碳。高安屯充换电站建筑面积 8 189 平方米，集充电、换电和电池配送三大功能于一体，站内设有 4 条换电流水线，换电速度快，可同时服务 8 辆电动汽车；设有 1 条配送线，每小时可配送 24 组电池。站内充电机容量 10 080 千瓦，能同时为 1 104 组电池充电。高安屯充换电站集成了微电网控制、自动换装、智能仓储、数字监控等多种先进技术，汇集了目前国内所有充换电模式，RGV 穿梭机、全自动换电机器人和 2 吨环卫车自动电池更换设备等十余项自主创新技术，并与循环产业充分结合，是世界上规模最大、服务能力最强的电动汽车充换电站，技术水平世界一流，极具环保示范效应。

根据车辆发展需求，在所有电力营业网点安装充电桩，增加充电服务网络密度，使客户充电更便捷。通过全市示范推广建设布局，通过复制，在市区内公共领域和公司营业网点按一定比例建设充电设施，形成 5 千米半径的充电服务网络。同时，在郊区借助电动出租车集中充电、快速补电的发展规划，带动区域充电服务网络布局，整体形成阶段性满足车辆充电需求、适度超前促进电动汽车发展的智能充换电服务网络格局。

表 23 北京市电动汽车充换电设施建设分布情况

地区 \ 类型数量	截至 2013 年 12 月末累计建设数据统计		
	充电站	换电站	充电桩
城区	9	0	148
朝阳	9	3	391
海淀	10	1	281
丰台	9	1	198
石景山	2	0	130
通州	2	0	252
昌平	4	0	196
门头沟	1	0	100
房山	7	0	152
大兴	3	0	178
平谷	3	0	139
怀柔	3	0	124
密云	2	0	106
顺义	3	0	284
延庆	3	0	191
亦庄	0	0	0
合计	70	5	2 870

数据来源：国网北京市电力公司。

（四）私人领域充换电服务网络发展状况

1. 租赁电动车配套用充电服务设施

在北京市全面实施《北京市 2013—2017 年清洁空气行动计划》的背景下，为推动电动汽车在私人领域的普及和配合，以防治 PM2.5 污染为重点，探索电动汽车分时租赁，不断加大电动汽车推广力度。"分时租赁"被认为是解决交通拥堵问题和环境问题的有效手段，北京利用"电动北京伙伴计划"创新商业运营模式，建设国内首个"电动汽车共享租赁实验区"。探索共享、时租、日租等市场租赁模式，实行错时停车并提供充电服务来实现资源最大化等。

首期在清华科技园建设 5 台交流充电桩和 1 台直流充电桩，推出 15 辆电动汽车向社会租赁。随后在北京理工大学、北京交通大学建设 51 个充电桩对社会开放，推出 100 辆电动汽车供租赁。目前保持着 100％的出租率，预约租车的排队客户多达 200 人。预计到 2017 年，北京清洁能源汽车保有量将达到 20 万辆，并实现"双百"计划，即在北京 100 个科技园区、100 所学校院所实现电动汽车租赁全覆盖。市科委计划年底前在这三所高校投入 200 辆电动车，共安装 50 台充电桩，每台充电桩可同时为两辆电动车充电。另外加大力度建设 P＋R 接驳地铁电动小汽车停车场，顺义俸伯停车场是北京市首个建成项目。

2. 个人购买电动车配套用充电服务设施

2014 年 2 月北京市科委公布了《北京市示范应用新能源小客车管理办法》规定，按照国家和本市 1：1 的比例确定补助标准，拥有补贴以及使用新能源车指标购买的只有纯电动汽车及燃料电池汽车，并不包含插电式混合动力车型。电动车续航里程如果在 80～150 千米，国家和北京各补助 3.325 万元，共 6.65 万元；续航里程在 150～250 千米，国家和北京各补助 4.75 万元，共 9.5 万元；可获最高补贴金额的也就是续航里程大于 250 千米的电动车，国家和北京市各补助 5.7 万元，共 11.4 万元。国家和北京市财政补助总额最高不超过车辆销售价格的 60％。

同时发布了北京新能源车指标单独摇号的政策。从首期新能源摇号购车的情况看，新能源小客车指标申请人共有 1 428 个，小于指标配额 1 666 个，因此首期摇号购买新能源车的申请人直接配置购车指标，由于新能源汽车易中标，预计参与新能源车摇号的人将越来越多。在北京购买新能源车，可选择的车型仅为江淮、北汽、比亚迪、华晨宝马以及长安五家企业的六款产品。随着入选车型的不断增多，消费者可选择面也将进一步扩大。

最新发布的《北京市示范应用新能源小客车自用充电设施建设管理细则》将本市新能源小客车示范应用在充电设施建设方面分为两大类，即自用（个人或单位）和公用领域充电设施。将按照"双轮驱动"的原则，推进自用、公用领域充电设施建设。

在自用充电设施方面，将按"一车一桩""桩随车走"的原则，由新能源小客车生产企业或其委托的机构负责"全过程组织管理"，包括组织使用者进行充电条件确认、设施建设等，并纳入其售后服务体系。从当前新能源汽车续航里程设计看，自用充电设施可以满足使用者的日常基本出行需求。

在公用充电设施方面，结合城市建设发展规划和配电网规划，统一安排、合理布局，在中心城区打造服务半径平均为 5 千米的充电圈，逐步建成公用领域充电设施网络服务体系。公用领域充电设施主要布局在 P＋R 停车场、电力营业网点、高速路服务区、新能源汽车 4S 店、车辆分时租赁点、社会公共停车场、大型商圈、具备建设条件的加油站、旅游景点、路侧停车等重点区域。

2014 年在全市建成 1 000 个直流快速充电桩，实现中心城区和近郊区县全覆盖，半小时充电就能支撑普通纯电动汽车续航约 100 千米，能够满足现阶段本市新能源小客车的充电需求。未来几年，将按照"分步实施、合理布局"的思路，构建本市公用领域充电设施网络服务体系，更好地满足新能源汽车使用者的多样化需求和驾驶感受。

（五）智能充换电网络管理服务平台

智能充换电网络管理服务平台，是电动汽车智能充换电服务网络的重要组成部分。该平台可以为客户提供充电停车位信息实时发布、地图导航、充电预约、充电信息查询以及远程控制等智能充电服务，做到找的方便、用的顺畅，有效解决消费者的"里程焦虑"。智能服务平台有 PC 网页版和手机 APP 客户端，可以根据客户需求和充电设施状态，指导电动汽车充电、规划合理出行路线，实现客户需求和充电设施的信息化交互。同时，手机端也可以与信息平台进行交互，并向客户推送充电状态信息。

按照管理分级原则，建成电动汽车智能充换电服务网络运营管理系统。通过与 95598 客户服务、营销业务应用等系统的有机组合，实现与资产、调度、生产、配电、财务等不同系统的数据交换、共享、分析和展现。系统从多维度进行个性化的功能研发，有效提高充换电服务的业务运作能力、客户服务能力、管理控制能力，全面实现智能充换电业务区域协同管理。智能充换电服务网络运营管理功能架构见图 25。

目前，智能充换电网络管理服务平台已经在公网上线，国网北京电力完成了清华科技园、四季青、大兴充电站内充电桩的智能化升级改造工作，具备向客户进行开放体验的条件。

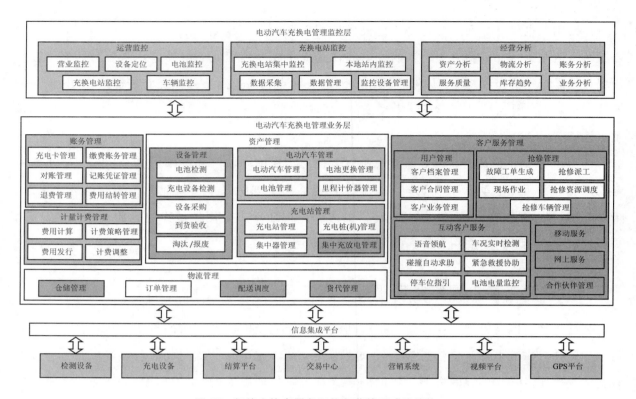

图 25　智能充换电服务网络运营管理功能架构

>>三、北京市智能充换电服务网络发展规划、效应及主要问题<<

（一）发展规划

1."十二五"期间北京市电动汽车保有量预测

根据预测，至 2015 年北京市电动汽车总数将达到 5 万辆，其中中重型商用车约 4 900 辆(含 4 000 辆公交车、500 辆 8 吨及以上环卫车、400 辆物流车、电力保障车、摆渡车等车型)；轻型商用车约 5 100 辆(含 2 吨及以下环卫车 3 000 辆、1 500 辆公务车、600 辆综合车型)；区域出租车约 10 000 辆；集团及私人领域乘用车约 30 000 辆。"十二五"期间北京市电动汽车保有量预测如表 24 所示。[①]

---

① "解读《北京市'十二五'汽车产业发展规划》"直播访谈. 首都之窗. http://www.beijing.gov.cn/zbft/rdft/ t1232894.htm，2012-07-11

表 24   "十二五"期间北京市电动汽车保有量预测

类型		2012 年	2013 年	2014 年	2015 年
商用车(辆)	中重型商用车	509	1 034	3 000	4 900
	轻型商用车	2 108	2 833	3 700	5 100
小计		2 617	3 867	6 700	10 000
乘用车(辆)	出租车	750	2 750	6 000	10 000
	其他乘用车	620	2 620	15 000	30 000
小计		1 370	5 370	21 000	40 000
合计		3 987	9 237	27 700	50 000

2. 电动汽车充换电设施需求

预计至 2015 年北京市电动汽车配套设施将达到 240 座,其中商用车换电站 40 座(主要为公交车换电站、中重型环卫车换电站及综合换电站),乘用车换电站 45 座(主要为小型环卫、公务车、出租车等换电站),整车充电站 155 座(主要为出租车、小型环卫车、物流车、综合处理车等车型充电站),充电桩共计约 39 000 台(主要为小区、商业区、公共领域等区域分散式充电桩群)。"十二五"期间北京市电动汽车充换电服务网络建设规模如表 25 所示。

表 25   "十二五"期间北京市电动汽车配套设施规模

种类	2012 年	2013 年	2014 年	2015 年
商用车换电站	5	10	20	40
乘用车换电站	0	5	20	45
整车充电站	56	75	108	155
合计站点数	61	90	148	240
充电桩	1 080	3 250	19 500	39 000

数据来源:国网北京市电力公司。

按照构建跨区域全覆盖智能充换电服务网络的思路,结合区域电动汽车发展,并结合北京市域空间发展战略——完善"两轴"、发展"两带"、建设"多中心",形成"两轴—两带—多中心"的城市空间新格局的设想,北京市区域间及对外交通干道服务站设置充、换电站(含整车充电位)可以考虑在新建、改建的城市对外放射线、高速路等公路随路建设充电设施,在现状城市对外放射线、高速路等公路于现状道路周边加设充换电站等充电设施。以上充电设施的规模计入"十二五"期间北京市电动汽车配套基础设施建设规划中。至 2015 年计划在京承高速、京石高速、八达岭高速、京开高速、京哈高速的北京六环附近服务站和出京附近服务站各双向建设 14 座换电站,详见表 26。

表 26　　　　　　　　　　　城际互联规划方案

城际互联 项目名称	项目建设 时间	联系公路名称	交通距离（千米）	站址名称	充换电站 座数
北京市—天津市	2013 年	京津唐高速	35	马驹桥高速服务区及京津唐高速 临近天津处服务区	2
北京市—沈阳市	2013 年	京沈高速	39	京沈高速北京段六环附近服务区 及北京段临近河北处服务区	2
北京市—哈尔滨市	2014 年	京哈高速	20	京哈高速北京段六环附近服务区 及北京段临近河北处服务区	2
北京市—开封市	2014 年	京开高速	34	京开高速北京段六环附近服务区 及北京段临近天津处服务区	2
北京市—石家庄市	2014 年	京石高速	38	京石高速北京段六环附近服务区 及北京段临近河北处服务区	2
北京市—西藏	2015 年	京藏高速 （原八达岭高速）	39.8	京藏高速北京段六环附近服务区 及北京段临近河北处服务区	2
北京市—承德市	2015 年	京承高速	132	京哈高速北京段六环附近服务区 及北京段临近河北处服务区	2
合计					14 对

数据来源：国网北京市电力公司。

（二）绿色支撑效应分析

1. 产业链协同发展

电动汽车的产业链主要包括零部件供应、整车制造和基础设施建设运营三个组成部分。首先，汽车零部件制造业是机械工业的重要组成部分，年产值约达 1 万亿元，约占全国机械工业年产值的 1/10。除传统汽车零部件外，电动汽车的主要零部件还包括电池和动力系统，而中国正是世界主要的锂电池和电机生产国，电动汽车的发展对进一步提升这些零部件产业的技术水平有重要意义。其次，整车制造业也是中国国民经济的支柱产业之一，产值已达 1.2 万亿元，中国在 2009 年已经跃居世界第一大汽车产销国，电动汽车能够为汽车产业增长带来新的活力。最后，充电及更换电池所需的基础设施是发展电动汽车的先决条件，基础设施的建设能够为经济增长带来显著的拉动作用。电动汽车配套的电池和充电设备的市场规模也非常可观。财政部已向新能源车的推广使用投入 200 亿元，重点在于充换电站的建设和电网改造，普通消费者购买时的财政补贴和税费减免，以及相关企业的税费减免。

2002 年至 2008 年，北京汽车产业年均增长高达 40%，成为本市经济发展的重要支撑。在新的发展阶段，推动北京汽车产业的发展，是保持首都经济可持续发展，特别是推动现代制造业又好又快发展的重要支撑。2009 年 11 月，随着国家发布汽车产业振兴规划，作为五大振兴方案之一的《北京市调整和振兴汽车产业实施方案》出台，汽车产业在首都经济中的地位进一步得到明确，电动汽车以及充电设施建设将带动相关产业发展，必将在"十二五"期间形成新的经济增长点。

2. 构建绿色交通体系

北京市交通将启动公交车"油改电"计划，未来 5 年将投入超过 100 亿元，大力推广使用新能源驱动车和清洁能源车，优先发展技术成熟的双源电动公交车。到 2017 年，北京将力争实现五环路内中心城区全部使用清洁能源公交车，核心城区基本实现公交零排放。到 2017 年，将有数十条线路实现由柴油车向电驱动车转换，包括纯电动、双源无轨电车和增程式电车。在这些新车当中，双源无轨电车将成为"主力"。双源无轨电车采用锂离子动力电池技术，结合既有线网充电方便，续航能力更强，在正常路况下可脱线网行驶 8～10 千米，在遇到严重拥堵时可绕行，灵活性强。今后 5 年，北京公交集团将累计更新车辆 13 825 辆，其中新能源车 4 058 辆，清洁能源天然气车 7 185 辆，占更新总数的 80%。此外，国内首批达到欧五排放标准的柴油车也将投入运营。每年在车辆购置更新上的投入将达到 30 亿元以上。在总计投入超百亿元之后，到 2017 年，在北京公交集团全部 21 000 辆公交车中，新能源和清洁能源车将达到 66%，每年可减少燃油消耗 15 万吨，节省下来的燃油可供 10 万辆小汽车行驶一年；在环保方面，氮氧化物的排放将减少 50%，颗粒物排放将减少 60%。

3. 燃油替代效益

北京市目前已投入运营的电动汽车共计 2 160 辆，其中公交车 162 辆、出租车 950 辆、环卫车 707 辆、乘用车 341 辆，累计提供充换电服务 33.5 万次，充电量 1 238.4 万千瓦时，服务里程 2 100.8 万千米，环保效益显著。早在 2011 年 2 月，北京建成首个电动出租车试点延庆城南电动汽车充电站，当时可为 50 辆电动出租车提供服务。2013 年 9 月，可为 200 辆电动出租车提供服务的通州小圣庙电动出租车充电站投运。两年多来，电动出租车充换电站已遍布北京 8 个远郊区县，可为 950 辆电动汽车提供充换电服务。电动出租车的驾驶成本相当于一辆排量 2.0 汽油车驾驶成本的 10% 左右，而且还零污染、零排放。

交通部门发布的数据显示，每 100 辆电动出租车每年可以减少排放废气 300 万立方米，比燃油汽车少使用燃油 30 万升。按照预计"十二五"末北京市电动汽车保有量约 600 万辆计算，根据各种电动汽车规模及其预期行驶里程和每千米能耗情况，至 2015 年北京市电动汽车年耗电量约 3.21 亿千瓦时，相当于 12.83 万吨标准煤。若这些汽车为燃油汽车，则年消耗汽油约 1.8 亿升，占 2015 年北京市 600 万辆汽车总年耗油量 85 亿升的 2.12%。

4. 节能减排效益

国务院发展研究中心对纯电动汽车和传统汽油车的能源消耗和二氧化碳排放方面进行了比较，其中纯电动汽车按照"煤—电—电动机"的能源应用路径，而传统汽油车按照"石油—汽油—内燃发动机"的路径进行测算。测算结果表明，在电能来源仅考虑最差的情况，即由煤发电的情况下，纯电动汽车单位行驶里程所消耗的一次能源（折成热值）只有传统汽油汽车的 0.7 倍。考虑我国电源结构优化以及能源利用效率提高的趋势，预计到 2015 年我国煤电比例为 76%，平均发电煤耗降低 30 克；到 2020 年我国煤电比例为 70%，平均发电煤耗降低 38 克。按照以上电源结构发展趋势，到 2015 年和 2020 年电动汽车所排放的二氧化碳约为传统汽油汽车的 74% 和 67%。

推广电动汽车可有效降低空气中因机动车排放所引起的 PM2.5 含量。以推广 5 万辆电动汽车为例，预计可减少对石油的依赖 12.5 万吨，减少二氧化碳排放 24.3 万吨，相当于 1 783.3 万棵杉树所吸收的二氧化碳量。目前，北京市 16 个区县均有电动汽车充换电站，包括公交换电站、出租车充电站、环卫车充电站等五类站点，包含 2 771 台交流充电桩和 99 台直流充电桩，日服务能力 14 998 车次。以每棵树一年减排 18 公斤二氧化碳计算，截至 2013 年 12 月底，本市所有电动车实现减排 10 453 吨，减排量相当于为北京市新增一个相当于 58 万棵大树的"绿肺"。预计到 2015 年，北京市拥有各类电动汽车 6 万辆，每年可减少二氧化碳排放 110.298 4 万吨。

（三）存在的主要问题

北京市将新能源汽车的发展列入重要的战略工作部署，提前筹划、主动工作，在国内率先全面启动充换电服务网络建设，在建设管理、标准制定、人员培训、运行维护、客户服务等方面开展了一系列工作，积累了较为丰富的建设、运营管理经验，具备了深化充换电服务网络运营管理的良好基础。但目前存在着的充电设备标准、电动车电池技术等问题也不容回避，必须予以高度重视。

1. 电动汽车产业发展尚未成熟

目前，国内电动汽车产业还处于发展初期，受动力电池产业发展的限制，动力电池价格较高，而且循环寿命有限，导致电动汽车销售价格偏高，动力电池后期更新成本较高。另外，由于续航里程有限，能源补给时间较长，电动汽车充电设施建设刚刚起步，还没有形成完善的充换电服务网络，用户对购买车辆后如何实现电能补给存在忧虑，限制了电动汽车的大规模推广应用。充换电设施是能源补给的基础，具有超前性、网络性以及市场培育周期长等特点，需要提前规划、建设，探索符合市场规律、有利于长期发展的充换电服务网络运营管理模式，以满足消费者使用的需求。

2. 电动汽车充换电设施标准仍未统一

充换电标准涉及面众多，包括公众、政府、研究机构、行业协会、汽车制造商、电池制造商、充电服务商等。目前国际标准组织 IEC 与 ISO 都在积极开展充换电站标准研究工作。我国也正在加快电动汽车领域的标准制定，涉及充换电设施、电池行业、车辆行业，目前已在充换电设施领域出台了 50 余项标准，涵盖充换电设备、充换电接口、动力电池、建设与运行、基础与安全、充换电站等分支领域。但在实施过程中还要不断完善，仍需促进相关标准与国际电动汽车领域标准接轨，以保证标准的通用性。

3. 充换电站的盈利模式影响了投资的积极性

充换电站的投资大，回收期较长，目前电网企业是主要投资者。从国内已经运行的 400 余座充换电站全线亏损的情况看，短期内通过提高电动车普及率、实现充换电站的满负荷运行进而实现盈利是不现实的。充换电站的投资规模需要实力较强的民营资本才能够参与，这在一定程度上提高了准入门槛，一般的民营资本鲜有涉足。由于电动汽车产业尚未培育起来，充电站的投资成本高昂，盈利模式不明，制约了社会资本的投资积极性。

>>四、加快智能充换电服务网络建设的政策建议<<

加快电动汽车智能充换电服务网络的建设，对于促进北京市电动汽车产业的发展具有重要意义；对于北京市减少能源消耗、改善环境、完成节能减排目标会产生直接的效应；将对提高城乡居民的生活质量和建设"绿色环保城市"产生重大而积极的影响。为推动电动汽车智能充换电服务网络的快速健康发展，建议在相应的政策方面提供强有力的保障。

(一)智能充换电服务网络建设应纳入城市整体规划

在国家层面上研究制订电动汽车充电基础设施的规划，明确要求新建和在建的建筑物场所增加电动汽车充电设施配备。政府相关部门应颁布法规，将电动汽车基础设施建设的选址纳入各城市和交通体系总体规划，统筹规划，减少重复投入。[1] 同时，电动汽车基础设施也应纳入电网的规划，在设计城市、小区、写字楼以及高速公路服务区、公共停车场等时，应将电动汽车的电力需求(容量、土地等)考虑在内。从长远来看，充电基础设施应当作为新建建筑物的标准配置。最近北京市规划委员会正在就新建小区的充电桩问题进行研究，新政策规定新建小区配充电桩的停车位要占到18％，用电方面也需要提前预留。这些措施必须要具有可操作性，便于实际落实过程中能够执行。

(二)完善智能充换电服务网络建设的综合优惠政策

北京市购置新能源小客车财政补贴享受中央财政和北京市财政两级补贴，而电动汽车充换电站的快速健康发展，需要有相应的政策保障和技术保障。在换电站、充电站建设用地、银行贷款、税收等各个方面，国家应予以优惠及减免。对换电站、充电站建设优先保障用地，政府积极协调解决用地、电网布置、专用设施配备等方面的问题。制定特色的财税政策，对基础设施建设保障单位进行贷款贴息。换电站、充电站及其他配套设施享受政府项目申请绿色通道政策。建议电动汽车在北京地区不实行尾号限行措施，电动汽车的购买不受北京市限购政策的限制，电动汽车在中心城区的泊位费用减免，享受高速过路，过桥费用减免。

---

① 2013 中国汽车产业发展论坛. 腾讯网，http://auto.qq.com/zt2013/tjbbs/

（三）加快完善智能充换电服务网络标准体系的制定

虽然电动汽车发展和充电设施建设在我国还处于起步阶段，但是发展速度比较快，充电设施建设已经出现了一拥而上、全社会热议、各行业参与的现象。在这种情况下，必须坚持标准先行的原则，要在大规模推广前先行完成关键技术标准确定，以避免重复浪费、重复建设的现象。要加强充电设施的基础标准、技术规范、监管细则的政策法规，规范充电、换电的服务行为。当前要突出重点加快出台电动汽车标准及接口标准等标准。电动汽车充换电是智能电网的组成部分，必须依靠智能电网对电动汽车实施有序充电，充电设施标准化工作应和智能电网的标准化工作相协调。充电设施的运行将对电网产生谐波污染，要在充电设施设备标准、充电站设计规范、工程验收标准等相关领域重点考虑。

（四）鼓励市场化的社会多元投资参与基础设施建设

从世界各国新能源的发展路径上推导，政府的支持和补贴是新能源汽车大规模走向市场的重要因素。但是新能源汽车产业要想真正做大做强最终还是要靠市场，要注重市场驱动和遵循基本规律。特别是新能源汽车补贴"退坡机制"启动，回归市场驱动信号明显。我国要在政府的引导、推动和组织下，建立完善机制激活市场驱动力量，积极探索多种形式的产业联盟，形成必要的合力，联合进行多能源动力总成控制系统、驱动电机和动力电池以及关键零部件的攻关和产业化，尽可能使我国在发展新能源汽车方面少走弯路，力争用尽可能少的投入、尽可能短的时间，实现我国新能源汽车的跨越式发展。智能充换电服务网络属于基础设施，在项目启动的初始阶段，具有较强的公共品属性，但经过一定阶段的发展，盈利模式基本形成，就必须依靠市场的力量，引入竞争的力量，打破各种形式的市场保护，允许社会资本参与建设，形成市场化的投资格局。

>>参考文献<<

1. 贾俊国. 电动汽车智能充换电服务网络建设与运营. 电力需求侧管理，2011(2)

2. 魏昭峰. 中国电动汽车技术路线和充电模式的选择——《我国电动汽车充电设施发展研究报告》(解读). 中国电力企业管理，2012(7)

3. 陈柳钦. 新能源汽车从政策扶持走向市场驱动. 中国能源报，2014-01-12

城市绿色产业研究

PPP 模式在环保治理行业的应用分析及发展建议

王海芸

>>一、PPP 模式的内涵与优势<<

PPP(Public Private Partnership)模式，是指政府与私人组织之间，为了合作建设城市基础设施项目，或是为了提供某种公共物品和服务，以特许权协议为基础，彼此之间形成一种伙伴式的合作关系，并通过签署合同来明确双方的权利和义务，以确保合作的顺利完成，最终使合作各方达到比预期单独行动更为有利的结果。

从各国和国际组织对 PPP 的理解来看，PPP 有广义和狭义之分。广义的 PPP 是公共部门与私人部门为提供公共产品或服务而建立的各种合作关系，又可以分为外包、特许经营和私有化三大类。外包类由政府投资，私人部门承包整个项目中的一项或几项职能，并通过政府付费实现收益；特许经营类需要私人参与部分或全部投资，并通过一定的合作机制与公共部门分担项目风险、共享项目收益；私有化类需要私人部门负责项目的全部投资，在政府的监管下，通过向用户收费收回投资实现利润。其中外包类和特许经营类较常用，BT 模式属于外包类，而 BOT 模式属于特许经营类。广义的 PPP 模式分类见表 27。

表 27 广义的 PPP 模式分类

			公有化程度
外包类	模块式外包	服务协议	
		运营和维护协议	
	交钥匙	设计—建造（BT）	
		承包经营	
	租赁	租赁—发展—运营	
		建设—转移—运营	
特许经营类	一般特许模式（国营收费模式）	扩建后经营整体并转移	
		转让—经营—转让（TOT）	
		建设—运营—转移（BOT）	
	特许权经营	特许经营	
私有化类	部分私有化	合资新建	
		股权转让	
	完全私有化	购买—扩建—运营	
		建设—拥有—运营	私有化程度

从狭义上说，PPP 模式是指政府与私人机构通过合作共担风险，政府授权私人机构特许经营权运营项目，并对运营成本进行补贴，最终共同分享收益。根据财政部下发的《关于推广运用政府和社会资本合作模式有关问题的通知》（简称"76 号文"），投资者按约定规则独资或与政府共同成立特别目的公司建设和运营合作项目，独资或合资不是识别 PPP 项目的考量要素。狭义 PPP 模式主要是指民营化类的模式，其原理与 BOT 有相似之处，但更加强调公私部门的全程合作，当前政府所推广的主要是特许经营类的和狭义的 PPP 模式，本文所指 PPP 模式指狭义的 PPP 模式。

狭义的 PPP 模式最早在英国诞生，是一个完整的项目融资概念，它是政府、营利性企业和非营利性企业基于某个项目而形成的以"双赢"或"多赢"为理念的相互合作形式，参与各方可以达到与预期单独行动相比更为有利的结果。具体来说具有以下四个优点：

第一，参与项目的企业从一开始就参与进来，有利于运用企业的先进技术和管理经验，降低总体项目成本。政府部门和企业共同参与项目立项，可行性研究，项目融资，建设和经营项目过程，以确保该项目技术上和经济上可行，并有利于降低项目风险、提高公共服务质量。

第二，可以使私营资本更多地参与到项目中，弥补政府财政不足的问题，为"准经营性项目"提供融资，实现社会效益和经济效益双赢。

第三，有助于提升基础设施建设和服务水平。采用 PPP 模式，可以引入竞争机制，使企业能够获得特许经营权，为了实现利润的最大化，企业会利用自身丰富的经验来加强管理，减少浪费；同时为了追求经济效益，企业也会不断提升生产效率，提高服务质量。

第四，风险分配相对合理。在 BOT 项目中，投资者需要承担绝大部分风险，而 PPP 模式中，项目中政府也需要承担相应的风险，使项目风险分担相对较为合理，减少投资者的风险，从而降低融资难度，提高项目成功的可能性。

因此，在市场化改革的背景下，发展 PPP 模式已经不是权宜之计，而是未来的发展方向。

>>二、环保行业引入 PPP 模式的必要性<<

（一）环保产业投资仍不足

近年来，节能环保产业越来越受到政府的高度重视，国家"十二五"规划纲要已将节能环保产业列入"培育发展战略性新兴产业"之一。环保投资总额和环保基础设施投资总额呈逐年快速上升趋势。数据显示，我国"十二五"时期环保投资需求约为 3.4 万亿元，实际投资接近 5 亿元，超出 1.6 万亿元，超出比例接近 47%。但环保指标完成不理想，进度滞后。环境保护投资总量与环境污染治理效果明显不匹配。究其原因，我们发现我国环保投资统计口径与欧美国家相比，是"大环保＋节能"概念，去除水分后，纯环保投资为国家统计局数据的 50% 左右。也就是说，国家统计局数据显示，中国在 2012 年全国环境污染治理投资总额为 8 253 亿元，占 GDP 的 1.59%，实际与国际相符合的环保投资占 GDP 的比重在 0.72%～0.88%。[①]

国际经验认为：按照欧美日等发达国家和地区的统计口径，环保占 GDP 比重的 1.5% 才可以停止环境继续恶化，2%～3% 才能改善生态环境，按此口径我国只有 0.87% 的占比，因此仍处于环保投资初期，我国环境保护还任重道远，引入社会资本进入环保领域刻不容缓。

（二）环保行业投资管理存在问题

目前，我国环保行业缺乏总体的规划和顶层设计。总体需求不明确，治理思路不清晰，而且环保工作跨行业、跨区域，工作内容复杂等特点也增加了整体污染治理的难度。因此，地方政府在选择项目时经常较盲目。往往对项目投资之后，效果却不尽如人意，政府部门虽然意识到了这一点，但是从人力、能力等各方面都存在心有余而力不足的情况。

另外，目前环保行业的投资管理通常限于项目前期决策阶段的管理，而针对项目整体运营的管理尚未形成，这就导致项目投资效率、效益低下等问题。

综上所述，把 PPP 模式引入环保行业，有利于引导社会资本进入该行业，解决环保产业投资不足的问题；也有利于环保项目投资管理，实现经济与社会效益的双赢。

>>三、PPP 模式在环保行业的应用情况<<

我国环保项目按照是否有明确收益，可以分为两大类：收益明确项目和收益不明确项目。[②]

---

① 2014 年中国节能环保行业市场投资趋势分析. 中商情报网，http://www. askci. com/chanye/2014/09/23/14025bntj. shtml，2014-09-23

② 朱文杰. PPP 模式：化解环保治理服务困境的良药. 中国节能，2014(8)

目前环保行业引入社会资本的实践主要集中在第一类项目中，这一类项目也是比较容易执行的，具体情况如下。

在收益明确项目中，又可以分为两类：(1)不需要运营的项目。目前大部分采用的是由受益方或下游企业付费，以 BT 模式进行污染治理，如城市污染地块的土壤修复等，由可以获取地块增值的开发商付费。(2)需要运营的项目。目前大部分引入了社会资本，采用特许经营模式交给私人机构运营，如烟气脱硫脱硝的运营、市政污水处理、垃圾焚烧运营等，由污染物的产生方或者污染治理成果的受益方付费，这类项目因为收益明确，可以采用 BOT 模式，也可以采用 PPP 模式。我们可以看一下历年来北京环保引入社会资本项目：2000 年，北京肖家河污水处理厂采用 BOT 模式，该项目是北京市首家由桑德集团投资建设的城市环境基础设施市政污水处理项目；2003 年，北京清河污水处理厂采用 BOT 模式，由北京城市排水集团有限责任公司投资兴建，中国建筑工程总公司施工总承包；2005 年，北京北苑污水处理厂采用 BOT 模式，由威立雅公司投资建设。这些引入社会资本的环保项目都是收益明确采用了 BOT 模式的案例，在有效筹集资金的同时，也促进了北京污水处理行业的发展。

近期，在财政部公布的首批总投资规模约为 1 800 亿元的 30 个 PPP 试点项目中，涉及环保行业的项目有 15 个，包括污水处理、垃圾处理、环境综合治理等领域，从收益机制来看，污水处理和垃圾处理都属于第一类项目，这类项目虽然收益明确，方向清晰，但在实际操作中也存在缺乏法律保障、模式不成熟带来的各种风险等问题，仍需要通过试点来寻找最优模式。

案例(一)池州市污水处理及市政排水设施政府购买服务项目

项目背景：池州市污水处理及市政排水设施政府购买服务项目于 2013 年年底启动，是国内首个由财政部、住房和城乡建设部共同推出的 PPP 试点示范项目。

项目方案：将市区及各县区项目整体打捆，包括污水处理厂、市政排水管网、泵站，总投资约为 41.45 亿元。项目分两期实施，一期项目以主城区为试点，二期项目包括青阳、东至、石台三县及江南产业集中区。现阶段一期项目采用"厂网一体"运营模式，将污水处理厂和排水管网项目整合，建设污水处理厂 2 座、排水管网 750 千米、污水泵站 7 座，项目总资产 7.125 亿元。按照厂网一体、存量增量一体的原则授予项目公司投资、建设新建项目以及运营维护污水处理及排水设施的特许经营权，2015 年 1 月 1 日正式开始运营。政府每年支付污水处理服务费和排水设施服务费。特许经营期 26 年，期满终止时，项目公司将设施的所有权、使用权无偿交还政府。目前，该项目已确定获得安徽省 2 950 万元补贴，其中有 700 万元的管网维护补贴，这部分补贴将每年都有。

项目公司：通过招标选择合作伙伴，深圳水务集团中标，与政府合作成立项目公司——池州市排水有限公司，深圳水务集团占 80% 的股份，政府持股 20%。

小结：该项目作为 30 个 PPP 试点中的第一个项目，备受关注，主要亮点是政府持股 20%，对管网服务进行购买。项目也存在一些不确定因素，如政府补贴是否能够保证每年到位；地下管网因为埋在地下看不到，价值测算是否准确；另外，若干年后污水处理价是否会上涨，如何防止社会资本在垄断项目中利润过高，也是在实践中需要注意的。

第二类项目即收益不明确的项目，这类项目在现有环保项目中比例很大，此类项目受益方不明确，且治理难度更大。第一，完全没有明确的付费方，也不能通过运营获取收益，只能采用外包类模式，由政府完全付费。第二，可以找到一定的付费主体，有一定的运营收益，但是不能够完全维持运转，还需要政府补贴，如环境综合治理、流域治理、环境监测、大气污染治理等，适合采用 PPP 模式。

目前，业内也在积极推进第二类项目的 PPP 模式探索，主要是流域治理、环境监测、重金属污染治理、大气污染治理、环境综合治理等收益不明晰的细分行业。对这类占环保行业大部分的项目展开 PPP 模式的探索，在财政资金不足的情况下，通过合理、双赢、可操作性强的模式，引入社会资本，解决环境污染治理问题，将是未来解决环境问题的关键。

案例(二)××湖饮用水水源地保护与可持续开发 PPP 项目

项目背景：××湖 2010 年被省环保厅代省政府批复确认为某市饮用水水源地。根据 2010 年××湖污染物排放量的分析结果可知，××湖富营养化污染主要来自农业面源污染、畜禽养殖污染以及生活污水排放，占到污染总量的 97%。

项目方案：成立××湖水环境保护开发基金，该基金是中央、省、市、县等各方共同做出的保障××区饮用水安全和区域可持续发展的长期承诺，是按照社会性基金模式进行管理的政府性环境保护信托基金。其建立在××湖饮用水水源地保护目标的基础上，以二级保护区和部分准保护区为该基金支持的项目范围，实现规划区域的可持续发展。该基金的任务是：第一，吸引社会资本，解决××湖水环境保护资金不足的问题。一方面，由基金作信用担保，设立合理的收益机制，吸引社会资本直接进入基金资金池；另一方面，对于基金整合的环保项目，通过无偿补助、免息或低息贷款、小额贷款、贴息等方式，鼓励社会资本以 PPP 模式直接参与项目。第二，发挥基金的技术管理优势，提高各方资金投入效率。在明确中央、省、市、县各方在××湖水环境保护的事权基础上，分析和落实相关保护规划提出的资金需求中各方资金的投入比例，制订年度投入计划，以此作为各方年度投入或进入基金资金量的依据；对基金投入的项目进行全过程管理，从项目前期评估、季度或年度资金使用检查、治理标准、验收标准等多个方面进行监管，保障各方资金的有效合规使用，提高资金投入效率。第三，形成优良的环保资产。通过基金运行的项目，可以作为政府的优良环保资产，实现资产的保值增值和再融资功能。

项目公司：该基金由地方政府代表公司、××公司以及其他社会资本发起人共同管理。

小结：PPP 项目具有投资额大、经营期长等特点，很适合建立产业投资基金。基金可以整体考虑治理需求，根据项目的收益情况，灵活采用不同的方式进行治理。由于涉及金额巨大，项目盈利能力弱，操作经验不足等原因，这种 PPP 模式的产业基金的管理和最终效果仍需时间的检验，且整个基金的收益率能否保证仍是最大的问题。

>>四、PPP 模式在环保行业存在的问题与建议<<

PPP 模式在环保治理行业的应用才刚刚开始，仍处于发展的探索阶段，从目前的应用情况来看，主要存在以下问题。

(一)配套法律不健全

近年来，我国政府相继出台了很多政府对企业投资的管理制度，按照"谁投资、谁决策；谁收益、谁承担风险"的原则，落实企业投资自主权，也界定了政府投资职能，并放宽了基础设施产业市场准入限制，鼓励民营资本在更广泛的领域参与基础设施建设。但是，PPP 模式作为一种较为复杂的融资管理模式，涉及方面很多，同时也是一种长期的合作模式，需要严密的法律保障。而现阶段我国并没有专门关于 PPP 应用的法律、法规，大多是实际操作中，不同的环节根据需要采用不同的法规，专门法律的缺失将影响 PPP 模式的应用，以及项目中政府的角色和合作双方的定位，并影响相关部门的权利再分配。

另外，目前我国多个政府部门都对 PPP 项目有控制权，导致项目实施流程复杂，决策、管理和实施效率低下。

(二)运营模式不成熟

从目前 PPP 模式在我国环保等领域的应用来看，运营模式还不成熟，项目存在很多风险：

第一，中途撤走的风险。在吸引社会资本进入环保领域的时候，有些政府在快速引入资本、提升政绩等各种短期利益的驱使下，会通过超过正常水平的高固定投资回报率和较长的特许经营期来吸引社会资本。但一旦项目开始，有可能因为政府承受能力有限，导致政府支付意愿或能力下降，从而使项目收益无法保证，甚至政府中途撤走，出现政府与企业"双输"局面；当然也存在企业因无利可图甚至亏损而甩手不干所带来的风险。

第二，政策环境不统一或不稳定。PPP 模式是一种长期合作的关系，运作周期长，时常经历多届政府，导致项目的合法性、市场需求、收费、合同协议的有效性等因素发生变化；政策不具有连续性，容易使得这类项目折戟沉沙。

第三，政府和社会资本地位不对等。在很多 PPP 项目中，都存在政府不守信的问题，包括不履行合同义务、不兑现与项目有关的承诺、在合同之外增加特许经营者义务等。

(三)项目收益无法保障

环保行业大部分都是收益不明确的项目，资金来源是最大的问题，即便是引入了社会资本，弥补运营收益不足的政府补贴很多情况下也无法保证。究其原因，一方面是政府的整体投入太少；另一方面中央投资的比例固定，地方环保部门不能根据具体的需要来调剂资金，经常是需要投资治理的项目没有资金来源，而有些项目可能投资额度过剩，造成了过度治理和治理不足并存。

针对以上问题，为了推动 PPP 模式在环保治理领域快速发展，在缓解环保治理服务融资难题的同时，提高治理效率，本文提出以下建议。

1. 成立专门机构，建立专门法律体系

在 PPP 模式下，政府既是特许权协议的当事方，又为项目运作提供政治和法律环境。为了适应新的合作形式，需成立一个专门的机构来监督和管理项目。这个 PPP 机构专门负责 PPP 项目工作开展，使项目管理系统化、规范化，不仅便于公私合营双方谈判，也可避免政府部门内多头管理、工作互相推诿、项目操作程序不规范的弊端。

2014 年 5 月由财政部成立的政府和社会资本合作（PPP）工作领导小组，主要是领导财政系统与 PPP 相关的事宜，特别是负责 PPP 管理中心。小组属于财政部的内部机构，但 PPP 项目所涉广泛，除财政部门之外，还涉及发改委、国资委、环保部等各行业主管部门，各个部门都从不同的角度做 PPP，最关键的是需要从国家层面立法，把组织建设这块通过法律的形式确认下来。例如，可由发改委或财政部牵头，成立跨部委的中央级和省级 PPP 机构，统一负责政策指导、总体规划和综合平衡，对政府财政风险进行监管和审批，并与央行、银监会保持密切沟通。

目前，已有不少国家对 PPP 模式专门立法，比如美国、英国、法国等国家。我国要大力发展 PPP 模式，首要问题就是专门立法。PPP 模式是一种长期的合作关系，无论是政府感到投资过大或补贴过多而中途撤走，或是企业因无利可图甚至亏损而甩手不干，解决的根本途径都在于有法可依，执法必严。因此，PPP 模式有效运作需要清晰、完整和一致性的政策法规，这是发挥 PPP 优势的必要保证。

PPP 模式的专门立法除了要明确从中央到省级、市县政府的职责，以及设立专门机构等核心内容，也要建立一套 PPP 操作指引和合同体系，主要包括以下几个方面：社会资本方报酬支付方式、风险的合理分配、政府约束机制以及融资体系和协调机制等相关条款。

2. 政府需加强对 PPP 项目的管理能力

从国际经验看，PPP 模式对政府的定位和能力要求很高，立法明确了政府在 PPP 模式中的定位之后，政府需要加强对 PPP 项目的管理能力。

PPP 项目基于政府和企业双方长达数十年的合作契约，这一特征决定其对项目的前期准备有更高的要求。建议政府相关部门严格审核 PPP 项目，通过定量分析、定性研究来筛选符合 PPP 模式的项目。严格的前期准备和筛选是一个项目能否成功的第一个关键要素。对于适合 PPP 模式的项目，政府需要建立一个项目开发程序，通过招投标选择合作伙伴，全面评估合作伙伴的建设及运营实力，择优选择合作方。

同时，政府给予补贴是 PPP 项目成功的核心要素，决定了项目是否能够顺利运作。在推行采用 PPP 模式进行环保治理服务的时候，政府需要保证项目补贴能够及时到位，使社会资本能够获得合理且可持续的收益，同时政府应监管公共产品的价格、质量及服务，双方合理分担项目风险和收益。

3. 积极引入专业咨询公司做项目综合设计

在环保治理 PPP 项目的实施过程中，通盘考虑项目需求，综合了解项目情况，并因地制宜确定项目规划和技术等，做整体的方案设计至关重要。因此，建议政府部门可以在项目前期引入拥有丰富 PPP 项目经验的专业咨询公司，来弥补顶层零散思路与实际执行之间的断档，帮助政府部门少走很多弯路。这样的专业公司既能理解政府的目标需求，又能把思路与地方实际相结合，落实到项目中。省去了摸着石头过河可能要付出的巨大的时间和经济代价。

4. 积极创新，解决环保 PPP 项目收益保障问题

如前所述，环保 PPP 项目的最大问题是资金来源问题，项目收益如果无法保证，即便社会资本进入了，也会因为达不到预期收益而选择退出，PPP 模式本质上并没有改变市政公共基础设施需要资金投入以维持建设和运营的社会公益属性。

解决资金来源，一方面，增加资金投入肯定是最直接有效的方式，财政部应利用现有专项转移资金投入示范项目，推动 PPP 试点项目，使得社会资本参与收益有保障。这对于目前的示范项目具有很大的推动作用，但是对于不在示范项目之列的更多项目来说，也需要这样的资金支持。

另一方面，除了增加投入，更有效地利用现有财政补贴和专项资金也是一种好的办法，如前所述成立环保产业专项 PPP 基金，根据具体的需求，灵活运营资金，缓解过度治理和治理不足并存的情况。

另外，要大力创新融资方式，创新信贷服务，如支持开展排污权、收费权、购买服务协议质（抵）押等担保贷款业务，探索利用工程供水、供热、发电、污水垃圾处理等预期收益质押贷款。各地方政府和业内企业需要积极创新，共同解决环保 PPP 项目的收益保障问题。

>>参考文献<<

1. 潘琼. PPP 模式在减排重点领域环境服务的可行性分析. 企业技术开发，2014(25)

2. 郭伟，王国栋. 基于环保基础设施 PPP 项目风险分担研究. 资源节约与环保，2014(6)

3. 张剑智，孙丹妮，刘蕾，郑静. 借鉴国际经验推进中国环境领域 PPP 进程. 环境保护，2014(17)

4. 汪志飞. 论环境污染治理 PPP 机制的法律关系. 四川理工学院学报(社会科学版)，2009(10)

5. 刘小华，陈凡. 浅析 PPP 投资模式下项目管理运作和风险. 财经界(学术版)，2013(17)

6. 孟春，李晓慧，张进锋. 我国城市垃圾处理领域的 PPP 模式创新实践研究. 经济研究参考，2014(38)

7. 冯剑梅. PPP 模式下政府投资项目融资模式研究. 合作经济与科技，2009(1)

8. 许艺馨. 探析 PPP 项目中通过利益制衡降低项目运行前阶段风险的合同机制. 西安电子科技大学学报(社会科学版)，2011(4)

9. 孙慧，叶秀贤. 不完全契约下 PPP 项目剩余控制权配置模型研究. 系统工程学报，2013(2)

10. 叶晓甦，吴书霞. 单雪芹. 我国 PPP 项目合作中的利益关系及分配方式研究. 科技进步与对策，2010(19)

12. 徐向东. PPP 项目实践的十大法律问题. 东方早报，2014-12-02

13. 从 PPP 到第三方治理，中国环保产业势井喷. 中国环境投资联盟，2014-08-26

14. 崔煜晨. 环保产业需要引入 PPP 模式解决融资难题. 环卫科技网. http://www.cn-hw.net/html/china/201412/47993.html，2014-12-16

走节约、低碳、高效之路
——北京市工业余热利用产业发展研究

章永洁　叶建东　李成龙

>>一、背景和意义<<

国外对余热回收利用的研究起步较早。20 世纪 70 年代中期以来，国外就十分重视余热回收利用领域的关键技术工作，申请并公开了大量的专利，余热利用已成为工业生产中不可分割的组成部分，已进入相对稳定的成熟期。欧美和日本在工业余热利用方面的技术在世界处于前列，其中日本在该领域具有明显优势。清洁发展机制（CDM）把工业余热回收作为可开展 CDM 项目的类型之一，由发达国家对发展中国家提供技术及资金支持。在检索到的 2 517 件余热利用方面的专利中，日本有 1 375 件，占总量的 54.78%，位居第一；德国有 393 件，占总量的 15.66%，位居第二；美国有 391 件，占总量的 15.58%，位居第三；其余国家及组织累计申请专利数仅有 351 件，占总量的 13.95%。日本在余热回收利用领域遥遥领先于其他国家和地区，而德国和美国的专利申请数量十分接近，在该领域也明显领先于其他国家和地区。

国内工业余热利用技术的研究起步较晚，始于 20 世纪 80 年代。目前我国余热资源利用比例低，大型钢铁企业余热利用率为 30%～50%，其他行业则更低，余热利用提升潜力大。2010 年 4 月 2 日国务院下发《关于加快推行合同能源管理促进节能服务产业发展的意见》，要求加快推行合同能源管理，积极发展节能服务产业，同时加大资金支持力度和实行税收扶持政策。合同能源管理服务有利于进一步推动工业余热利用的推广。

节能减排是我国经济和社会发展的一项长远战略方针，也是一项极为紧迫的任务。北京工业余热能量大，遍及一些重点产业领域，余热利用是一项节能减排、利国利民的重大举措，对首都实现节能减排、实现产业低碳化发展、构建高精尖的经济结构具有重要的现实意义，同时，在改善劳动条件、节约能源、增加生产、提高产品质量、降低生产成本等方面也起着重大作用，对企业来说有事半功倍的效益。

>>二、我国工业余热利用情况<<

（一）工业余热资源

余热是指受历史、技术、理念等因素的局限性，在已投运的工业企业耗能装置中，原始设计未被合理利用的显热和潜热。工业余热是工业企业在生产过程中热能转换设备及用能设备内未被利用的能量，它属于二次能源，来源于各种工业炉窑、热能动力装置、热能利用设备、余热利用装置和各种有反应热产生的化工过程等。

（二）余热资源的分类

1. 按照载热体形态划分

依据载热体形态可将余热资源分为三类：固态载体余热资源，包括固态产品和固态中间产品的余热资源、排渣的余热资源及可燃性固态废料；液态载体余热资源，包括液态产品和液态中间产品的余热资源、冷凝水和冷却水的余热资源、可燃性废液；气态载体余热资源，包括烟气的余热资源、放散蒸汽的余热资源及可燃性废气。

2. 按照温度划分

余热资源按温度的高低可分为：高温余热资源（载热体温度高于650℃）；中温余热资源（载热体温度为230～650℃）；低温余热资源（载热体温度低于230℃）；在工业企业里面，低于230℃的低温余热分布面很广，低温余热量通常比高温、中温两种余热的总和还要大。依照温度划分的不同余热资源情况见表28。

表28　　　　　　　　　　　依照温度划分的不同余热资源

高温余热		中温余热		低温余热	
来源	温度（℃）	来源	温度（℃）	来源	温度（℃）
熔炼用反射炉	1 000～3 000	工业锅炉排烟	230～480	生产过程蒸汽凝结水	80～150
精炼用反射炉	650～1 650	燃气轮机排气	370～540	轴承冷却水	30～90
沸腾焙烧炉	850～1 000	往复式发动机排气	320～600	成型模冷却水	25～90
钢锭加热炉	930～1 035	热处理炉排烟	420～650	内燃机冷却水	66～120
水泥窑（干法）	620～735	干燥、烘干炉排烟	230～600	泵冷却水	25～90
玻璃熔炉	980～1 540	催化裂化装置	430～650	空调和制冷冷凝器	32～45
垃圾焚烧炉	845～1 100	退火炉冷却系统	430～650	生产过程热流体	30～230

3. 按照来源划分

余热资源按来源可分高温烟气余热和废水废气余热等六类，如图 26 所示。

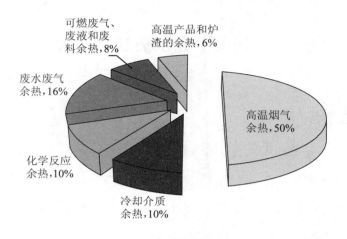

图 26　余热资源分布情况

数据来源：北京可持续发展促进会。

烟气余热量大，温度分布范围宽，占余热资源总量的 50%，分布广泛，如各种冶炼炉、加热炉、内燃机和锅炉的排气排烟，而且有些工业窑炉的烟气余热量甚至高达炉窑本身燃料消耗量的 30%～60%，节能潜力大，是余热回收利用的主要来源；冷却介质余热是指在工业生产中为了保护高温生产设备或满足工艺流程冷却要求，空气、水和油等冷却介质带走的余热，冷却介质的温度一般较低，电厂汽轮机的冷却水温度一般不超过 25～30℃。废水废气余热是一种低品位的蒸汽或凝结水余热，凡是使用蒸汽和热水的企业都会有这种余热；化学反应余热占余热资源总量的 10% 以下，主要存在于化工行业；高温产品和炉渣余热主要指坯料、焦炭、熔渣等的显热，石化行业油、气产品等的显热，工业生产中许多产品要经过高温加热过程，最后出来的产品及其炉渣废料具有很高温度，产品需要冷却后才能使用，在冷却时散发的热量就是余热；可燃废气、废料余热是指生产过程的排气、排液和排渣中含有可燃成分，如冶金行业的高炉煤气、转炉煤气等。

（三）余热资源的特点

余热资源一般具有以下特点。

1. 余热量不稳定

余热资源的数量不稳定，或称热负荷不稳定，一般是由工艺生产过程来决定的，工艺生产过程中存在周期性或间断性，有的工艺生产过程虽然连续稳定，但也有生产的波动，这就使得余热资源的数量出现不稳定情况。

2. 余热载体杂质较多，含有腐蚀性物质

在生产过程中余热载体含尘量较大，余热介质物理、化学性质恶劣，常常含有腐蚀性介质，如烟气中含尘量大或含有二氧化硫等腐蚀性气体、烟尘和炉渣中含有各种金属与非金属元素，

冷却介质不纯净等，这些介质会导致余热利用装置有可能造成严重结灰、堵塞、磨损和腐蚀等后果，从而恶化传热效果，减少设备使用期限。

3. 余热利用装置受场地、原生产等固有条件限制

余热利用大多数是在固有条件的基础上进行，其设备受到安装场所固有条件的限制。如有的利用装置对前后工艺设备的连接有一定要求；还有的装置对排烟要求保持一定温度之内；有的余热虽然可以利用，但因场地受限无法回收。

(四) 我国余热资源行业分布与利用概况

余热资源广泛存在于各种生产过程中，如煤炭、钢铁、冶金、化工、石油、建材和轻工等行业 (见图 27)，被视为继煤、石油、天然气、水力之后的第五大常规能源。

图 27　主要产热行业

注：(a)煤炭；(b)石油；(c)钢铁；(d)化工；(e)建材；(f)机械；(g)造纸；(h)纺织。

图片来源：北京可持续发展促进会。

我国余热资源十分丰富，占其燃料消耗总量的 17%～67%，其中可回收利用的余热资源约占余热总资源的 60%，如果能够被充分利用，不仅可以节约能源、降低单位产品的耗能量，而且可带来可观的经济效益。据统计，我国余热数量平均达 4 000 多万吨标准煤。表 29 汇总了我国余热资源主要集中的行业余热利用情况。

表 29 　　　　　　　　　　中国余热资源主要集中的行业余热利用情况　　　　　　　　　单位：万吨标准煤

行业	余热资源量	已回收利用余热量	余热资源回收率（％）	余热利用潜力
钢铁	830	180	21.7	650
有色	62	20	30.8	45
化工	620	260	41.9	360
石化	680	380	55.9	300
建材	305	85	27.9	220
轻工	280	70	21.9	210
纺织	70	30	42.9	40
煤炭	70	30	42.9	40
机械	120	20	16.7	100
合计	3 040	1 075	34.9	1 965

从表 29 可以看出，我国各主要工业部门余热资源率平均达到 7.3％，而余热资源回收率仅为 34.9％，回收潜力十分巨大。从另一方面看，在各个工业过程的能源利用中，都存在余热、余压以及伴生可燃物等余能的产生，这部分能量未得到充分回收利用是工业过程能源利用率低的一个重要原因。在未来的节能效果中，70％以上要靠直接节能，即靠科学管理、改进设备和回收利用余热取得，随着时间的推移，科学技术的发展，科学管理、改善操作的节能潜力将逐渐缩小，回收利用余热所占的比重将逐年增大。

（五）余热资源利用方式

根据余热载体温度、形式等的不同，余热利用方式也千差万别。总体上分为热回收（直接利用热能）、动力回收（转变为动力或电力再用）和综合利用三大类，如表 30 所示。

表 30 　　　　　　　　　　　　　　　工业余热的利用方式

余热利用方式		应用领域
直接利用	预热空气	利用加热炉高温排烟预热其本身所需空气，以提高燃料效率，节约燃料消耗。
	干燥	利用工业生产过程的排气来干燥加工零部件和材料；还可以干燥天然气、沼气等燃料；在医学上，工业余热还能用来干燥医用机械。
	生产热水和蒸汽	利用低温余热来产生 70～80℃ 或更高、更低温度的热水和低压蒸汽，供应生产工艺和生活的不同需求。
	制冷或供热	利用低温余热来加热吸收式制冷机的蒸发器，或作为热泵的低温热源，达到制冷或供热的目的。
间接利用	动力回收	对于中高温余热，最好使其产生动力，直接作用于水泵、风机、压缩机，或带动发电机发电；对于中温余热，为提高动力回收的效率，宜采用低沸点介质，按朗肯循环进行能量转换，达到余热动力回收的目的。
综合利用		根据工业余热温度的高低而采取不同的方法，以做到"热尽其用"。例如，利用有一定压力的高温废气，先通过燃气轮机做功，再利用其排气通过余热锅炉产生蒸汽，进入汽轮机做功，形成燃气—蒸汽联合循环，以提高余热的利用效率，加之使用汽轮机抽气或排气供热，余热经多次利用，就更扩大了其回收利用的效果。

>>三、北京市余热资源分布与余热利用产业化分析<<

北京市能源资源有限，能源自给率仅为 10%，地区能源消费中有 94% 的煤炭、100% 的天然气、100% 的原油、70% 的成品油、63% 的电量依靠外埠调入。

随着北京城市化、现代化进程的加快，居民消费结构逐步升级，能源消费总量不断增加，经济发展面临的能源约束矛盾和能源使用带来的环境污染问题将更加突出，能源供需矛盾日益加剧，能源问题将成为制约首都经济和社会发展的重要因素。大力推进节能降耗是缓解北京市能源约束、减轻环境压力的根本出路。

(一)北京市余热资源分布

随着北京市节能减排政策的不断推进，北京市的高耗能企业，如水泥、冶金、钢铁等，已经逐渐迁出。工业余热主要分布在电力、化工、轻工业(造纸、食品、纺织)等行业，如表 31 所示。

表 31　　　　　　　　　　　北京市余热资源分布

工业部门	余热种类	余热温度(℃)	产余热设备
造纸厂	气体余热 低温水	70～80 40～60	抄纸机烘干设备
工业锅炉	气体余热	150～300	工业锅炉
工业窑炉	气体余热	900～1500 400～600 200～400	玻璃窑炉 加处理炉 干燥炉、烘干炉
电力工业	低温水 气体余热	30～50 300～500	冷凝器排水 燃气轮机排气
轻工业(食品、纺织)	气体余热	80～120	干燥机排气

资料来源：北京可持续发展促进会。

(二)北京市工业余热利用产业链分析

北京市工业余热利用主要采用的技术形式为余热回收、热交换和制冷制热技术，在化工、电力和公共建筑领域应用广泛。北京市工业余热利用产业链见图 28，工业余热回收利用产业典型企业和科研机构介绍见表 32。目前，北京市工业余热利用领域已经发展形成了较为完整的产业链。其中，余热回收、热交换及制热制冷技术已经较为成熟，但是企业实力参差不齐。在项目设计、施工过程中存在质量不高、资源利用效率低等问题，为产业发展带来一定隐患。

另外，北京市工业余热利用产业链中游存在薄弱环节，中低温余热发电技术研究的企业和机构较少，力度不够，有较大的发展潜力。一是部分环节科技创新能力不足，余热发电用汽轮机和闪蒸器等关键设备、中低温余热发电循环技术等尚缺乏技术研究；二是部分环节科技成果产业化能力不足，没有形成市场优势，有机朗肯循环技术、斯特林发动机、螺杆膨胀机有一定的研究成果，但产业化不足，没有形成优势企业。

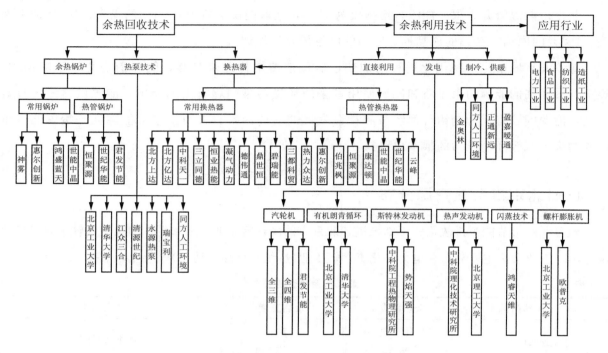

图 28　北京市工业余热利用产业链

表 32　　　　　　北京市工业余热回收利用产业典型企业和科研机构介绍

序号	名称	主营产品	新技术
1	北京鸿盛蓝天环保设备有限公司	锅炉、节能减排、余热回收、节电、锅炉节煤技术、锅炉安装、维修、供暖锅炉自动控制设备、声波回响系统	热管及热管锅炉
2	北京康达顿能源科技有限公司	烟气脱硫/脱硝系统、余热热水系统、余热空气预热系统、余热物料烘干系统、低温余热发电系统、余热余压联合利用系统、（热管）换热器、烧结机余热回收系统、玻璃窑余热发电系统	蓄热式蒸汽发生器
3	北京世能中晶能源科技有限公司	烟气脱硫除尘、工业炉窑余热回收利用、余热发电系统工程、光电一地热一体化建筑，广泛应用于各行业的工业余热回收、余热发电等工程	（热管）换热器、（热管）锅炉
4	北京北方上达节能设备有限公司	供热节能设备技术研发、供热系统工程承揽和运行管理，烟气冷凝器、直燃机余热回收、高效烟气余热回收装置	
5	北京北方亿达节能设备有限公司	换热设备、干燥设备、板式换热器、管壳式换热器、空气换热器、全自动无人值守换热机组	全自动无人值守换热机组
6	中暖（北京）节能技术有限公司	系统、综合的供热运营、节能、自控等节能技术，烟气冷凝余热回收装置，供热节能改造	
7	北京市中科天一环境技术有限公司	热帝锅炉烟气冷凝余热回收装置，可提高锅炉效率，节气5%～15%，降低运行费用和有害物排放。真空脱气机，脉冲变频水处理仪，燃油燃气锅炉，变频水处理装置等	热帝锅炉烟气冷凝余热回收装置

序号	名称	主营产品	新技术
8	北京伯兆枫科技发展有限公司	电力设备，锅炉辅机设备，省煤器，电厂用省煤器，板式换热器，烟气余热回收，定压补水机组，凝结水回收器	热管式余热回收器
9	北京恒聚源热能科技有限公司	联通式热管余热回收器	联通式热管余热回收器
10	北京三立同德热能技术发展有限责任公司	热能设备的研制与开发，燃油燃气锅炉和中央空调用直燃机烟气余热冷凝回收利用成套设备（烟气余热冷凝回收利用装置，冷凝型锅炉，全自动燃煤气化无烟锅炉）	烟气余热冷凝回收利用装成套设备（节气率达8%～14%）
11	北京恒业热能环保数控机电设备有限公司	各种换热器设备，各种余热回收设备，锅炉，发电机组系列	
12	北京凝气动力技术有限公司	凝结水回收系统，凝结水回收器，低位热力除氧器，锅炉烟囱余热回收器，锅炉定连排热能回收器，集中疏水阀	凝结水回收器，低位热力除氧器，有效解决了水泵汽蚀的世界难题
13	北京德伟通科技有限公司	电站锅炉、工业锅炉辅机热工设备、热工节能环保设备、电动凝结水回收器、汽动凝结水回收器、乏汽余热回收装置、定压补水装置、恒压变频给水装置	
14	北京惠尔创新科技有限公司	新型换热元件、换热设备、一、二类压力容器、空气换热器、余热锅炉、余热制冷、煤气换热器、余热发电、热管换热器、加热炉滑块、电弧炼钢炉显热回收技术等	电弧炼钢炉显热回收技术，充分回收烟气显热，投资回收期短、经济效益显著
15	北京世纪华能能源设备有限公司	热管技术研发和热管节能设备制造，热管换热器、热管余热锅炉、空调换热器	再生热管（第二代热管）
16	北京鼎世恒电力科技开发有限公司	暖通设备、节能减排设备、蒸汽凝结水集中回收工程、换热站工程、全自动凝结水回收装置、各类换热器	
17	北京碧瑞能科技发展有限公司	清洁能源(褐煤干燥干馏提质、油页岩和油砂热法提油等)、燃烧装备(常规燃烧器、蓄热室燃烧器等)、工业余能(气体、液体及固体物料)回收、烟气净化(除尘、脱硫、脱硝)成套装备的科研开发、工程设计、制造、安装和总承包等	
18	北京热力众达换热设备公司	换热器、热管换热器	
19	北京云峰热管节能设备厂	热管换热器、能量回收空调机组、冷热回收换气机组、能量回收回风箱、节能补风加热机组、新风净化机组、除尘器	
20	三都科贸有限公司	管状电加热元件、翅片式电加热器、低温热管、超导热—热管	超导热—热管
21	北京爱德瑞商贸有限公司	各种氟制冷剂及环保替代品	

序号	名称	主营产品	新技术
22	北京工业大学环境与能源工程学院	"传热强化与过程节能"教育部重点实验室和"传热与能源利用"北京市重点实验室，863计划项目："基于单螺杆膨胀机的中低温余热发电技术"，水源热泵热水系统工程，有机朗肯循环(ORC)863计划项目："单螺杆有机朗肯循环车用发动机排气余热回收技术研发"	单螺杆膨胀机、水源热泵、地源热泵，有机朗肯循环等
23	北京欧普克机电技术有限公司	辛麦恩无油水润滑螺杆机、恺撒双螺杆空压机，0.8～104立方米等型号的高品质空压机，储气罐、干燥机、过滤器	单螺杆膨胀动力机
24	北京全三维动力工程有限公司	具有自主知识产权汽轮机全三维设计技术，特殊汽轮机产品设计、汽机降耗通流改造、蒸汽燃气联合循环、焦炉煤气发电、风力发电等	特殊汽轮机产品设计、余热发电
25	北京全四维动力科技有限公司	汽轮机新技术和新产品研发，新一代全四维汽轮机精确设计体系及配套技术	新一代全四维汽轮机设计体系及配套技术
26	北京君发节能环保技术有限公司	热管技术、余热锅炉技术、低压蒸汽轮机发电技术等工业余热回收系统	工业余热回收系统
27	清华大学热能工程系	能源高效、清洁、低碳转化和利用领域，有机朗肯循环	高温水源热泵机组，有机朗肯循环
28	北京汇众三合环境能源科技有限公司	土壤换热技术、工业余热回收技术，各类热泵机组，包括地下水、工业废水、城市污水、地热尾水、江水、河水、湖水、海水源热泵机组	
29	北京清源世纪科技有限公司	高温水源热泵机组，应用于低温地热水/尾水、中央空调冷却水、油田含油污水、工业废水、废热的余热回收利用，有效利用30～60℃的低品位热水资源，稳定提供70～85℃的热水，能效比大于3.4	QYHP系列高温水源热泵
30	北京永源热泵有限责任公司	一机多能的三联供地能热泵机组，利用工业废水、地热尾水等低品位能源，实现对建筑物冬季供暖、夏季制冷、日常提供生活热水	一机多能的三联供地能热泵机组
31	北京瑞宝利热能科技有限公司	污水源热泵、水源热泵、土壤源热泵系统，新型系统及相关设备研造	原生污水源热泵系统成套技术
32	同方人工环境有限公司	多源化综合节能减排解决方案，节能产品、节能工程及节能服务等传统业务，城市区域能源规划、工业余热综合利用、BOT&EMC投资运营、政府可再生能源建筑示范、各类热泵机组。余热回收系统技术，可最大限度回收废热，节省机组用电量，提供免费生活热水。降膜式全热回收水源热泵机组	冷暖双效水源热泵，利用地下水、地表水、地热尾水、海水、中水、坑道水等多个全新领域
33	北京金奥林空调设备有限公司	风/水冷冷(热)水机组、空气源热泵家用中央空调、水源热泵机组、热交换新风机组、静音型节能环保空调机组和中央空调末端设备	

序号	名称	主营产品	新技术
34	中国科学院工程热物理研究所传热传质中心	燃气轮机/航空发动机相关传热研究（叶片冷却、回热器）；强化传热传质基础及应用研究（微尺度、流动、相变）；先进冷却技术研发（热管、微通道、喷雾、微槽群）；斯特林太阳能热发电基础及关键技术研究；新型功能材料的热物理性质评价及机理研究；高效换热及余能利用技术	斯特林发动机联合研发团队由中科院工程热物理研究所与北京势焰天强科技有限公司于2007年成立，从事斯特林发动机研发和太阳能碟式热发电技术的应用
35	北京势焰天强科技有限公司	国内最先进的斯特林发动机、废热利用发动机的研发和生产。分布式热电联供、垃圾焚烧热能利用、太阳能发电及废热发电等系统工程	
36	中国科学院理化技术研究所低温工程学重点实验室	发展先进制冷与低温技术，开展工程热物理、工程热力学及流体力学相关应用基础研究。研究项目：太阳能热声斯特林发电的关键技术研究；行波型热声发动机的实验研究；热声发动机径向尺寸对谐振频率的影响	太阳能热声斯特林发电的关键技术研究；行波型热声发动机的实验研究；热声发动机径向尺寸对谐振频率的影响
37	北京理工大学机械与车辆学院	热声发动机相关研究	热声发动机回热器操作因子的优化研究

>>四、北京市工业余热技术发展趋势和产业化发展研究结论<<

(一)北京市工业余热利用存在的问题

通过对世界上主要发达国家和我国工业余热利用技术发展的分析，并结合北京市工业余热资源利用技术的现状调研，可以预测北京市未来工业余热利用产业拥有很大的发展空间，但目前北京市工业余热利用的发展也面临着一些问题。

1. 激励政策有待进一步建立和完善

对于一些共性关键的新开发余热回收利用技术，全面支持节能的财政、税收、金融激励政策体系尚不完善。

2. 企业参与节能的积极性有待提高

企业节能意识不强，用能企业的能源管理比较落后。此外，由于一些余热利用技术/设备的价格相对于普通产品偏高，企业投资的门槛相对较高，企业受自有资金的限制，难以对余热利用技术/设备进行投入。

3. 仍需加大力度推广以实现产业化

一些成熟的新技术已在工业行业中示范应用并取得了良好的效果，但仍需推广以实现产业化。

4. 品牌集中度相对较低

产业空间布局相对集中，但品牌集中度相对较低。北京市余热利用企业主要集中在朝阳区、海淀区和丰台区，其余分布在大兴、石景山、顺义、西城等区县，但是目前龙头企业很少，缺乏知名品牌。

(二)北京市工业余热利用技术产业化发展前景

针对北京市工业余热利用存在的问题，应从解决节能潜力巨大的工业节能降耗入手，在工业能耗密集的企业加强工业余热利用工作，对能源转换和应用的重点领域，特别是对电力过程、热力过程等终端用能量大、面广的领域予以重点关注。根据北京市工业余热资源特点，对北京市电力、化工、造纸、食品和纺织等高耗能行业推广传统余热利用技术、发展回收效率高的新余热技术，对工艺过程和设备进行改进，增加该工业工程中的二次能源(包括余热、余压、伴生可燃气等)的回收利用，从而提高能源利用效率，降低单位产品的能耗。

"十二五"期间，"节能减排，低碳生活"为北京市工业余热利用产业政策重点之一，"十三五"即将启动，北京市政府提出着力打造"高精尖"经济结构，大力治理生态环境，北京市工业余热利用技术产业化将有广阔的发展前景，余热余压利用领域存在着巨大的发展空间。现将具有发展前景的工业余热利用技术汇总，见表33。

(三)北京市工业余热利用技术产业化发展政策建议

为了更好地促进未来北京市工业余热利用技术产业化发展，针对不同的问题和挑战，我们提出了如下对策和建议。

1. 以技术创新为余热利用技术产业发展提供支撑

持续的技术创新是北京市余热利用技术产业发展的重要支撑。从技术方面看，高温余热利用技术发展得比较成熟，但潜力巨大的中低温余热利用技术尚需进一步发展，还有很大潜力可以挖掘，建议加强中低温余热利用技术的研究，研发创新余热资源利用技术。

2. 加快推行合同能源管理在余热领域的应用

合同能源管理模式在北京市工业余热领域的利用率较低，高耗能企业缺少正确认识合同能源管理等先进机制推进实现技术进步的机会，需要加快推行合同能源管理在工业余热领域的应用。目前的节能服务公司(EMCo)多数为中小型公司，在投资项目时主要考虑总投资和投资回收期，不利于余热技术的利用。

建议政府支持组建大型 EMCo 公司，有余热利用潜力的企业和 EMCo 公司进行合同能源管理项目时，尽量做到将多种用能系统综合考虑，整体改进，并注重自动控制系统的精细化使用。另外，建议给予企业财政、税收、项目结算方式上的支持和优惠。此外，应加强对合同能源管理机制的宣传、培训和示范的力度。

表33 具有发展前景的北京市工业余热利用技术汇总表

序号	科技成果名称	科技成果主体	知识产权（自主知识产权/消化引进吸收）	技术成熟度（研发阶段/示范应用/产业化推广）	技术层次（创新型/实用型/服务型）	适用场合	市场应用前景	发展阶段（优先发展/战略储备）
1	高温水源热泵	北京清源世纪科技有限公司	合作开发	产业化推广	实用型	适合北京半导体厂、电子厂回收冷却水废热输出高温热水回用，北京地热井单位回收地热尾水余热用于洗浴或供暖		优先发展
2	增设低压省煤器系统有效降低锅炉排烟温度	北京京能热电股份有限公司	合作研发	产业化推广	实用型	适用于排烟温度大于125℃的工业锅炉的应用	节能效果好，可以在"十二五"期间对同类型大型工业锅炉进行推广	优先发展
3	大型抽凝机组基于吸收式热泵的循环水余热利用技术	北京京能热电股份有限公司	合作研发	示范应用	创新型/实用型	主要应用于热电联产发电企业，或石油、钢铁、化工等有余热且有采暖需求的企业	"十二五"期间，该技术将成为广大热电联产机组节能的新途径，节能量巨大	优先发展
4	森德comfoair热回收新风系统	森德（中国）暖通设备有限公司	引进消化吸收	产业化推广	实用型	适用于工业、商业、高级住宅、别墅等绝大多数的建筑节能领域	面向低碳建筑需求应运而生，未来其将会成为绿色低碳建筑不可或缺的设备，市场前景非常广阔	优先发展
5	蓄热式蒸汽发生器	北京康达顿能源科技有限公司	自主研发	研发阶段	实用型	可用于石油、钢铁、化工等有余热且有采暖需求的企业		战略储备
6	不锈钢蜂窝板式锅炉烟气冷凝热回收装置	北京市中科天一环境技术有限公司	合作研发	产业化推广	实用型	用于燃气锅炉，可根据实际情况安装在燃烧机、燃气发动机等设备上		优先发展
7	大型水源热泵机组（第二代）	同方人工环境有限公司	自主知识产权	产业化推广	实用型	可用于油田、电厂、煤炭、化工、食品、纺织等产余热领域		优先发展

续表

序号	科技成果名称	科技成果主体	知识产权（自主知识产权/消化引进吸收）	技术成熟度（研发阶段/示范应用/产业化推广）	技术层次（创新型/实用型/服务型）	适用场合	市场应用前景	发展阶段（优先发展/战略储备）
8	超高温热泵机组	北京永源热泵有限责任公司	自主研发	产业化推广	实用型	可用于油田、煤炭、化工、冶金、电厂、食品、纺织等产余热领域		优先发展
9	基于单螺杆膨胀机的中低温余热发电技术	北京工业大学	自主研究	研发阶段	创新型	可用于拥有中低温余热资源的工业领域		战略储备
10	斯特林发动机	斯特林发动机联合研发团队	自主研发	研发阶段	创新型	可用于油田、煤炭、化工、冶金、电厂、食品、纺织等产余热领域		战略储备

资料来源：北京可持续发展促进会。

3. 建立健全工业余热利用产业化发展机制环境

制订北京市工业余热利用产业化发展的中长期规划和短期项目执行规划等，为工业余热利用产业化发展明确发展方向并进行必要的前瞻部署。加大财政扶持力度，在税收优惠、专项资金、财政补贴等方面给予支持。

4. 加速工业余热利用技术产业化应用

建议加大对中低温余热发电关键技术和关键设备的科研投入，掌握余热资源利用的核心技术，注重专业人才队伍的培养，组织对共性、关键和前沿节能技术的研发和攻关。加大示范工程的实施力度，鼓励引导企业积极参与。

5. 重点关注电力过程、热力过程等终端用能量大、面广的领域

对北京市高耗能行业推广成熟的余热利用技术，发展创新型余热利用技术，对工艺过程进行改进，增加该工业工程中的二次能源的回收利用，从而提高能源利用效率，降低单位产品的能耗。

北京市余热利用企业分布已呈现出较高的集中度，随着北京市对余热再利用产业扶持政策力度的加大，推动余热再利用产业及余热回收技术进步迈向一个快速发展阶段，其市场前景会更加广阔。将提升自主创新能力作为调整产业结构的支撑点，以高新技术和适用技术改造提升传统产业，促进新技术、新工艺、新装备的推广应用。结合城市总体规划修编和"十三五"规划纲要的启动编制，编制产业发展规划，加强规划对产业调整的引导作用。通过调整产业结构，促进产业发展与城市功能定位相统一的原则，使工业余热产业内部结构和产品结构全面优化、协调，推动余热产业发展。

>>参考文献<<

1. 肖红卫，龚金梅，刘消寒，等. 余热回收利用国外专利分析. 云南化工，2012(1)

2. 赵钦新，王宇峰，王学斌，等. 我国余热利用现状与技术进展. 工业锅炉，2009(5)

3. 连红奎，李艳，束光阳子，等. 我国工业余热回收利用技术综述. 节能技术，2011(2)

4. 王维兴. 钢铁工业的节能潜力分析. 冶金能源，2002(3)

5. 申银万国. 工业节能系列深度研究报告(5)——工业余热利用，2010

6. 赵宗燠. 余热利用与锅炉节能. 银川：宁夏人民出版社，1984

7. 谭业锋. 工业窑炉废气余热的回收与利用研究. [学位论文]. 济南：山东大学，2006

首都民生科技的"全面起步"：科技促进城市可持续发展评价

王　峥　武霏霏

民生科技是今后一段时期内我国科技发展的重要方向，经过多年努力，各地在促进科技惠及民生工作中已经取得了较好成效。北京市的创新资源高度集中，民生科技工作起步较早，各相关部门十分重视民生科技的发展，民生科技工作成效显著。在这一背景下，对北京地区民生科技工作的投入、产出情况及其在全市科技工作中的地位进行定性与定量相结合的研究，衡量和评价北京市民生科技工作水平，能够为政府决策提供支撑，也有助于梳理分析北京市民生科技工作的发展过程，为全市民生科技工作中长期规划设计提供实证基础。

本文选取直接影响民生、创新活动比较活跃的国民经济行业，并结合民生科技的特点，按照一般创新指数测评的框架设计科技创新测度指标，围绕当前首都民生科技工作主要领域设计科技改善民生的绩效指标，从驱动、产出、环境三个维度形成综合性的首都民生科技发展指数，对 2009 年以来首都民生科技工作的投入趋势、在全地区科技工作中的占比以及科技改善民生的效果进行分析和基于时间序列的比较。

本文根据现有政策中对民生科技主要领域的规定，从改善人口健康、维护生态环境、保障公共安全和提升文化教育四个方面对科技解决民生问题、促进首都可持续发展的情况进行评价和分析，探讨科技促进城市绿色发展和民生改善的作用。

>>一、民生科技的概念、内容和特性<<

一直以来，关于民生科技的概念始终没有达成共识性的定义，学界对于民生科技的内涵、结构以及领域的理解和认识也不尽一致。我们总结了现有学术研究和政策上的表述，认为广义上的民生科技指的是一种以应用为价值取向的科技哲学，指导着全面的科技工作；狭义上的民生科技指的是旨在解决最直接、最现实、最紧迫民生问题的基础研究、应用研究、示范推广、产业化等各环节创新活动。要特别强调的是，不能将民生科技与单纯的公益科技或公共科技直接等同起来，民生科技的内容也并不仅仅包括直接解决应用问题的应用推广与产业化环节，而是要根据特定阶段特定地区最主要的民生问题而定。

综合各方面的梳理、分析和预测，考虑北京地区当前发展状态和未来发展趋势，本文认为生态环境、人口健康、公共安全（包括城市交通管理）和文化教育是城市民生科技工作的四个主要领域。围绕民生科技的核心目标，分析民生科技在价值取向、创新活动、领域学科内容、经济社会效益等几个方面的特点可知，民生科技是以应用为导向的科技哲学，其投入、过程和服务对象相对复杂，涉及的范围比较广泛，要解决的问题存在多种层次。

>>二、首都民生科技发展指标体系构建<<

(一)构建原则

在指标体系设计过程中，本文遵循以下主要原则。

1. 动态发展

兼顾状态测量与综合评价，既要反映首都民生科技工作投入的现状，又要能够说明一段时间以来首都民生科技工作各方面的发展趋势。为此，选取指标注重城市纵向比较的可行性，选择具有连续性的指标，注意不同时间指标的稳定性。在纵向对比的基础上，考虑到民生工作和民生科技工作的发展趋势，选取若干代表性较强的新型指标，以便在未来对民生科技发展指数不断加以完善。

2. 以人为本

以"民"为本，以应用为本，在指标选取、行业选取和权重设计方面重点突出"民生"以及民生科技的特点，避免民生科技发展指标体系同其他科技进步指数、创新指数、城市发展指数等产生混淆。根据民生科技的应用导向性特点，指标体系的设计和指标的选取侧重于科技在应用端的作用，重视企业中的科技活动和科技成果的转化。

3. 统筹系统

民生科技发展评价是一个复杂系统，包含地区科技总体发展水平，与民生相关的科技投入、产出水平，以及地区重点民生领域的评价等各个方面。因此，民生科技发展指数也呈现出同一般的区域发展和产业创新评价不同的特点，不但要评价首都科技工作的总体投入、产出和环境的发展变化情况，也要评价民生行业中科技的投入、产出和环境的发展变化情况，同时要尝试分析科技在人口健康、生态环境、公共安全和文化教育等主要民生领域中发挥的作用。

4. 注重成长

要采取适当的定量优化方法，以较少的指标较客观地反映首都民生科技发展现状。指标数量要繁简适中，计算评价方法简便易行，指标体系能够得出具体的指数或分数，能够为评判首都民生科技发展历史阶段与未来趋势提供参考。同时，考虑到指标体系未来的改进空间，注意对定性指标的收集，随着研究和测算过程的深入，形成指标内容改进和完善的方针。

（二）民生科技行业筛选

为了使衡量创新的指数具有统计上的可操作性，更有针对性地表征出与民生有关的科技活动，并为后续进行横向和纵向比较提供统一的数据基础，本文以《国民经济行业分类》为标准，对民生领域的行业进行筛选，将"民生科技行业"以民生为原则进行分类，即分为衣、食、住、行、用、发展六类。经过 3 轮背对背打分，本文筛选出民生行业共 142 种（以 2002 年版国民经济行业代码为准），以国民经济行业的中类和小类为主，包括与穿着有关的行业 5 种、与食物有关的行业 14 种、与居住有关的行业 11 种、与交通和运输有关的行业 25 种、与日常基本用品有关的行业 42 种以及保障基本发展的行业 25 种。

（三）首都民生科技发展指标体系设计

本文将民生科技发展指标体系分解为 3 个维度，分别是民生科技环境、民生科技驱动、民生科技成果。综合考虑指标数据的可得性、连续性、代表性和可比性，设计了 11 个二级指标、28 个三级指标。

其中，民生科技环境包括 2 个二级指标，即科技人力资源和科技政策，反映地区在科技创新活动上的资金和人员投入规模。下设 4 个三级指标，分别是地区科技人员数量、地区研发人员数量、地区财政科技支出占地区财政总支出比重、地区研发投入强度。

民生科技驱动包括 3 个二级指标，即物质条件、人力投入和资金支持，反映地区在民生科技创新活动上的资金、人员和设备投入规模，以及民生科技创新活动在地区整体科技工作中的比重。下设 8 个三级指标，分别是民生领域每名科技活动人员新增仪器设备费、民生领域大型科学仪器原值、民生领域科技活动人员占总科技活动人员比重、企业民生领域科技活动人员占企业总科技活动人员比重、民生领域研发人员全时当量占总研发人员全时当量比重、民生领域研发支出占地区生产总值比重、民生领域研发支出占总研发支出比重、企业民生领域研发支出占企业研发支出比重。

民生科技成果包括 6 个二级指标，即民生科技知识创造、民生科技应用、人口健康改善、生态环境改善、公共安全改善、文化教育改善。下设 16 个三级指标，分别是民生领域专利申请数占总专利申请数比重、民生领域发明专利申请数占总发明专利申请数比重、民生领域科技论文占总科技论文比重、民生领域工业企业新产品销售收入占总新产品销售收入比重、民生领域企业技术获取及技术改造支出占主营业务收入比重、婴儿死亡率、急诊抢救成功率、水质量改善、空气质量改善、土地质量改善、清洁能源消费占总能源消费比重、食品药品抽验合格率、水库水符合 2 类、3 类水质标准面积占比、事故灾难防控、中小学及高校电子图书藏量、宽带接入用户比例。其中，水质量改善、空气质量改善、土地质量改善和事故灾难防控指标是复合指标。采用专家打分法计算得出了指标权重。

表 34　　　　　　　　　　　首都民生科技发展指标体系及权重

一级指标		二级指标		三级指标	
名称	权重（%）	名称	权重（%）	名称	权重（%）
民生科技环境	20	科技人力资源	10	1.1.1. 地区科技人员数量	5
				1.1.2. 地区研发人员数量	5
		科技政策	10	1.2.1. 地区财政科技支出占地区财政总支出比重	5
				1.2.2. 地区研发投入强度	5
民生科技驱动	30	物质条件	9	2.1.1. 民生领域每名科技活动人员新增仪器设备费	4.5
				2.1.2. 民生领域大型科学仪器原值	4.5
		人力投入	12	2.2.1. 民生领域科技活动人员占总科技活动人员比重	3.6
				2.2.2. 企业民生领域科技活动人员占企业总科技活动人员比重	3.6
				2.2.3. 民生领域研发人员全时当量占总研发人员全时当量比重	4.8
		资金支持	9	2.3.1. 民生领域研发支出占地区生产总值比重	2.7
				2.3.2. 民生领域研发支出占总研发支出比重	3.6
				2.3.3. 企业民生领域研发支出占企业研发支出比重	2.7
民生科技成果	50	民生科技知识创造	12.5	3.1.1. 民生领域专利申请数占总专利申请数比重	4.25
				3.1.2. 民生领域发明专利申请数占总发明专利申请数比重	4.25
				3.1.3. 民生领域科技论文占总科技论文比重	4
		民生科技应用	12.5	3.2.1. 民生领域工业企业新产品销售收入占总新产品销售收入比重	6.25
				3.2.2. 民生领域企业技术获取及技术改造支出占主营业务收入比重	6.25
		人口健康改善	7	4.1.1. 婴儿死亡率	3.5
				4.1.2. 急诊抢救成功率（%）	3.5
		生态环境改善	8	4.2.1. 水质量改善	2
				4.2.2. 空气质量改善	2
				4.2.3. 土地质量改善	2
				4.2.4. 清洁能源消费占总能源消费比重	2
		公共安全改善	5	4.3.1. 食品药品抽验合格率	1.5
				4.3.2. 水库水符合 2 类、3 类水质标准面积占比	1.5
				4.3.4. 事故灾难防控	2
		文化教育改善	5	4.4.1. 中小学及高校电子图书藏量	2.5
				4.4.2. 宽带接入用户	2.5

>>三、首都民生科技发展指数测算和分析<<

代入 2009 年至 2012 年数据进行首都民生科技发展指数的实际测算可知，2009 年以来全市民生科技工作得到了长足的发展，2009—2012 年指数得分分别为 60.00、68.13、71.12、74.91，总涨幅达到 24.85％。本文将分析各部分情况，重点探讨科技促进民生改善和城市发展的成效。

(一)首都民生科技一级指标变化情况分析

1. 首都民生科技环境趋向改善

指标测度了科技人力资源和科技政策两个方面，结果显示，首都民生科技发展具有良好的科技基础和环境，总体科技资源丰富，环境指数 4 年来稳步上升，科技人力资源逐渐改善，科技政策虽有波动但总体走向趋于稳定。

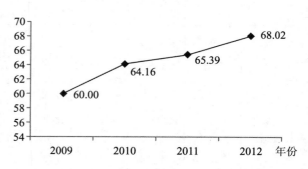

图 29　2009—2012 年首都民生科技环境指标得分

从 2009 年以来民生科技环境各项指标来看，随着改革开放以来首都地区对科技工作重视程度的提高以及近年来科技条件的持续优化和完善，首都民生科技环境得分稳步提升，无论是科技人才还是政策资金投入都保持持续增长势头，这为民生科技的发展提供了良好的环境和条件。具体分析结论包括：首都民生科技环境稳步改善，科技资源日益丰富；首都科技创新政策改革逐步推进；首都科技人才资源丰富，但潜力尚待开发。

2. 首都民生科技驱动迅速增加

本部分通过物质条件、人力投入、资金支持三个方面来测度和评估首都民生科技投入要素的发展状况，结果显示，首都民生科技驱动要素发展迅速，尤其是 2010 年以后增长速度进一步加快，年均增长率为 11.62％。这说明，自 2009 年以来，首都民生科技各项投入要素总体增长显著，民生科技驱动力强劲，民生科技发展前景积极乐观。

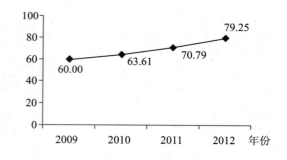

图 30　2009—2012 年首都民生科技驱动指标总得分

从 2009 年以来民生科技驱动各项指标来看，民生科技驱动要素发展迅速，民生科技投入显著上升，带动了首都民生科技水平的蓬勃发展。具体分析结论包括：首都民生科技投入要素显著增加；首都民生科技需求巨大，相关投入仍存在一定的缺口；发展民生科技重在应用研究和科技成果转化。

3. 首都民生科技成果高速增长

本部分从科技知识创造、科技应用、实际民生改善三个方面来测度和评估首都民生科技成果的增长情况以及民生科技成果在首都整体科技工作成果中的地位和水平。本节对直接科技成果和民生改善效果做一概述性总结。

指标得分反映出，随着管理部门对民生领域科技工作关注度的不断上升，投入不断增大，首都民生科技成果产出的增长速度加快，成果指标在统计期内总体呈上升发展的趋势，经历了2009—2010年的大幅上扬后，在全市科技工作中的比重保持稳定，规模和水平不断提升。科技活动对民生改善的作用也在人口健康、生态环境、公共安全和文化教育等几个重要领域中得到了比较明显的体现。特别是由于信息技术的大规模运用，北京地区文化教育工作水平快速提高，为居民生活提供了便利。

从2009年以来民生科技成果各项指标来看，首都民生领域科技成果的规模及水平均有比较明显的提高，民生科技工作在全地区科技工作中的地位不断提升。数据反映，全市民生科技创新活动特别是原始创新活动相当活跃，北京地区民生状况在科技影响下得到了一定改善，未来仍有进一步发展的空间。具体结论包括：民生领域科技成果水平高、增长快、转化潜力大；政府财政科技投入带动大量成果产出；政策优惠的导向作用明显；创新成果的市场化水平仍待提高等。

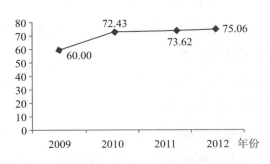

图31 2009—2012年首都民生科技成果指标得分

(二)科技促进民生改善和城市发展的情况分析

本指标按照有关政策文件思路，将科技促进民生改善和城市发展的主要范围和领域界定为人口健康、生态环境、公共安全和文化教育四个方面。具体地看，也就是探讨科技在增强人民体质、促进人与自然和谐发展、保障社会安全和城市稳定、提高城市管理效率等方面发挥的作用。

1. 人口健康改善测算结果分析

从图32可以看出，人口健康改善指标的总体走势与民生科技成果指标的增长趋势相同，指标成长最高值为2011年的63.74分，年均增长1.88分。

从各个三级指标的变化趋势来看，婴儿死亡率指标虽然变化幅度不大，但是考虑到现代医学在母婴保护方面已经比较完善，婴儿死亡率已经保持在较低水平，北京地区婴儿死亡率由2009年的3.49‰

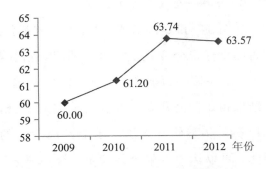

图32 2009—2012年首都人口健康改善指标得分

下降到 2012 年的 2.87‰，表明北京市在这方面的工作水平稳定。此外，急救抢救成功率从 2009 年的 97.31％上升到 2011 年的 97.35％，显示人口健康状况还在向好的方向发展，这与市政府在《"科技北京"行动计划（2009—2012 年）》中明确提出要重点推动公共卫生应急平台技术创新与应用不无关系。

表 35　　　　　　　　　　　　　2009—2012 年首都人口健康改善三级指标情况

年份	婴儿死亡率（‰）	急诊抢救成功率（％）
2009	3.49	97.31
2010	3.29	97.49
2011	2.84	97.35
2012	2.87	97.35

2. 生态环境改善测算结果分析

从图 33 中可以看出，在过去的四年中，民生科技对首都地区生态环境的改善带来了积极的影响。若 2009 年的情况为 60 分，则 2012 年比 2009 年增长 2.2 分，增长 3.6％。

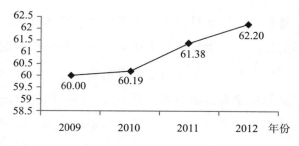

图 33　2009—2012 年首都生态环境改善指标得分

从各个三级指标的变化趋势来看，"水质量改善""空气质量改善""土地质量改善"和"清洁能源消费占总能源消费比重"4 个三级指标得分均有所增长，这一趋势同市政府颁布执行了一系列的环境保护措施有关，包括整治违法排污企业保障群众健康环保专项行动、城六区 20 蒸吨以上燃煤锅炉清洁能源改造等。

表 36　　　　　　　　　　　　　2009—2012 年首都生态环境改善三级指标情况

年份	水质量改善	空气质量改善	土地质量改善	清洁能源消费占总能源消费比重（％）
2009	61.00	61.48	60.11	43.11
2010	61.68	61.60	59.75	43.18
2011	62.63	62.74	60.12	44.84
2012	63.76	62.92	60.81	45.79

3. 公共安全改善测算结果分析

从图 34 可以看出，2009 年起，首都公共安全改善的指标得分变化规律并不明显，指标整体出现上升、下降、再上升的情况。2012 年与 2009 年的结果相比，公共安全改善得分略有上升，增加 1.14 分，从整体看无法得出上升或下降的趋势。因此，可以认为首都公共安全工作水平基本保持平稳状态。

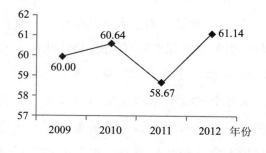

图 34　2009—2012 年首都公共安全改善指标得分

表37列出了影响公共安全改善指标的3个三级指标得分情况。

表 37 　　　　　　　　　　　**2009—2012 年首都公共安全改善三级指标情况**

年份	食品药品抽验合格率（%）	水库水符合2类、3类水质标准面积占比（%）	事故灾难防控
2009	89.9	89.9	63.39
2010	89.5	89.5	65.50
2011	87.4	87.4	62.53
2012	90.8	90.8	65.45

在食品药品抽验合格率方面，2010 年、2011 年抽检合格率略有下降，而 2012 年不仅合格率回升，且超过 2009 年的 89.9%，达到 90.8%。在近年来全国较为严峻的食品安全形势大背景下，可以认为，与其他地区相比，首都地区的食品药品的合格率情况在向相对较好的方向发展。

在水库水符合 2 类、3 类水质标准面积占比方面，数据变化呈波动起伏，且变化较大，最低值为 2011 年的 87.4%，最高值为 2012 年的 90.8%。由于北京地区的水库水基本是由外埠水源调运进京，水库水源水质的变化并不能说明北京本地水体水系受到了污染，水资源整体情况还需要更多横向和纵向的观察。

在事故灾难防控方面，过去四年的指标也呈波浪形变化，其中以 2010 年的 65.50 分为最高，2012 年的 62.53 分为最低。该指标是由道路交通万车死亡率、10 万人生产安全事故死亡率、火灾事故损失率、火灾起数四个因素复合而成的，检视每一个组成指标情况，四年间，仅有 10 万人生产安全事故死亡率略有上升，2012 年比 2009 年上升 0.32%。其他 3 项指标都呈明显下降的趋势。其中火灾起数由 2009 年的 5 675 起下降至 2012 年的 3 418 起，道路交通万车死亡率从 2009 年的 2.4% 下降至 2012 年的 1.77%。仅由于各项数据的变化幅度均较小，才使得总分呈现波动。这说明在过去四年间，首都地区有效地降低了火灾的发生次数、损失率以及道路交通事故的死亡率，一些影响居民生命财产安全的主要事故得到了比较好的控制。

4. 文化教育改善测算结果分析

从图 35 可以看出，北京地区文化教育改善是涉及民生改善的 4 个二级指标中情况改善最为明显的指标，该指标对民生改善指标整体增长的贡献最大。2012 年文化教育指标得分 86.22，年均增长 8.74 分。数据表明，北京地区文化教育工作在民生科技的推动之下取得了长足的进步。

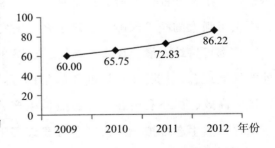

图 35　2009—2012 年首都文化教育改善指标得分

表 28 中是文化教育改善指标所包含的两个二级指标，中小学及高校电子图书藏量和宽带接入用户。从表中数据可以发现，这两个指标的数据在过去四年中高速增长，中小学及高校电子图书藏量扩大了 359 008.91 千兆字节，宽带用户增加了 513.6 万户。这样的增长要部分归功于《"科技北京"行动计划（2009—2012 年）》和《北京市中

长期科学和技术发展规划纲要》，同时也有赖于文化教育部门开展的一系列工作。在《"科技北京"行动计划（2009—2012 年）》中，北京市政府规定在未来四年里投资 600 亿元建设国际先进水平、城乡一体化的高速信息网络，为北京市宽带计入用户增长提供了充分的物质条件；同时还决定着力构建面向社区的网络教育技术体系，推进多层次、多渠道、全方位的社区学习服务体系建设，为北京市中小学及高校电子图书藏书量的增长提供了基础条件。

表 38　　　　　　　　　　2009—2012 年首都文化教育改善三级指标情况

年份	中小学及高校电子图书藏量（千兆字节）	宽带接入用户（万户）
2009	590 844.99	451.7
2010	581 175.6	545.6
2011	749 765.1	523.4
2012	949 853.9	572.0

>>四、科技改善民生、促进城市可持续发展的情况总结<<

（一）发展概况：首都民生科技迅速发展，已进入"全面起步"阶段

民生科技发展环境不断优化、投入显著增加、直接成果产出大幅度增长，城市可持续发展向科技创新"要支撑"的时代正在来临，首都民生科技已经进入"全面起步"阶段。

首都民生科技环境稳步改善，民生科技投入快速增加。2009—2012 年，首都整体民生科技环境稳步改善，民生科技投入持续稳定增加，这为民生科技发展提供了充足的物质、人力以及资金保障。

首都民生科技成果突飞猛进，为民生科技发展奠定坚实基础。近五年来民生科技成果丰富，在民生科技知识创造和民生科技应用等指标中的反映尤为突出。这表明首都地区民生科技发展迅速，基础性和前沿性研究成效明显，为推进民生科技发展、提升人民生活水平、促进民生改善提供了强大的技术保障，奠定了坚实的发展基础。

首都可持续发展向民生科技"要支撑"的时代全面来临。可持续发展是一种人与自然和谐相处的发展理念，是要在科技创新的帮助下，探索资源节约和环境友好的长期道路，实现对自然资源的高效、循环利用和产业的绿色生产。总结居民感受可以发现，与大气环境、水环境、城市周边自然生态维护、公共安全与健康等工作相关的研究活动尽管得到了大量投入、有关部门也高度重视，但目前仍未看到立竿见影的改善效果，反映在民生科技发展指标上也有类似的表达。在城市转型关键期，要促进城市可持续发展，科技应当更充分地发挥作用，首都发展向民生科技"要支撑"的时代已经全面来临。

（二）工作特点：驱动要素和直接成果带动整体发展，民生改善效果仍待分析

考察各方面工作情况，以科技基础设施建设、科技人力资源聚集和各界研发资金增长等指标为代表的驱动要素近年来发展迅猛，显著带动民生科技整体发展。此外，由于政府科技资金多以项目形式投入，再加上北京地区聚集了各类中央基础研究和高等教育机构，在民生科技成果方面，以论文和专利为代表的直接成果上升幅度非常快，绝对数量增长很大。从指数情况判断，北京地区民生科技工作的环境持续改善，整体发展相对依靠增加驱动要素投入和直接科技成果产出带动。

从国家层面看，由《2011—2013 年全国科技经费投入统计公报》可知，近几年科技经费投入持续增加，从 2010 年的 7 062 亿元增长到 2012 年的 11 846 亿元，研发经费投入强度不断提高，从 2010 年的 1.76% 提高到 2012 年的 2.08%。这些新增经费，有相当一部分投入到了在京中央机构和北京市属机构、企业中，使得驱动要素急剧增加。从市一级层面看，2009 年以来先后出台或启动的"科技北京"行动计划、"十二五"时期科技北京发展建设规划、北京生物医药产业跨越发展工程等一批规划和工程，都对民生领域科技发展投以了大量关注，扩大了投入，带来了成果的快速增长。成果的增长一方面是北京地区长期持续科技投入的累积性结果；另一方面也反映了北京在民生科技领域丰富的知识基础和应用潜力。应当说，驱动要素和直接知识成果的增加，都为以科技发展促民生改善提供了充分的物质基础和前提条件。

但也要看到，虽然自 2009 年以来首都民生科技投入和直接产出都明显增加，但我们设计的指标测算结果表明，首都民生科技对实际民生改善的促进作用有限，如何运用丰富的民生科技资源来切实改善民生仍然是相当长的一个时期内的民生科技工作的重点。就研究而言，这也需要我们继续加深对"科技改善民生成效"的分析和分解，争取用更丰富、更全面的指标来表征科技改善民生、促进城市可持续发展的情况。

（三）思路建议：充分利用优质科技资源，强化科技对城市可持续发展的支撑

新科技革命的浪潮正在席卷全球，信息技术促进了其他各类新兴技术和传统技术的发展与快速融合，创新活动与民众实际应用需求的联系变得更为紧密。直接指向应用需求的创新活动突出表现出个性化、分布式等特征，民生科技更是带动了整个创新生态系统的成长，使得整个产业结构、经济发展方式、社会生活方式都发生了革命性的变革。充分利用优质科技资源发展民生科技，能够在整体上强化科技对城市可持续发展的支撑作用，有助于全民树立可持续发展的价值理念，更多科技成果的推广应用将有效解决民众关心的生活问题。

顺应全方位变革的新形势，运用科技力量促进可持续发展，要直指不利于创新发生和扩散

的问题根源，从组织、管理、评价等多方面入手改革，实现体制机制的全面突破。应继续加大民生科技投入，丰富民生科技发展要素，使丰富的民生科技成果成为切实提升人民生活质量的驱动能量。要将科技发展与城市发展需要和人民生活需求更加紧密地结合，促进科技在城市发展和人民生活中发挥作用，特别是要同衣、食、住、行等生活需求进一步渗透和融合。要继续在人民最关心、最直接、最紧迫的领域加大投入、重点攻破，聚焦城市生态环境问题，以关键民生问题为抓手进行民生科技布局，进一步提升首都民生科技发展水平，推动城市可持续发展。

>>参考文献<<

1. 孔凡瑜，等. 中国民生科技发展：必要、挑战与应对. 科技管理研究，2012(2)

2. 李宏伟. 民生科技的价值追求与实现途径. 科学·经济·社会，2009(3)

3. 周元，王海燕，等. 民生科技论. 北京：科学出版社，2011

4. 首都科技发展战略研究院. 2012首都科技创新发展报告. 北京：科学出版社，2013

5. 中国科技发展战略研究院. 2013国家创新指数报告. 北京：科学技术文献出版社，2014

6. 中华人民共和国卫生部. 中国卫生统计年鉴. 北京：中国协和医科大学出版社，2010—2013

7. 北京市统计局，国家统计局，北京调查总队. 北京统计年鉴. 北京：中国统计出版社，2010—2013

8. 国家统计局，科学技术部. 中国科技统计年鉴. 北京：中国统计出版社，2010—2013

9. 经济与合作发展组织，欧盟统计署. 奥斯陆手册(第三版). 北京：科学技术文献出版社，2005

中国制造业环境效率、行业异质性与最优规制强度

韩　晶

随着资源和环境对中国经济发展的刚性约束愈发明显，环境规制与产业绩效问题引起了众多国内外学者的探究。"遵循成本说"是早期学者们在研究这一问题时的普遍共识。Porter(1991)首先对这一观点提出挑战，他认为，从短期来看，国家严厉的环境规制会使企业的生产成本有所提高，但就长期而言，合理的环境规制能够刺激出企业的"创新补偿效应"，提升其资源优化配置水平和技术创新能力，进而提高企业的产业绩效和产业竞争力。这一观点逐渐被众多学者接受，并在经验研究中得到证实(Domazlicky et al.，2004；张成，等，2011)。问题的关键在于究竟什么样的环境规制强度才是合理的？当前，中国环境政策大多是以节能减排为导向，环境政策以排放约束和污染治理为主要出发点(沈能，2012)。但是，从宏观层面看，生态环境先天不足、经济的刚性压力可能会使得减排导向型环境政策压缩产业绩效和污染减排的双重空间；从微观层面看，企业发展也有可能因为减排型政策额外增加成本开支，从而影响其竞争力。因此，中国的环境政策需要实现保增长和减排放的双赢，而只有与行业特征相适应的环境规制强度才能真正解决环境政策的双重矛盾。

>>一、中国制造业环境效率测度<<

(一)环境效率测度方法：方向性距离函数

本文以方向性距离函数为基础，设计制造业行业环境效率测度方法。假定期望产出向量为 y^g，非期望产出向量为 y^b，投入向量为 x，则可用以下的产出集合表示：

$$p(x)=\{(y^g,\ y^b)：x 能生产出的 (y^g,\ y^b)\},\ x\in R^N_+ \tag{1}$$

如图 36 所示，$p(x)$ 给出了既定投入 x 之下，两种产出（y^g，y^b）的生产可能性边界。

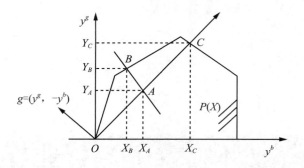

图36 生产可能性边界和距离函数

在生产可能性边界的基础上，把每一个制造行业看作一个生产决策单位构造生产边界，由此可通过方向性距离函数（DDF）计算每个决策单位的相对效率。定义的 DDF 形式如下：

$$\vec{D}_0(x,\ y^g,\ y^b;\ g)=\sup\{\beta:\ (y^g,\ y^b)+\beta g\in p(x)\} \tag{2}$$

上式中，g 为方向向量，反映了对期望产出和非期望产出的偏好，将 g 设定为 $g=(y^g,$ $-y^b)$，表示期望产出和非期望产出在原有存量基础上成比例递减。由此，DDF 表示在既定投入向量 x 下，沿方向向量 g，产出向量（y^g，y^b）所能扩展的最大倍数。图 36 反映了方向性距离函数将生产决策单元 A 沿方向向量 g 扩展到生产可能性边界上的 B 点，期望产出增加，非期望产出减少。当存在两种以上的产出时，可通过构造以下的线性规划来求解：

$$\vec{D}_0(x^t,\ y^{g^t},\ y^{b^t};\ -y^{b^t})=\text{Max}\beta$$

$$\text{s. t.}\quad \sum_{k=1}^{K}\psi_k^t y_{km}^{g^t}\geqslant(1+\beta)y_{km}^{g^t};\ \sum_{k=1}^{K}\psi_k^t y_{ki}^{b^t}=(1+\beta)y_{ki}^{b^t};\ \sum_{k=1}^{K}\psi_k^t x_{kn}^t\leqslant x_{kn}^t,\ \psi_k^t\geqslant0 \tag{3}$$

$$m=1,\ \cdots,\ M;\ i=1,\ \cdots,\ I;\ n=1,\ \cdots,\ N;\ k=1,\ \cdots,\ K$$

仿照 Shephard 产出距离函数关于生产效率度量的方法，当观测点位于生产前沿，且包含环境非期望产出时，采用方向性距离函数对环境效率的度量如式（4），当方向性距离函数的值为 0 时，环境效率的值为 1。意味着包含环境污染非期望产出的前提下，决策单位的生产效率水平较高。

$$EFF=1/[1+\vec{D}_0(x,\ y^g,\ y^b;\ g)],\ EFF\in(0,\ 1] \tag{4}$$

（二）制造业行业分类与数据来源

鉴于污染物排放的不可相加性和行业异质性，本文采用改进的标准差标准化法和 AHP 法计算制造业各行业的污染物排放强度。

首先，采用式（5）对各种污染物[①]排放总量的原始数据进行无量纲化处理：

$$\gamma_{i,n,t}^t=\frac{\gamma_{i,n,t}-\gamma_{n,\min}}{\gamma_{n,\max}-\gamma_{n,\min}}\qquad(i=1,\ \cdots,\ 28;\ t=1,\ \cdots,\ 10;\ n=1,\ 2,\ 3) \tag{5}$$

---

① 本文选择制造业各行业排放的废水、废气、固体废物作为计算污染物排放强度的基础。

其中，i 为各制造业子行业，n 为污染物来源。其次，采用层次分析方法确定各种污染物在环境污染综合指数过程中所占的权重。基于 MATLAB 对判断矩阵进行处理，得到废水、废气与固体废弃物的权重分别为 0.40、0.37、0.23。最后，根据式(6)对历年的制造业子行业污染物排放综合指数进行计算。其中，φ_i 为第 i 个制造业子行业的污染物排放综合指数，$\bar{\omega}_n$ 为第 n 种污染物的权重值。得到的细分目录见表 39。

$$\varphi_{i,t} = \sum_{n=1}^{3} \bar{\omega}_n \gamma'_{i,n,t} \tag{6}$$

表 39 制造业各行业污染物排放划分结果

污染物排放综合指数	制造业分类	对应行业
$\varphi \geqslant 0.14$	重度污染行业	纺织业、造纸制品、非金制品、饮料制造、黑金加工、有金加工、化学原料及制品制造、橡胶制品、化学化纤、石油加工
$0.01 \leqslant \varphi < 0.14$	中度污染行业	农副加工、食品制造、木材加工、纺织服装、皮革毛羽制品、医药制造、金属制品、交通运输、计算机通信
$\varphi < 0.01$	轻度污染行业	烟草制品、家具制造、印刷媒介、文教体育、塑料制品、仪器仪表、电器机械、通用设备、专用设备

计算环境效率的数据包括投入、期望产出、非期望产出。原始数据来自各年份《中国统计年鉴》《中国工业统计年鉴》《中国环境统计年鉴》《中国城市生活与价格年鉴》。

1. 劳动和资源投入

劳动投入数据为各年份各行业从业人员平均人数；考虑到能源投入是非期望产出的主要来源，因此资源投入数据为各年份各行业的能源消费总量。

2. 资本投入

资本投入为各年份各行业的资本存量。资本存量是生产率研究中的一个重要投入变量，需要进行估算。在估算中需要解决当期不变价的投资额、基期资本存量、折旧率三大问题。当期投资额根据固定资产原值之差构造投资额序列，并按照固定资产投资价格指数折算成以 1990 年为基期的当年投资额；按照陈诗一(2010)的方法得到 1980 年的资本存量作为基期资本存量；折旧率根据 2002—2011 年折旧率和固定资产原值，并参考陈诗一(2010)的计算方法，估算出制造业各行业折旧率；最后根据永续盘存法得到各制造业子行业 2002—2011 年的资本存量数据。

3. 期望产出

期望产出数据来源于中国制造业 28 个行业的 2002—2011 年工业总产值，并根据分行业工业品出产价格指数(PPI)进行平减，以各变量统计口径统一为原则，确定以 1990 年为基期得到不变价的工业总产值。

4. 非期望产出

由于本文研究的是制造业各行业环境效率，综合国内外学者研究(Watanabe，Tanaka，2007；王兵，等，2010；李玲、陶峰，2012)，最终确定以 CO_2、SO_2、COD、废水、固体废物五个指标作为本文的非期望产出。由于 CO_2 排放数据缺失，需要进行估算，本文根据 IPCC (2006)提供的二氧化碳排放估计方法[①]，对制造业子行业 2002—2011 年 CO_2 排放进行估算。

（三）环境效率测算结果与分析

根据前文基于方向性距离函数的制造业环境效率测算方法，运用 MaxDEA Pro 软件，对考虑能源投入和五种非期望产出的制造业环境效率进行估算，测算结果见表 40。[②]

表 40 　　　　　　　　　　　　2002—2011 年制造业各行业环境效率均值

行业类别	行业	环境效率	行业类别	行业	环境效率
重度污染行业	纺织业	0.036	中度污染行业	农副加工	0.347
	造纸制品	0.013		食品制造	0.104
	非金制品	0.091		木材加工	0.460
	饮料制造	0.090		纺织服装	0.534
	黑金加工	0.629		皮革毛羽	0.522
	有金加工	0.249		医药制造	0.110
	化学制品	0.141		金属制品	0.194
	橡胶制品	0.436		交通运输	0.505
	化学化纤	0.152		计算机通信	1.000
	石油加工	1.000			

重度污染行业平均：0.284；不考虑非期望排放：0.712　　　中度污染行业平均：0.420；不考虑非期望排放：0.689

行业类别	行业	环境效率	制造业全行业各年份	环境效率
轻度污染行业	烟草制品	1.000	2002	0.357
	家具制造	0.987	2003	0.388
	印刷媒介	0.908	2004	0.491
	文教体育	1.000	2005	0.458
	塑料制品	0.637	2006	0.440
	仪器仪表	0.845	2007	0.495
	电器机械	0.896	2008	0.555
	通用设备	0.386	2009	0.539
	专用设备	0.347	2010	0.558
			2011	0.589

轻度污染行业平均：0.779；不考虑非期望排放：0.805　　　全行业各年份平均：0.486；不考虑非期望排放：0.744

从表 40 的测算结果可以看出，制造业各行业的环境效率的行业异质性明显，在能源和环境因素的约束下，重度污染行业的平均环境效率最低为 0.283，比中度污染行业高出 14% 左右，而

[①] 二氧化碳排放量根据煤炭、原油和天然气消耗量计算得出。计算标准是根据《中国能源统计年鉴》公布的各种能源平均低位发热值、IPCC(2006)的碳排放系数和碳氧化因子。

[②] 表 40 中三大类别行业的环境效率是各年份的均值（算数平均），全表数据限于篇幅未列出，感兴趣者可向作者索取。

轻度污染行业的平均环境效率最高，达到 0.779。从具体的行业来看，传统行业如造纸、金属、化学等对能源的使用量大，非期望产出量大，环境效率较低。而计算机通信产业、文化媒体产业等高新技术行业和清洁生产行业不仅产业绩效高，且对资源的利用合理，注重环境保护，环境效率值明显高于其他行业。从制造业全行业环境效率变化趋势上看，总体而言，环境效率保持着上升趋势。为了便于比较，我们测算了不考虑非期望产出时的全行业环境效率为 0.744，而加入了能源投入及五项非期望产出，环境效率降至 0.486，可见污染排放给我国制造业产业绩效的提升带来了损失，因此考虑了资源和环境的环境绩效指标是真实的，能够更为全面、客观地反映出产业发展与环境保护之间的关系。

>>二、环境规制影响环境效率：行业异质性<<

（一）模型和数据

为了从环境效率的角度验证波特假说，本部分利用制造业面板数据，对不同类型行业进行分组，探究环境规制对我国制造业环境效率的影响方向和影响程度。蒙特卡罗模拟实验表明，系统 GMM(SYS-GMM)估计在有限样本的条件下比差分 GMM(DIF-GMM)估计的偏误更小。因此，在考虑其他控制变量的基础上，本文构建如式(7)的 SYS-GMM 动态面板模型。

$$\begin{cases} eff_{it} = \kappa_1 eff_{i,t-1} + \kappa_2 er_{it} + \kappa_3 er_{i,t-1} + \kappa_4 \mathrm{Ln}(sci)_{it} + \kappa_5 \mathrm{Ln}(sca)_{it} + \\ \qquad \kappa_6 cls_{it} + \kappa_7 inv_{it} + \kappa_8 mar_{it} + \xi_{it} \\ \Delta eff_{it} = \kappa_1 \Delta eff_{i,t-1} + \kappa_2 \Delta er_{it} + \kappa_3 \Delta er_{i,t-1} + \kappa_4 \Delta\mathrm{Ln}(sci)_{it} + \kappa_5 \Delta\mathrm{Ln}(sca)_{it} + \\ \qquad \kappa_6 \Delta cls_{it} + \kappa_7 inv_{it} + \kappa_8 \Delta mar_{it} + \Delta\xi_{it} \end{cases} \quad (7)$$

上式中的主要变量解释如下：(1) eff 代表制造业各行业环境效率，已由第二部分测算得出；考虑到环境绩效的形成是一个动态长期过程，因此将环境效率滞后一期变量 $eff_{i,t-1}$ 纳入模型中。(2) er 代表环境规制强度，考虑到环境规制的时间波及效应，前期的环境规制强度会对之后的环境规制强度产生影响，进而影响环境效率，因此将环境规制滞后一期值 $er_{i,t-1}$ 纳入解释变量中。在现实的环境规制中，没有固定的政府干预模式，也不存在独立的规制工具，这给环境规制的度量带来了较大的不便。本文研究的对象是制造业各行业的环境规制强度，制造业不同行业之间存在性质差异，不同污染物的排放强度也存在差别。因此，通过构建综合指数来衡量环境规制强度是较为合理的。笔者构建了由一个目标层（环境规制强度）、三个评价指标层（废水、废气、废渣）组成的环境规制评价体系。鉴于实际情况及数据的可获得性，对于废水的衡量，采用废水排放达标率；对于废气的衡量，采用二氧化硫排放达标率；对于废渣的衡量，采用固体废弃物综合利用率。在这三个单项指标的基础上构建制造业环境规制综合系数来反映环境规制强度。[①] (3)科技进步(sci)。选用制造业各行业研发经费来衡量。(4)行业规模(sca)。选用各行业固定资产投资净值衡量。(5)资本劳动结构(cls)。以各行业固定资产净值与行业从业人员规模之比衡量(沈能，2012)。(6)外商直接投资(inv)。采用各行业外商和港澳台商投资占工业总产值的比重来衡量。(7)市场化程度(mar)。采用各行业非公有制企业产值占工业总产值来衡量。

(二)实证结果及分析

根据式(7)构建的 SYS-GMM 模型，由于两步估计优于一步估计，方程均采用 GMM 两步估计进行迭代。表 41 所示的 GMM 动态面板回归结果中，Sargan 统计量对应的 P 值均大于 0.05，表明每个方程的工具变量的选择是整体有效的；残差序列相关检验 AR(2)证明原序列误差项不存在序列相关性。同时，从回归结果看出，环境效率滞后一期值在全行业和异质性行业中均是正向显著的，这说明行业前期良好的环境效率会形成促进和示范作用，推动当期环境效率的提高。

(1)从制造业全行业来看，环境规制对环境效率的提升起到了显著作用，说明我国现行的环境规制体系在一定程度上改善了环境效率，证实了波特假说。但从行业异质性角度分析，不同类型的行业环境效率对环境规制的响应存在显著不同。重度污染行业的环境规制对环境效率的影响是负向显著的，与波特假说正好相反。一方面，重度污染行业多为石油、化工等传统行业，高环境规制强度将会增加企业治污成本开支，从而挤占企业研发投入，影响企业技术创新和产业效率。另一方面，重度污染行业规模大，严苛的环境规制会使企业的管理和经营空间受到约束，影响企业竞争力。中度污染和轻度污染行业环境规制对环境效率的影响都是正向的，符合波特假说。所不同的是，环境规制对中度污染行业环境效率的改善是显著的，而环境规制对轻度污染行业的影响并不明显。说明在过去的 10 年间，环境规制强度在中度污染行业中是合理的，而在轻度污染行业中则是较弱的。中度污染行业如医药制造、计算机通信等均是高新技术行业，行业技术研发能力强，产出效率高，在合理的环境规制约束下，实现了节能减排和产业增长的双赢。轻度污染行业由于环境规制引发的环境成本在企业总成本中占比较低，加之其自身耗能和排污量较小，企业对于节能减排的技术创新缺乏动力，因而环境规制对轻度污染行业的环境效率并没有起到应有的效果。

---

① 参照李玲(2012)等的研究方法，首先对三个单项指标进行 0—1 线性标准化处理，然后计算各指标的调整系数 W_j，即权重 $W_j = (E_{ij} / \sum E_{ij})/(Q_i / \sum Q_i) = (E_{ij}/Q_i)/(\sum E_{ij}/\sum Q_i)$，$E_{ij}$ 为 i 行业 j 污染物的排放量，$\sum E_{ij}$ 为全国同类污染物的排放总量，Q_i 为行业 i 的工业总产值，$\sum Q_i$ 为全部工业总产值。最后根据单项指标的标准化值和计算出的平均权重，得到各行业的环境规制综合强度系数。

表 41 环境规制影响环境效率的 SYS-GMM 回归结果

解释变量	制造业全行业	重度污染行业	中度污染行业	轻度污染行业
$eff_{i,t-1}$	0.312 6***	0.366 1**	0. 475 0**	0.991 8***
	(7.78)	(2.04)	(2.06)	(9.48)
er_{it}	0.584 6***	−0.605 9**	8.199 9*	0.131 8
	(4.75)	(−2.20)	(1.89)	(0.82)
$er_{i,t-1}$	−0.127 0**	0.026 7	−1.982 4*	0.094 6
	(−2.56)	(0.91)	(−1.65)	(0.58)
sci_{it}	0.083 7***	0.102 1	0.769 8*	0.104 3***
	(4.10)	(1.05)	(1.82)	(2.65)
sca_{it}	−0.584 6***	−0.141 4	1.633 9*	−0.169 4**
	(−4.75)	(−0.73)	(1.93)	(−2.05)
cls_{it}	0.000 8	0.024 7*	−0.063 2	−0.007 1
	(0.23)	(1.95)	(−1.41)	(−0.86)
inv_{it}	−0.477 3***	−0.353 7***	−0.477 3***	−0.511 8**
	(−5.55)	(−0.49)	(−5.55)	(−2.40)
mar_{it}	0.000 1	0.849 7	0.717 0*	0.199 7
	(0.00)	(1.05)	(1.94)	(0.52)
Sargan-test	12.179 4	21.671 9	0.000 3	12.583 8
	(0.665 4)	(0.116 7)	(1.000 0)	(0.613 6)
AR(2)-test-p	0.695 2	0.347 3	0.133 7	0.220 7

注：*、**、*** 分别表示在 10%、5%、1% 条件下显著，括号中为 T 值，有关检验值下括号中为 P 值。

(2)控制变量分析。行业的技术研发对环境效率的改善具有显著作用。值得注意的是，重度污染行业技术创新的带动效应要落后于中度、轻度污染行业；行业规模对环境效率的影响呈现出较强的行业异质性。相对而言，中度污染行业规模适中，产业效率的提升高于环境污染带来的效率损失，整体上能够推动环境效率的提高；资本劳动结构也是影响环境效率的重要因素，资本劳动比的提高对制造业全行业、重度污染行业的环境效率而言具有提升效应。但资本劳动结构的失衡带来的工业重型化趋势会加剧环境效率的恶化，因此对中度污染行业、轻度污染行业环境效率的改善起到了相反作用；外商直接投资的负向效应一定程度上证明了"污染天堂"假说的合理性，说明中国的制造业引资质量仍有待提高；市场化程度对改善环境效率具有正向影响。但就目前的实际来看，我国市场化程度较低，市场机制不健全，因而不能对环境效率的提高起到显著的拉升作用。

>>三、最优规制强度与环境效率：非线性门槛检验<<

从前文的理论和经验分析可以推测，中国制造业环境规制与环境效率之间并非存在单纯的线性关系。因此，基于制造业行业特征，选取环境规制强度作为门槛变量，我们构建以下的面板门槛模型对环境规制与环境效率进行非线性拟合，以寻求制造业全行业和不同类型行业的最优规制强度。

$$eff_{it} = \beta_0 + \beta_1 er_{it} \cdot I(er_{it} < \tau_1) + \beta_2 er_{it} \cdot I(\tau_1 \leqslant er_{it} < \tau_2) + \cdots + \beta_n er_{it} \cdot I(\tau_{n-1} \leqslant er_{it} < \tau_n) +$$
$$\beta_{n+1} er_{it} \cdot I(er_{it} \leqslant \tau_n) + \alpha_1 \mathrm{Ln}(sci)_{it} + \alpha_2 \mathrm{Ln}(sca)_{it} + \alpha_3 cls_{it} + \alpha_4 inv_{it} + \alpha_5 mar_{it} + \varepsilon_{it} + \nu_{it} \quad (8)$$

首先，在运用门槛估计之前需先确定门槛数，本文通过 Bootstrap 法计算出 F 统计量的临界值以确定门槛的个数，设定自抽样次数为 1 000 次，见表 42。从表 42 可以看出，如果以 10％ 的显著水平为标准，各行业均存在显著的三重门槛，如果以 5％ 的水平为界，制造业全行业、重度和中度污染行业三重门槛显著，因此我们将其门槛数定为 3；轻度污染行业双重门槛显著，我们将其门槛数定为 2。

由此，我们可以得到制造业全行业、重度和中度污染行业的门槛值 τ_1、τ_2、τ_3，轻度污染行业的门槛值 τ_1、τ_2，并给出 95％ 的置信区间，最终确定的门槛值和置信区间见表 43，同时根据门槛参数和似然值绘制 LR 趋势图，见图 37。在此基础上，得到不同门槛区间的回归结果，见表 44。

表 42　　　　　　　　　　　门槛效果检验

门槛个数	制造业全行业（LR）	临界值（5％）	重度污染行业（LR）	临界值（5％）
单一门槛	21.191 3*** (0.000)	4.196 2	7.287 8*** (0.006)	3.698 6
双重门槛	13.645 9*** (0.000)	3.809 6	8.138 5*** (0.006)	3.691 4
三重门槛	9.758 4*** (0.003)	0.833 8	5.781 4** (0.021)	4.085 8
门槛个数	中度污染行业（LR）	临界值（5％）	轻度污染行业（LR）	临界值（5％）
单一门槛	16.951 7*** (0.001)	4.107 1	21.476 7*** (0.001)	4.270 2
双重门槛	6.943 4** (0.015)	4.469 7	7.065 4** (0.012)	3.844 1
三重门槛	5.808 0** (0.025)	4.116 2	3.609 7* (0.062)	0.003 0

注：***、** 分别表示在 1％、5％ 条件下统计显著，括号中为 p-value。

表 43　　　　　　　　　　　门槛估计值及置信区间

制造业全行业			重度污染行业			中度污染行业			轻度污染行业		
	估计值	95％		估计值	95％		估计值	95％		估计值	95％
τ_1	0.058 0	[0.054, 0.062]	τ_1	1.518 0	[0.046, 13.940]	τ_1	0.061 0	[0.054, 0.065]	τ_1	0.003 0	[0.003, 0.003]
τ_2	0.168 0	[0.115, 0.261]	τ_2	1.879 0	[1.846, 1.897]	τ_2	0.178 0	[0.043, 0.832]	τ_2	0.108 0	[0.006, 0.410]
τ_3	0.730 0	[0.643, 0.790]	τ_3	4.488 0	[4.488, 4.568]	τ_3	0.663 0	[0.643, 0.663]			

注：从上到下、从左往右依次为制造业全行业、重度污染行业、中度污染行业、轻度污染行业的 LR 图。

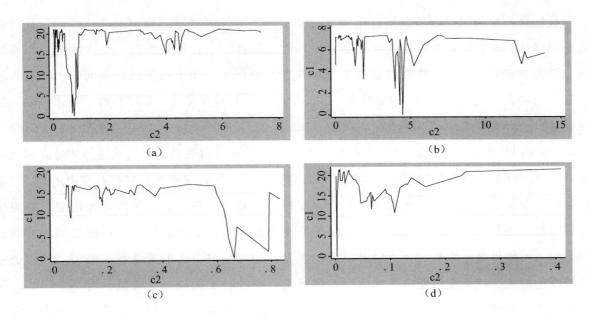

图 37　面板门槛检验 LR 趋势图

表 44 面板门槛模型回归结果

解释变量	制造业全行业	重度污染行业	中度污染行业	轻度污染行业
er_{it}	5.435 8***	−0.633 8***	2.128 2***	0.311 3
	(4.36)	(−3.63)	(2.89)	(0.45)
er_{it-0}	6.171 9***	0.132 8**	5.686 4***	1.569 4***
	(5.10)	(2.44)	(4.36)	(2.98)
er_{it-1}	3.312 3**	0.297 0**	0.197 0	0.030 2**
	(2.58)	(2.41)	(0.33)	(2.45)
er_{it-2}	−1.445 1***	0.481 2***	−1.081 5**	0.118 5*
	(−4.38)	(3.25)	(−3.16)	(1.95)
er_{it-3}	−1.340 2***	−0.556 4***	−0.221 3*	—
	(−2.53)	(−3.62)	(−2.15)	
sci_{it}	0.089 3**	0.413 1***	0.125 1*	0.132 4*
	(2.44)	(3.07)	(1.98)	(1.78)
sca_{it}	−0.065 3	−0.268 9*	−0.129 7	−0.012 3
	(−0.99)	(−1.88)	(−1.03)	(−1.48)
cls_{it}	0.021 0**	−0.000 4	−0.095 0***	0.125 7
	(2.50)	(−0.03)	(−5.44)	(0.46)
inv_{it}	−0.083 8	−0.246 1	−0.012 1	−0.492 6**
	(−0.39)	(−0.66)	(−0.04)	(−2.05)
mar_{it}	0.695 8**	0.022 0	1.136 4**	0.660 8***
	(2.59)	(0.07)	(2.46)	(3.09)

注：*、**、*** 分别表示在 1%、5%、10% 条件下显著。er_{it}_0、er_{it}_1、er_{it}_2、er_{it}_3 对应的系数分别表示制造业全行业和异质性行业在表 47 所示的不同区间内的系数值。

　　面板门槛检验和回归结果显示：环境规制强度与环境效率之间的拟合是非线性的，从经验研究的角度证明了环境规制强度并非越高越好，而是存在一个合理的区间，在区间内达到环境规制与环境效率的最佳契合点。制造业全行业存在三重门槛，在不同的门槛区间内，环境规制强度系数整体上呈现出扁平的"U"型特征，这与中国制造业当前发展的阶段相符。具体来说，门槛值超越 0.058 时，系数值从 6.172 下降至 3.312，随后在 0.058～0.168 区间进一步下降到－1.445，但在门槛值大于 0.730 时开始略微反弹至－1.340。这说明目前制造业整体环境规制强度较高，使得一部分产业绩效被挤占。但随后的反弹趋势说明从长期来看，制造业有望迈过"U"型拐点，但反弹缺乏动力。重度污染行业同样存在三重门槛，但在门槛区间内系数的变化呈现出明显的"倒 U"型特点。就目前而言，严格的环境规制能够对重度污染行业的环境效率改善起到正向影响，但如果进一步加重行业的环境规制强度，则会超过企业的规制承受能力，阻碍企业生产效率的提高、技术进步和减排动力。中度污染行业和轻度污染行业分别具有三个门槛、两个门槛。环境规制系数在门槛区间内均具有"U"型特点，且轻度污染行业"U"型的变化更为显著。这一变化趋势与全行业曲线走势的动因存在差异：中度污染和轻度污染行业所承受的环境规制强度较弱，环境规制对于改善环境效率的显著性不强，但随着环境规制强度的逐渐提高，企业的创新补偿效应被激发，能够较好地实现产业绩效和环境绩效之间的动态长期平衡。

　　从图 37 中可大致分析出环境规制强度与环境效率间的动态变化。从长远来看，制造业全行业以及不同类型的行业 LR 趋势与前文分析的较为一致，呈现扁平"U"型、倒"U"型及"U"型特征。从短期变化特征上看，由于环境规制强度变化的幅度较大，对环境效率的影响是不稳定的。在此基础上，表 45 利用门槛临界值将我国制造业行业环境规制强度进行分组，并给出给各类型行业的最优规制区间。表 45 显示，重度污染行业位于最优规制区间的子行业较少，且存在部分子行业规制强度超过了最优区间，这将使得行业发展受到束缚，不利于产业绩效的提升。中度污染和轻度污染行业存在相当一部分子行业环境规制力度不足的情况。同时，位于最优规制区间的子行业拉升了整个行业的环境效率，从整体上帮助行业实现了保增长与治环境的协调发展。

表 45　　　　　　　　　　　　　制造业各行业规制强度分类

制造业分类	最优规制区间	规制区间标准对应行业
重度污染行业	1.518 0τ<4.488 0	低于最优区间：橡胶制品、饮料制造、化学化纤、纺织业 位于最优区间：石油加工、黑金加工、有金加工 超过最优区间：造纸制品、非金制品、化学原料
中度污染行业	τ>0.178 0	低于最优区间：纺织服装、木材加工、皮革毛羽制品、金属制品 位于最优区间：农副加工、食品制造、医药制造、交通运输、计算机通信
轻度污染行业	τ>0.003 0	低于最优区间：家具制造、印刷媒介、文教体育、仪器仪表 位于最优区间：烟草制品、塑料制品、电器机械、通用设备、专用设备

>>四、主要结论及政策启示<<

本文得出的主要结论如下：总体而言，我国制造业环境效率呈现上升态势，但要显著低于不考虑资源投入和环境负产出的估算结果，制造业环境效率水平表现出明显的行业异质性。从制造业整体看，环境规制对环境效率的改善起到了显著正向影响。但从异质性角度分析，环境规制对重度污染行业的环境效率影响为负，但对中度污染和轻度污染行业环境绩效的改善起到作用。环境规制强度与环境效率之间的拟合是非线性的。制造业全行业存在三重门槛效应，环境规制与环境效率之间呈现出扁平的"U"型特征。重度污染行业也存在三重门槛，但呈现出明显的倒"U"型特点。中度污染行业和轻度污染行业分别具有三重门槛、两重门槛，环境规制系数在门槛区间内均具有"U"型特点。从最优规制下的行业分布来看，重度污染行业位于最优规制区间的子行业较少，而中度污染和轻度污染行业存在相当一部分子行业环境规制力度不足的情况。

上述结论包含着一定的政策启示。第一，政策制定者应当转变产业政策的目标导向，将资源和环境因素纳入产业绩效的评价体系中。第二，我国政府在制定环境政策时要避免行业统一的静态标准及盲目提高规制强度，应该针对不同行业的特点和发展实际，制定滚动的、合理的环境规制标准（张成等，2011）。对于重度污染行业来说，应当从节能减排为主攻方向的严厉环境规制转向依靠技术创新和结构调整。对中度污染行业来说，应把环境规制手段和形式的调节作为主要着力点。对轻度污染行业来说，要在合理的范围内提高环境规制强度和标准，优化资源配置，成为清洁技术和工艺创新的领跑者。第三，从长期来看，政府应当针对行业特点将环境规制水平保持在一个合理而稳定的水平上，以实现最优规制与环境效率的动态平衡。短期而言，要转变重度污染行业的管理思路，避免行业走向倒"U"型曲线的右端。中度污染行业和轻度污染行业要拉升"U"型曲线右端的动力，有差异化地提高规制强度，激发行业尽快突破曲线拐点。同时，位于最优规制区间的行业需要进一步提高环境效率的边际产出水平，尽快实现"U"型曲线右侧边际效率递增的态势，发挥行业示范作用，带动整个制造业环境效率的全面提升。

>>参考文献<<

1. 张成，陆旸，郭路，等. 环境规制强度和生产技术进步. 经济研究，2011(2)

2. 沈能. 环境效率、行业异质性与最优规制强度——中国工业行业面板数据的非线性检验. 中国工业经济，2011(3)

3. 王兵，吴延瑞，颜鹏飞. 中国区域环境效率与环境全要素生产率增长. 经济研究，2010(5)

4. 袁鹏，程施. 中国工业环境效率的库兹涅茨曲线检验. 中国工业经济，2011(2)

5. 陈诗一. 中国的绿色工业革命：基于环境全要素生产率视角的解释(1980—2008). 经济研究，2010(11)

6. 李玲，陶锋. 中国制造业最优环境规制强度的选择——基于绿色全要素生产率的视角. 中国工业经济，2012(5)

7. Porter，M. E. Towards a dynamic theory of strategy. Strategic Management Journal，1991(12)

8. Domazlicky B. R.，Weber W. L. Does Environmental protection lead to slower productivity growth in the chemical industry. Environmental and Resource Economics，2004(3)

9. Chambers，R.，Chung，Y. Benefit and distance functions. Journal of Economic Theory，1996(2)

10. Boyd，Gale A.，George Tolley，Joseph Pang. Plant level productivity，efficiency，and environmental performance of the container glass industry. Environmental and Resource Economics，2002(1)

11. Watanabe，M.，Tanaka K. Analysis of Chinese industry：A directional distance function approach. Energy Policy，2007(12)

从美国州际环境合作组织论京津冀跨行政区的环境合作机制

范世涛

环境问题具有跨区域性，要解决环境问题，需要各区域的合作。如京津冀三省市近年环境明显恶化，而且污染物的扩散超越了单省市范围，污染治理也就不是一个城市或者一个省区所能完成。但目前我国的跨区域环境合作还经验不足，因此，借鉴国外相关理论和实践就变得十分必要。为了更好地开展区域环境合作，本文对美国州际环境合作的组织机构加以介绍，并由此讨论国内的环境合作组织形式和京津冀合作机制问题。

>>一、美国州际环境合作的组织机构<<

在美国，主要通过州际环境合作来应对跨行政区的环境问题。美国州际环境合作主要是州政府之间（有时联邦政府也参与）签订州际环境协定（interstate compact）或州际协议（interstate agree-ment），通过协定（协议）来明确双方的权利和义务，以解决共同面对的环境问题。州际环境协定和州际协议存在一定的区别，但为行文的便利，本文将两者统称为"州际环境协定"。为了保证州际环境协定的实施，需要建立一套实施机制，美国的州际环境协定大多设立一定的专门组织来负责协定的实施。据统计，在调查的59个州际环境协定中，有46个规定了建立专门组织机构，由专门机构来实施合作协定，其他13个协定规定仍然由各州的现有机构来实施。一般称这种专门的组织机构为"州际环境合作委员会"（以下简称"委员会"或"州际委员会"），并对委员会的职能、机构、职权运行程序等问题进行了规定。

(一)美国州际委员会的组成

1. 委员会的委员数量及产生办法

一般来说，州际环境协定对州际委员会的组成做出明确的规定。委员会由一定数量的委员组成，委员从签订州际环境协定的州（以下称"签署州"）中产生，有时联邦政府也派出委员作为委员会的成员。各委员会的委员人数和产生办法由环境合作协定加以约定。其中州际委员会非常重视委员的代表性，如 Tahoe Regional Planning Agency 和 Columbia River Gorge Commission 都强调应有合作区域内和合作区域外的委员，这样就使委员具有了广泛的代表性，以保证各方面的利益都能得到体现。

而联邦委员的权力，也有不同的形式，包括无选举权、完全选举权和有限的选举权等。

2. 委员会的内设机构

委员会是负责实施州际环境协定的专门组织，但仅有这类组织是不够的，各委员会还需要建立一些内设机构来执行不同的任务，最典型的是建立一些咨询委员会。据统计，在 46 个设立委员会的州际环境协定中，有 4 个要求委员会设立咨询委员会，而另外有 13 个州际环境协定授权委员会自行决定是否设立咨询委员会。

有的委员会存在着较多的内设机构，在五大湖协定中，设立了"国际联合委员会"作为实施协定的专门组织机构，而"国际联合委员会"又设立了许多内设机构。如"大湖研究管理者理事会"(Council of Great Lakes Research Managers)、"大湖科学咨询委员会"(Great Lakes Science Advisory Board)、"大湖水质委员会"(Great Lakes Water Quality Board)、"哥伦比亚河国际管制委员会"(International Columbia River Board of Control)等，共计 17 个局。同时，"国际联合委员会"还会根据需要设立一些临时性的机构，包括正在执行任务的机构和已经完成任务的机构。前者如："国际大湖—圣朗伦斯特别工作组"(International Great Lakes-St. Lawrence River Task Team)、"健康专业人员特别工作组"(Health Professionals Task Force)；后者有："国际圣玛丽和米尔克河管理措施特别工作组"(International St. Mary and Milk Rivers Administrative Measures Task Force)、"国际安大略河—圣朗伦斯河研究理事会"(International Lake Ontario-St. Lawrence River Study Board)等。这些下属机构的建立，对于国际联合委员会完成自身的任务、履行保护五大湖的职责具有重要的作用。

（二）美国州际委员会的职权

每个州际环境协定产生的背景和面临的任务都不同，州际委员会的职权也存在差别。根据职权的强弱，美国州际委员会可分为以下几类：第一类是具有管制职权的委员会；第二类是具有规划与决策职权的委员会；第三类是具有咨询建议权的委员会。

1. 具有管制职权的委员会

这类委员会的职权最强，委员会的职权不仅可以直接作用于各签署州，而且可以作用于合作区域内的其他个人或组织，即具有对区域内个人或组织的管制权。这一类委员会出现在 20 世纪 60 年代和 20 世纪 70 年代签订的州际环境协定中，主要是美国东部地区签订的州际环境协定，如《德拉华河流域协定》(*Delaware River Basin Compact*)和《萨斯奎哈那河流域协定》

（*Susquehanna River Basin Compact*）。

这类委员会相当于一定的行政机关，其职权相当广泛，不仅具有对内权，而且具有对外权。对内的职权是指具有针对签署州的权力，其做出的决定对各州具有拘束力，各州必须服从；对外的职权指具有对合作区域内环境事务进行直接管理的职权，如许可、命令、处罚等职权，这类的委员会就具有了直接的管制权。例如《俄亥俄河流域水卫生协定》（*Ohio River Valley Water Sanitation Compact*），就授予了州际委员会相当多的管理职权。主要职权有：

（1）委员会有权为了管理和实施协定的目的，通过、规定和公布规则、法规和标准。

（2）委员会有权指挥对合作区域内的调查，以便研究区域内的污染问题，并对预防和削减其污染问题做出详尽的报告。

（3）委员会有权对区域内的州长就河流、溪流和水污染的处理问题，向签署州的州长拟订或评论其统一立法活动。

（4）在经过调查和听证后，委员会可以随时对任何向俄亥俄河及流域内河流、溪流或水体排放污染物和工业废物的市、公司、个人或其他机构发出命令。而这些市、公司、个人或其他机构有义务遵守这些命令，地区法院或者联邦地区法院都可以享有管辖权，通过禁令、决定和其他的方式来要求这些个人或者组织履行这些命令。

（5）委员会具有向法院起诉，或者要求签署州的检察官和其他法律实施官员向法院提起诉讼，以实施委员会命令的权力。

可见，具有管制职权的委员会对合作区域内的环境事务具有全面的职权，既包括制定一般性规则的权力，也包括做出具体性的裁决和决定、命令的权力，其职权与一般的行政机关职权非常相似。

2. 具有规划与决策职权的委员会

这类委员会的职权一般只能作用于各签署州，不针对区域内的企业和公民，主要职权是分配区域内的资源、制订环境规划和环境标准，具体的事务仍由各州自行执行。它又分两种类型：一种以 20 世纪 20 年代美国西部的州际环境协定为代表，如《科罗拉多河协定》（*Colorado River Compact*）和《里奥格兰德协定》（*Rio Grande Compact*），主要针对水资源的分配；另一类以现代的五大湖流域相关协定为代表，如 2005 年签订的《大湖—圣朗伦斯河流域水资源协定》（*Great Lakes-St. Lawrence RiverBasin Water Resources Compact*），通过制订环境规划和环境标准，由各州来具体实施。这类委员会行使职权的方式是对合作区域内的环境事务进行规划和决策，这些规划和决策一旦做出，各签署州就应严格遵守，否则就会造成不利的后果。主要有以下职权：

（1）水资源的分配权。在州际环境协定中，大量属于流域环境合作协定，会涉及水资源在各签署州之间的分配。这种分配，有的在州际环境协定中已经加以明确，而有的则规定由州际委员会来加以分配。例如，《大湖—圣朗伦斯河流域水资源协定》中建立的委员会的一项责任就是审查并调整决定个别水源的分配标准，并决定禁止水流改道的例外情况。

（2）环境标准的制定权。这是一种新的发展趋势，以《大湖—圣朗伦斯河流域水资源协定》为代表，它既不在协定中给定流域内水量的分配，也不赋予州际委员会水资源的分配权。它只要求签署州按最低的标准来对州内的水进行保护和可持续的使用。同时，协定也禁止大湖地区引出大湖水的大部分行为，以保护大湖地区总的水量供应。这种模式，被称为"水平合作联邦主义"（cooperative horizontal federalism）。而合作区域内环境标准就由州际委员会来制定。

（3）州际纠纷的裁决权。预防和解决州际环境纠纷，是签订州际环境协定的重要目的。美国的州际环境协定可以很好地预防州际环境纠纷，但仅有对纠纷的预防还是不够的，州际环境协定中还规定了州际委员会对州际纠纷的裁决权，这为州际纠纷的解决提供了一个良好的机制。如《科罗拉多河协定》就将消除当前和未来可能引起争议的原因作为签订协定的目的。其中最近比较典型的事例就是熊河委员会（Bear River Commission）对流域水资源的分配问题，即考虑在低流量时期，水量的分配决定对流域的下游部分地下水的影响。该委员会最终解决了争端，并在逐渐采取不同的过渡性的规则后采纳了新的规则。

可见，这类权力主要拘束的是各签署州，对合作区域内的公众并不能直接产生影响。例如，假定一项协定要求上游州维持对下游州的最小河流量，如果上游州个别的用水者超出州的许可而使用水，协定委员会没有权力直接规制上游州的用水者，只有上游州才有权力对之进行规制。协定委员会可以要求上游州纠正这一现象，但对违法水使用者的处理仍然依赖于州的意愿。

3. 具有咨询建议权的委员会

这类委员会的职权最弱，只具有对签署州的咨询建议权，而没有做出强制性决定的权力。最典型的是 1968 年签订的《大河流域协定》（Great Lakes Basin Compact），由于没有得到国会的批准，因此委员会只有建议和咨询权，对各参与州并不能形成有效的约束。

这类委员会一般没有具体的权力，它们的任务更多的是向签署州提出建议，并对合作区域内的环境合作起到协调与沟通的作用。如《沿墨西哥州湾海洋渔业协定》（Gulf States Marine Fisheries Compact）中规定的委员会就是这种的典型。该协定明确规定：委员会有权对墨西哥湾内五个州的州长和立法机关提出自己的建议，但这并不意味着各州放弃对自己渔业资源进行管理的权力和职责。另外，委员会也可以向美国国会提出影响墨西哥湾渔业资源的立法和政策建议。委员会的功能主要是提供一个对墨西哥湾海洋渔业资源进行管理的论坛。

与此类似的是，《罗诺克河流域双州协定》（Roanoke River Basin Bi-State Commission）明确规定了州际委员会没有管制权力，并对委员会的职权进行了规定：

（1）在认为必要和适当的时候，委员会对地方、州和联邦立法和行政机构及其他人提供指导和建议，为了流域内的所有居民而使用、管理和增强水及其他自然资源。

（2）提供一个论坛，以讨论影响该流域的水量和水质及其他自然资源的问题。

（3）促进流域内的利益相关者之间的沟通、协调和教育。

（4）发现问题，并建议适当的解决方案。

（5）开展研究和准备工作，通过报告和其他形式，出版、发布流域内有关水量、水质及其他自然资源的信息。

可见，该州际委员会的职权完全局限于向签署州和联邦政府的咨询建议方面，本身并没有对具体的事项进行规划、决策权，更没有直接对合作区域内的个人或组织的管制权力。

(三)州际委员会权力行使的程序

虽然州际委员会的职权不同，但这些委员会都是在行使公共事务的管理权，属于公共机构。美国是联邦制国家，公共机构也有联邦机构和州机构之分。州际环境协定的法律性质直接关系到州际委员会的法律地位，根据美国法律，如果州际环境协定经过了联邦议会的批准或同意，则属于联邦法律，否则只是各州之间签订的协议。因此，州际委员会就会因协定的性质而区分联邦机构或州机构。同时，美国行政程序法分为联邦行政程序法和州行政程序法，不同的公共机构应适用不同的行政程序法。

这样，似乎州际委员会应遵循联邦行政程序法或州行政程序法，但一些州的行政程序法明确排除了州际委员会应适用州行政程序法，州际环境协定在签订时或被批准时，也往往明确了其适用的行政程序问题。所以，州际委员会应适用什么样的程序，往往还需要进行个案分析。

作为公共机构，州际委员会的权力行使程序都要符合正当法律程序的基本要求。因此，要研究州际委员会权力行使程序，就必须从以下几个方面着手。

1. 州际委员会的法律地位

根据州际环境协定是否经过国会的批准和同意，州际环境协定具有不同的法律地位。如美国《清洁水法》第1253条明确规定："除非经国会批准，这类（州际）契约或协定对当事方的州不具有约束力。"州际环境协定的法律地位决定了州际委员会的法律地位，但州际委员会的行为程序往往在州际环境协定中进行了明确的规定。而在美国的联邦行政程序法中，规定了只有属于其界定的"机构"的，才适用联邦行政程序法；否则，不受联邦行政程序法的拘束。

(1)州法的规定。有的州行政程序法承认州际委员会属于其所界定的"机构"，有的不承认。具体的做法是：第一，承认州际委员会属于"机构"。有的州行政程序法将"机构"做广义的界定，从而使其能够包括如州际委员会。如《弗吉尼亚州行政程序法》对机构的界定是："根据基本法律的授权可以进行管制和决定案件的任何机关、机构、州政府人员、委员会或者其他州政府单位。"这样，只要是法律授权给州际委员会履行一定的职责，州际委员会就属于行政程序法中的"机构"，其行为要受行政程序法的拘束。第二，不承认委员会属于"机构"。有的州行政程序法将州际委员会排除在"机构"范围之外，如《德拉华行政程序法》明确规定，该行政程序法的适用"不包括州和联邦间、州际之间和州内的各市之间的机构"，《纽约州行政程序法》更是明确地规定："机构"不包括根据州际环境协定创立的机构。这样，州际委员会就不属于行政程序法中的"机构"，其行为也就不属于所在州行政程序法的调整范围。可见，在美国的州行政程序法中，州际委员会的法律地位是不同的，有的属于行政程序法调整的范围，有的则不属于行政程序法调整的范围。

（2）联邦法律的规定。州际委员会在联邦法律中的地位也是非常特殊的，美国国会在批准州际环境协定时，会特别提出州际委员会不属于联邦机构。例如，在批准《德拉华河流域协定》（*Delaware River Basin Compact*）时，美国国会特别提出：德拉华河流域委员会"不应被认为是一个联邦机构"。即使联邦政府作为参与方的州际环境协定，也存在同样的情形。既然不属于联邦机构，也就不属于联邦行政程序法的调整范围。

2. 正当法律程序对州际委员会程序的要求

根据前面的论述，州际委员会权力行使程序并不一定要适用联邦或者州的行政程序法，但美国是一个重视行政程序的国家，自然正义的思想非常浓厚。许多学者都认为州际委员会的行为要遵循正当法律程序的要求。根据正当法律程序，州际委员会行使职权的程序应包括以下几个方面的要求：

（1）规则制定程序。州际环境协定一般都赋予州际委员会制定合作区域内统一适用的规则，而根据美国联邦行政程序法，这类规则可以分为立法性规则和非立法性规则，这两类规则的制定程序的要求不同。立法性规则应满足基本的公告和评论程序。

（2）裁决程序。裁决是关于具体事项的决定，包括具有管制职权的委员会对合作区域内个人或组织具体的人或事做出的裁决，也包括管制职权和规划、管理职权委员会对州际争议所做的裁决，必须保证受裁决影响的一方基本的程序权利，特别是正当法律程序中"任何人不能做自己的法官；任何人在受到对自己的不利处分时，享有陈述和申辩的权利"这样的程序要求。

（3）会议公开程序。美国联邦法律中的《阳光下的政府法》和《咨询委员会法》对委员会制行政机关和联邦咨询委员会的会议公开问题进行了规定，许多州的行政程序法中也有类似规定。州际委员会并不具有联邦行政机关或州行政机关的地位，但在现代行政法中，行政公开是基本原则，基于这一原则，对于州际委员会的会议，除了依法不予公开外，应对社会予以公开。

（4）救济程序。有权利必有救济是基本的法律要求，对于州际委员会的决定不服的，也应有救济途径和必要的救济程序。一些州际环境协议中明确规定了州际委员会的诉讼主体资格，特别是州际委员会的被告资格问题。但也有一些州际环境协定对此没有规定，甚至一些州际委员会在诉讼中提出了自己应适用主权豁免的主张。但美国联邦最高法院做出了相应的判决，否定了其享有豁免权，从而为原告的诉讼扫清了障碍。如果利益相关者对于委员会做出的决定不服，可以以委员会为被告向法院起诉，而且根据美国的环境法律，公众也可以对委员会的行为提起公民诉讼（即公益诉讼）。

>>二、从美国州际委员会制度看中国<<

从美国的州际委员会制度看，为了保证各种不同州际合作的效果，美国州际合作通过协议的形式对州际委员会的组成及权限、程序等加以规定，这样既保证了州际委员会的法定性和有效性，也保证了其稳定性。美国的这一做法对于我国区域环境合作组织机制具有重要的启发作用，主要体现在以下几个方面。

（一）重视区域合作组织的设立问题

从美国州际环境协定来看，绝大部分都规定了设立州际委员会来实施州际环境协定，只有一部分是依托签署州政府的原有机构来实施州际环境协定。这是符合依法行政的原则的。建立稳定的组织机构，对于区域合作具有重要的意义。

我国在这方面还存在一些突出的问题，例如长三角地区和珠三角地区的环境合作都是实行行政首长联席会议制度，联席会议的决定由联席会议办公室（或秘书处）执行和实施，但这些执行和实施机构往往具有临时性，而且是挂靠在某一政府内部，起到的作用非常小。正如一些学者所言："我国区域合作的组织建设目前还处于起步阶段，许多区域合作组织具有临时性的特点，组织形式不够严谨，稳定性较差。"这一问题在我国的实务界和理论界都存在共识。在区域合作的组织机构建设方面，我国还需要不断地进行探索，以保证区域合作的成效。

当然，一些区域合作的内容复杂、任务繁重，还需要在组织机构中建立一些议事机构和执行机构。例如，美国的许多州际委员会还设立了专门的委员会，负责不同的工作，这样可以更好地履行州际合作的职能。这一点也可以为我国今后区域合作组织机构的建立提供良好的借鉴。

（二）重视组织机构成员的代表性

区域合作涉及的主体很多，代表的利益也是复杂的，民主问责机制也不相同。在区域合作中，需要体现现代民主的精神，重视各种利益代表的均衡性问题。这一点在美国的州际环境合作中也得到了体现。美国的州际合作，涉及不同州或者地方的环境事务，需要使不同区域的利益得以体现。例如，既要体现合作区域内的利益，也要反映合作区域外的利益；既要反映各州的利益，也要反映联邦的利益。这就需要不同的利益代表都有机会参与到各委员会来，体现出相应的代表性和民主性。美国州际委员会的委员来源广泛，不仅反映了签署州的代表性，还体现为签署州的内部的代表性，使州际环境合作具有更多的平等协商的色彩。

在我国现有的区域环境合作制度中，缺乏体现不同利益的代表机制，还是以各地政府及政府的职能部门为代表来进行合作，合作区域里的公众参与及民主代表性都有待加强。今后的区域环境合作，应充分体现区域合作的民主精神，反映不同的利益需求。

（三）根据不同目的确定组织机构的职权

美国州际委员会的职权存在差异，有的委员会的职权比较全面，相当于一般行政机关的权力；有的委员会，只有对签署州具有规划、管理、制定统一的标准的职权，没有对外的职权；而有的委员会只有咨询、建议权，对内、对外都没有具有拘束性的权力。这样的差异，与各种州际合作所要达成的目标及州际合作的历史发展有关。州际委员会不同的职权，适应了不同州际环境协定的需要。

在我国，大部分的区域合作组织的职权比较单一，绝大部分的区域合作还停留在沟通协调的层面上，还需要针对不同的任务与目的来设置具有不同职权的组织机构。

（四）重视区域组织机构的运行程序

区域合作组织机构，都具有对公共事务的管理职权，因此，其职权的运行要受到程序约束。根据现代行政法治的要求，履行公共职能的机构，无论是否属于行政机关，都应有相应的程序来加以规范。行政程序是提高行政效率、保护公民权利和抑制腐败的良好工具。美国是一个非常重视行政程序的国家，具有以程序来约束和规范公权力的传统。

与美国相比，由于我国的各种区域合作组织发展时间较短，加上我国对行政程序重视不够，现在的区域合作组织的运行程序非常不完善。在今后的区域环境合作中，应高度重视其组织机构的运行程序，保证其合法、合理、有效地行使职权。

>>三、完善区域环境合作组织的建议<<

加强我国区域环境合作的组织建设，有助于确保区域合作的长效机制和区域合作的效果。区域合作组织建设，首要问题是保证其设立的依据，应由法律或区域合作协议明确其设立、构成及职权等问题。长期而言，可以通过制定《区域合作法》等法律形式来加以规定；就目前而言，我国可以在区域合作协定里对其组织机构加以规定。具体有如下的几个方面需要加以明确。

（一）明确区域合作组织的形式

根据美国州际环境协定的经验，州际环境合作的组织形式主要是各种委员会。我国目前的区域合作组织机构存在稳定性不够和权威性不足的问题。因此，可以在各种区域合作中建立一种稳定的组织形式，根据这些组织不同的组织形式和作用，将其命名为"委员会""协调委员会"或"联合执法局"等。这种组织机构的名称应在区域协定中加以明确。

区域合作组织机构的建立依据因区域合作形式而有所不同。我国一些学者认为我国可以建立中央政府、区域间政府或民间组织间这三个不同层面的区域合作组织。而其组织机构的设立依据应有所区别：如中央政府建立的区域合作组织形式，应由全国人大常委会或国务院决定；区域间政府合作的组织形式由区域协定加以规定；民间组织合作的组织形式，应由它们间的协定加以规定。

（二）明确区域合作组织机构的构成

在确定了区域合作组织形式之后，还需要根据其产生方式和职权，规定其组成部分。

1. 组织结构

一个组织都是由一定数量的人员和一定层次的体系构成的，只有结构明确，才能有效地开展工作，以实现区域合作的目的。我国区域合作的组织形式应包括组织成员、来源等。

2. 代表的产生方式

区域合作组织机构是由一定的成员组织的，这些成员如何产生决定了其应负责的对象。因此，成员的产生方式应在法律或区域合作协定中加以规定。我国目前区域合作的形式主要是各种联席会议和联席会议办公室或秘书处，其成员往往由政府工作人员来兼任或政府机关临时任命，还没有考虑到其产生方式问题。今后，我国各区域合作的组织机构，必须对其组织人员的产生方式加以规定。组织机构成员的产生必须体现代表性，即代表不同区域的利益，如果需要，还要有一定的合作区域内或区域外的非官方人士。当然，为了保证日常工作的开展，区域合作组织还可以聘请工作人员处理日常事务，或从行政机关选调工作人员处理日常事务，保证组织机构的正常运行。

3. 组织机构的下属机构

要实现区域合作的目标，仅有区域合作组织机构这一级机构还不够。从美国州际环境合作的实践来看，大部分的州际环境协定都规定州际委员会可以根据需要设立专门机构和特别机构来执行区域合作的任务。我国目前的区域合作执行监督机构主要是一些临时性的机构，其决策能力和管理能力都较弱。当然有的区域环境合作也开始重视这一问题，例如《珠三角环境协定》就规定了建立若干专题小组来解决合作中需要解决的具体问题，但整体而言，我国在区域合作组织机构及其下属机构建设上重视不够。今后需要在相关的协定中，明确规定区域合作组织机构可以根据需要建立若干固定或临时性的下属机构，承担相应的职能。

（三）明确区域合作组织机构的职权

要发挥区域合作的作用，职权界定是非常重要的，可以根据不同的区域合作的功能和目标来规定其职权。美国州际委员会有不同的职权，即包括具有管制职权的委员会、具有规划与决策职权的委员会和具有咨询建议权的委员会，这对我国未来的区域合作组织机构职权的设立具有很大的启发。我国目前区域合作的联席会议所起的作用较小，而联席会议秘书处和办公室等属于一般的协调机构，只有协调和建议权，这样整个区域合作的运作就缺乏必要的权威和沟通。即使一些地方形成的联合执法机构是具有行政机关性质的合作组织，但由于没有明确的法律依据，其执行效果也受到各地政府对联合执法态度的制约。今后，我国的区域合作常设机构的职权界定应从以下几个方面加以完善。

1. 协调监督职能

这是目前我国区域合作机构的主要职能，即在各级联席会议的基础上，建立专门的组织机构，这些机构的作用就是对区域合作的相关事项进行调查，提出建议，供联席会议做出相应的决策，在联席会议做出决策后，对决策的实施加以监督。

2. 统一执法职能

区域合作的一个重要目的是解决不同区域内所面临的共同问题。在我国，一些行为具有跨区域性，需要跨区域应对，最典型的是环境问题，我国一些企业的环境违法往往会危害相邻区域，此时需要不同区域共同执法。我国目前的统一执法机构可以避免不同区域的地方保护，保证了法律的实施效果。这种联合执法职能在我国具有非常广阔的前景。

3. 统一规划决策职能

为了在合作区域统一协调发展，区域合作组织机构应具有统一规划决策职能。在我国目前许多的区域合作效果并不明显，例如长三角地区关于基础设施和产业结构调整的问题，就长期得不到解决，主要是由于现有的联席会议制度往往一年只召开一两次会议，规划决策职能无法发挥。如果区域合作组织机构具有统一的规划决策职能，将能提高决策效率，保证区域内的统一协调发展，大大提高合作区域的合作效果。

4. 全面综合职能

当然，从理想状态而言，可以给一些区域组织机构以全面的综合职能，如同美国管制职权的委员会，这样区域组织常设机构就相当于一个完整的行政机关，并且是综合性的行政机关，具有非常大的权限。从行政效率的角度来讲，这种具有全面的、综合性职能的合作机构是最理想的一种合作形式，但与我国各行政区域的政府职能存在较大的冲突，因此如何建设这种组织机构还需要长期的探索。

（四）明确区域合作组织机构的运行程序

区域合作组织机构在民主性和问责制上存在先天性缺陷，而区域合作常设机构承担着公共职能，从行政组织法的角度来看，具有行政权力的特点，应遵守行政程序的基本要求。因此，更需要在程序上对其行为加以控制。由于各组织机构的职权和性质不同，其程序要求也是有区别的。

1. 联合执法机构的程序

联合执法机构的工作主要是具体实施相关的环境法律，其行为属于具体行政行为，要符合具体行政行为的程序要求。我国法律对具体行政行为的程序的规定比较明确。因此，联合执法机构的执法行为应遵守法定程序的要求，例如《行政处罚法》《行政许可法》及相关的环境法律程序。

2. 具有咨询建议权的组织机构的程序

这一类组织机构只是负责向区域合作组织提出建议，或对其他部门执行区域合作组织的决策情况进行监督，这些行为都属于内部行政行为，对社会公众没有直接的影响，所以应遵守法律规定的内部程序要求。而接受其建议和监督的机关，相应的行为具有外部性，应遵守相应的行政法律规定的程序要求。由于这类机构往往在提出咨询建议之前会进行开会讨论等。从保证公众的知情权和行政参与的角度，对于这些可以影响不特定公众利益的讨论与决策，也应该公开进行。

3. 具有规划与决策职权的组织机构的程序

这类机构具有的规划决策权对社会公众的影响巨大，我国目前对行政机关规划决策行为也有相应的程序要求，主要有：一是公众参与。例如，我国《城乡规划法》第 26 条规定：城乡规划报送审批前，应采取论证会、听证会或者其他方式征求专家和公众的意见，并在报送审批的材料中附具意见采纳情况及理由。二是行政公开。例如，我国《城乡规划法》第 8 条规定：城乡规划组织编制机关应当及时公布经依法批准的城乡规划。可见，我国今后建立的具有全面管制职能的组织机构，要根据行为的性质来满足相应的程序要求。

(五)完善区域合作组织机构的问责制

为了保证区域合作组织机构认真履行职责，还需要建立有效的问责机制。由于区域环境合作组织机构的组成比较特殊，需要确定相应的问责机关，并根据不同的行为来进行处理。

1. 联合执法机构的问责

由于联合执法机关的人员是合作区域的公务人员，因此可以由这些人员所在的机关根据人事管理权限对违法公务人员进行问责。

2. 具有咨询建议权组织机构的问责

由于这类机构只具有咨询建议和监督权，对其行为的问责根据性质不同而有所区别。对于咨询建议权，主要由具有决策权的联席会议的有关行政首长承担；而对于滥用和怠于行使监督职能的，则由这些人员所在机关根据人事管理权限进行问责。

3. 具有规划决策权的常设机构的问责

由于他们具有了独立的职责，因此应由选举或指派的机关对其进行问责。